Arduino Case in Action

Intelligent Control

Arduino
项目开发

智能控制

李永华◎编著

Li Yonghua

清华大学出版社

北京

内 容 简 介

本书系统论述了 Arduino 开源硬件的架构、原理、开发方法及 14 个完整的项目设计案例。全书共分 15 章，内容包括 Arduino 项目设计基础、自习室资源管理项目设计、有线外设无线化应用项目设计、自动开锁项目设计、谷歌眼镜项目设计、定位追踪器和电子围栏项目设计、智能生活环境监测项目设计、智能垃圾桶项目设计、非接触式鼠标项目设计、实时 DIY 表情帽项目设计、智能手套项目设计、指纹考勤云端数据共享项目设计、酒精浓度检测设备项目设计、体感控制机械臂项目设计和计步神器项目设计。

在编排方式上，全书侧重对创新产品的项目设计过程进行介绍，分别从需求分析、设计与实现等角度论述硬件电路、软件设计、传感器和功能模块等，并剖析产品的功能、使用、电路连接和程序代码等。

本书可作为高校电子信息类专业"开源硬件设计""电子系统设计""创新创业"等课程的教材，也可作为创客及智能硬件爱好者的参考用书，还可作为从事物联网、创新开发和设计专业人员的技术参考书。

本书封面贴有清华大学出版社防伪标签，无标签者不得销售。
版权所有，侵权必究。侵权举报电话: 010-62782989 13701121933

图书在版编目(CIP)数据

Arduino 项目开发: 智能控制/李永华编著. —北京: 清华大学出版社，2019
 (清华开发者书库)
 ISBN 978-7-302-52513-4

Ⅰ. ①A… Ⅱ. ①李… Ⅲ. ①单片微型计算机－程序设计 Ⅳ. ①TP368.1

中国版本图书馆 CIP 数据核字(2019)第 043708 号

策划编辑: 盛东亮
责任编辑: 盛东亮
封面设计: 李召霞
责任校对: 白 蕾
责任印制: 杨 艳

出版发行: 清华大学出版社
 网　　址: http://www.tup.com.cn, http://www.wqbook.com
 地　　址: 北京清华大学学研大厦 A 座　　　　邮　编: 100084
 社 总 机: 010-62770175　　　　　　　　　　　邮　购: 010-62786544
 投稿与读者服务: 010-62776969, c-service@tup.tsinghua.edu.cn
 质量反馈: 010-62772015, zhiliang@tup.tsinghua.edu.cn
 课件下载: http://www.tup.com.cn, 010-62795954
印 装 者: 三河市君旺印务有限公司
经　　销: 全国新华书店
开　　本: 186mm×240mm　　印　张: 29　　字　数: 652 千字
版　　次: 2019 年 7 月第 1 版　　　　　　　　印　次: 2019 年 7 月第 1 次印刷
定　　价: 89.00 元

产品编号: 082667-01

前言
PREFACE

物联网、智能硬件和大数据技术给社会带来了巨大的冲击,个性化、定制化和智能化的硬件设备成为未来社会信息化的发展趋势。"中国制造 2025"计划、德国的"工业 4.0"及美国的"工业互联网"都是将人、数据和机器连接起来,其本质是工业的深度信息化,为未来智能社会的发展提供制造技术基础。

在"大众创业,万众创新"的时代背景下,人才的培养方法和模式也应该满足当前的时代需求。作者依据当今信息社会的发展趋势,结合 Arduino 开源硬件的发展及智能硬件的发展要求,采取激励创新的工程教育方法,培养可以适应未来工业 4.0 发展的人才。因此,试图探索基于创新工程教育的基本方法,并将其提炼为适合我国国情、具有自身特色的创新实践教材。本书对实际教学中应用智能硬件的创新工程教学经验进行总结,包括具体的创新方法和开发案例,希望对教育教学及工业界有所帮助,起到抛砖引玉的作用。

本书的内容和素材主要来源于作者所在学校近几年承担的教育部和北京市的教育、教学改革项目和成果,也是北京邮电大学信息工程专业的同学们创新产品的设计成果。书中系统地介绍了如何利用 Arduino 平台进行产品开发,包括相关的设计、实现与产品应用,主要内容包括 Arduino 项目设计基础及项目开发案例,涉及生活便捷类开发案例、物联网类开发案例、人机交互类开发案例及其他创意类开发案例。

本书由北京邮电大学创新创业教育精品课程项目资助。本书的编写也得到了教育部电子信息类专业教学指导委员会、信息工程专业国家第一类特色专业建设项目、信息工程专业国家第二类特色专业建设项目、教育部 CDIO 工程教育模式研究与实践项目、教育部本科教学工程项目、信息工程专业北京市特色专业建设、北京市教育教学改革项目的大力支持。在此一并表示感谢!

本书可作为高校电子信息类专业"开源硬件设计""电子系统设计""创新创业"等课程的教材,也可以作为创客及智能硬件爱好者的参考用书。还可作为从事物联网、创新开发和设计专业人员的技术参考书。为便于读者高效学习,及时掌握 Arduino 开发方法,本书配套提供项目设计的硬件电路图、程序代码、实现过程中出现的问题及解决方法,可供读者举一反三,二次开发。欢迎广大读者加入开源硬件学习 QQ 群 605892846,以便获取本书配套资源,加强学习交流。

  由于作者水平有限,书中欠妥之处在所难免,衷心希望各位读者多提宝贵意见及具体的整改措施,以便作者进一步修改和完善。

李永华

于北京邮电大学

2019 年 1 月

目 录
CONTENTS

第 1 章　Arduino 项目设计基础 ·· 1

1.1　开源硬件简介 ··· 1
1.2　Arduino 开源硬件 ··· 2
　　1.2.1　Arduino 开发板 ··· 2
　　1.2.2　Arduino 扩展板 ··· 5
1.3　Arduino 软件开发平台 ··· 6
　　1.3.1　Arduino 平台特点 ··· 7
　　1.3.2　Arduino IDE 的安装 ··· 7
　　1.3.3　Arduino IDE 的使用 ·· 10
1.4　Arduino 编程语言 ·· 11
　　1.4.1　Arduino 编程基础 ·· 12
　　1.4.2　数字 I/O 引脚的操作函数 ·· 12
　　1.4.3　模拟 I/O 引脚的操作函数 ·· 13
　　1.4.4　高级 I/O 引脚的操作函数 ·· 14
　　1.4.5　时间函数 ·· 14
　　1.4.6　中断函数 ·· 16
　　1.4.7　串口通信函数 ··· 19
　　1.4.8　Arduino 的库函数 ·· 20
1.5　Arduino 硬件设计平台 ·· 20
　　1.5.1　Fritzing 软件简介 ·· 21
　　1.5.2　Fritzing 使用方法 ·· 29
　　1.5.3　Arduino 电路设计 ·· 39
　　1.5.4　Arduino 开发平台样例与编程 ····································· 45

第 2 章　自习室资源管理项目设计 ·· 48

2.1　功能及总体设计 ·· 48
2.2　模块介绍 ··· 51

2.2.1	DS3231 时钟模块	51
2.2.2	FPM10A 指纹模块	53
2.2.3	舵机模块	59
2.2.4	ESP8266 模块	60
2.2.5	云服务器模块	62
2.2.6	网页模块	62

2.3 产品展示 116

2.4 元件清单 117

第 3 章 有线外设无线化应用项目设计 118

3.1 功能及总体设计 118

3.2 模块介绍 122

    3.2.1 有线键盘无线化 122

    3.2.2 有线音箱无线化 128

    3.2.3 人脸跟踪无线化摄像头 130

3.3 产品展示 145

3.4 元件清单 147

第 4 章 自动开锁项目设计 148

4.1 功能及总体设计 148

4.2 模块介绍 151

    4.2.1 射频卡控制模块 151

    4.2.2 报警系统模块 153

    4.2.3 服务器模块 154

    4.2.4 手机端控制模块 163

4.3 产品展示 177

4.4 元件清单 178

第 5 章 谷歌眼镜项目设计 179

5.1 功能及总体设计 179

5.2 模块介绍 182

    5.2.1 主程序模块 182

    5.2.2 手机 APP 模块 185

    5.2.3 输出模块 212

    5.2.4 蓝牙模块 213

5.3 产品展示 214

5.4 元件清单 215

第 6 章 定位追踪器和电子围栏项目设计 216
6.1 功能及总体设计 216
6.2 模块介绍 219
6.2.1 主程序模块 219
6.2.2 GPS/北斗模块 233
6.2.3 GSM 模块 238
6.2.4 GPRS 模块 242
6.3 产品展示 246
6.4 元件清单 248

第 7 章 智能生活环境监测项目设计 249
7.1 功能及总体设计 249
7.2 模块介绍 252
7.2.1 空气质量检测模块 252
7.2.2 火灾报警模块 255
7.2.3 人体红外模块 256
7.2.4 输出模块 258
7.3 产品展示 260
7.4 元件清单 261

第 8 章 智能垃圾桶项目设计 262
8.1 功能及总体设计 262
8.2 模块介绍 265
8.2.1 蓝牙 APP 模块 265
8.2.2 直流电机驱动模块 275
8.2.3 主程序模块 278
8.3 产品展示 280
8.4 元件清单 281

第 9 章 非接触式鼠标项目设计 282
9.1 功能及总体设计 282
9.2 模块介绍 284
9.2.1 APDS-9960 手势识别模块 284
9.2.2 超声波模块 295

9.3　产品展示 ·· 296
9.4　元件清单 ·· 296

第 10 章　实时 DIY 表情帽项目设计 297

10.1　功能及总体设计 ··· 297
10.2　模块介绍 ··· 300
　　10.2.1　安卓输入模块 ··· 300
　　10.2.2　传输模块 ··· 354
　　10.2.3　显示输出模块 ··· 355
10.3　产品展示 ··· 356
10.4　元件清单 ··· 357

第 11 章　智能手套项目设计 358

11.1　功能及总体设计 ··· 358
11.2　模块介绍 ··· 360
　　11.2.1　输入信息处理模块 ··· 360
　　11.2.2　输出信息处理模块 ··· 362
11.3　产品展示 ··· 388
11.4　元件清单 ··· 389

第 12 章　指纹考勤云端数据共享项目设计 390

12.1　功能及总体设计 ··· 390
12.2　模块介绍 ··· 392
　　12.2.1　指纹模块 ··· 392
　　12.2.2　ESP8266 模块 ·· 400
　　12.2.3　相关库函数 ·· 402
12.3　产品展示 ··· 409
12.4　元件清单 ··· 413

第 13 章　酒精浓度检测设备项目设计 414

13.1　功能及总体设计 ··· 414
13.2　模块介绍 ··· 416
　　13.2.1　基础程序模块 ··· 416
　　13.2.2　人脸识别模块 ··· 420
　　13.2.3　输出模块 ··· 423
13.3　产品展示 ··· 425

13.4 元件清单 ··· 426

第 14 章 体感控制机械臂项目设计 ··· 427

14.1 功能及总体设计 ·· 427
14.2 模块介绍 ·· 429
  14.2.1 Kinect 体感设备 ·· 430
  14.2.2 Processing 模块 ··· 430
  14.2.3 输出模块 ··· 436
14.3 产品展示 ·· 438
14.4 元件清单 ·· 439

第 15 章 计步神器项目设计 ··· 440

15.1 功能及总体设计 ·· 440
15.2 模块介绍 ·· 442
  15.2.1 显示模块 ··· 442
  15.2.2 连接模块 ··· 450
  15.2.3 计步模块 ··· 451
15.3 产品展示 ·· 452
15.4 元件清单 ·· 453

第 1 章 Arduino 项目设计基础

1.1 开源硬件概述

电子电路是人类社会发展的重要成果,在早期的硬件设计和实现上都是公开的,包括电子设备、电器设备、计算机设备以及各种外围设备的设计原理图,大家认为公开是十分正常的事情,所以早期公开的设计图并不称为开源。1960 年前后,很多公司根据自身利益选择了闭源,由此出现了贸易壁垒、技术壁垒、专利版权等问题,不同公司之间也出现了互相起诉的现象。例如,国内外的 IT 公司之间由于知识产权而法庭相见的案例屡见不鲜。虽然这种做法在一定程度上有利于公司自身的利益,但是不利于小公司或者个体创新者的发展。特别是在互联网进入 Web 2.0 的个性化时代后,更加需要开放、免费和开源的开发系统。

因此,在"大众创业,万众创新"的时代背景下,Web 2.0 时代的开发者开始思考是否可以重新对硬件进行开源。电子爱好者、发烧友及广大的创客一直致力于开源的研究,推动开源的发展。从最初很小的东西发展到现在,已经有 3D 打印机、开源的单片机系统等。一般认为,开源硬件是指采取与开源软件相同的方式所设计的各种电子硬件的总称。也就是说,开源硬件是考虑对软件以外的领域进行开源,是开源文化的一部分。开源硬件可以自由传播硬件设计的各种详细信息,如电路图、材料清单和开发板布局数据。通常使用开源软件来驱动开源的硬件系统。本质上,共享逻辑设计、可编程的逻辑器件重构也是一种开源硬件,通过硬件描述语言代码实现电路图共享。硬件描述语言通常用于芯片系统,也用于可编程逻辑阵列或直接用在专用集成电路中,这在当时也称为硬件描述语言模块或 IP 核。

众所周知,Android 就是开源软件之一。开源硬件和开源软件类似,通过开源软件可以更好地理解开源硬件,就是在之前已有硬件的基础之上进行二次开发。二者也有差别,体现在复制成本上,开源软件的成本几乎是零,而开源硬件的复制成本较高。另外,开源硬件延伸着开源软件代码的定义,包括软件、电路原理图、材料清单、设计图等都使用开源许可协议,自由使用分享,完全以开源的方式去授权,避免了以往 DIY 分享的授权问题;同时,开源硬件把开源软件常用的 GPL、CC 等协议规范带到硬件分享领域,为开源硬件的发展提供了规范。

1.2　Arduino 开源硬件

本节主要介绍 Arduino 开源硬件的各种开发板和扩展板的使用方法、Arduino 开发板的特性以及 Arduino 开源硬件的总体情况，以便更好地应用 Arduino 开源硬件进行开发创作。

1.2.1　Arduino 开发板

Arduino 开发板是基于开放原始代码简化的 I/O 平台，并且使用类似 Java、C/C++ 语言的开发环境，可以快速使用 Arduino 语言与 Flash 或 Processing 软件，完成各种创新作品。Arduino 开发板可以使用各种电子元件，如传感器、显示设备、通信设备、控制设备或其他可用设备。

Arduino 开发板也可以独立使用，成为与其他软件沟通的平台，如 Flash、Processing、Max/MSP、VVVV 或其他互动软件。Arduino 开发板的种类有很多，包括 Arduino UNO、YUN、DUE、Leonardo、Tre、Zero、Micro、Esplora、MEGA、Mini、NANO、Fio、Pro 以及 LilyPad Arduino。随着开源硬件的发展，将会出现更多的开源产品。下面介绍几种典型的 Arduino 开发板。

Arduino UNO 是 Arduino USB 接口系列的常用版本，是 Arduino 平台的参考标准模板，如图 1-1 所示。Arduino UNO 开发板的处理器核心是 ATmega328，具有 14 个数字输入/输出引脚（其中 6 个可作为 PWM 输出）、6 个模拟输入引脚、1 个 16MHz 晶体振荡器、1 个 USB 接口、1 个电源插座、1 个 ICSP 插头和 1 个复位按钮。

如图 1-2 所示，Arduino YUN 是一款基于 ATmega32U4 和 Atheros AR9331 的单片机开发板。Atheros AR9331 可以运行基于 Linux 和 OpenWRT 的操作系统 Linino。这款单片机开发板具有内置的 Ethernet、WiFi、1 个 USB 接口、1 个 Micro 插槽、20 个数字输入/输出引脚（其中 7 个可以用于 PWM、12 个可以用于 ADC）、1 个 Micro USB、1 个 ICSP 插头和 3 个复位开关。

图 1-1　Arduino UNO

图 1-2　Arduino YUN

如图 1-3 所示，Arduino DUE 是一块基于 Atmel SAM3X8E CPU 的微控制器板。它是第一块基于 32 位 ARM 核心的 Arduino 开发板，有 54 个数字输入/输出引脚(其中 12 个可用于 PWM 输出)、12 个模拟输入口、4 个 UART 硬件串口、84 MHz 的时钟频率、1 个 USB OTG 接口、2 个 DAC(模数转换)、2 个 TWI、1 个电源插座、1 个 SPI 接口、1 个 JTAG 接口、1 个复位按键和 1 个擦写按键。

如图 1-4 所示，Arduino MEGA 2560 开发板也是采用 USB 接口的核心开发板，它最大的特点就是具有多达 54 个数字输入/输出引脚，特别适合需要大量输入/输出引脚的设计。Arduino MEGA 2560 开发板的处理器核心是 ATmega2560，具有 54 个数字输入/输出引脚(其中 16 个可作为 PWM 输出)、16 个模拟输入、4 个 UART 接口、1 个 16MHz 晶体振荡器、1 个 USB 接口、1 个电源插座、1 个 ICSP 插头和 1 个复位按钮。Arduino MEGA 2560 开发板也能兼容为 Arduino UNO 设计的扩展板。目前，Arduino MEGA 2560 开发板已经发布到第三版，与前两版相比有以下新的特点：

(1) 在 AREF 处增加了两个引脚 SDA 和 SCL，支持 I^2C 接口；增加 IOREF 和 1 个预留引脚，以便将来扩展板能够兼容 5V 和 3.3V 核心板；改进了复位电路设计；USB 接口芯片由 ATmega16U2 替代了 ATmega8U2。

(2) 第三版可以通过三种方式供电：外部直流电源通过电源插座供电、电池连接电源连接器的 GND 和 VIN 引脚供电、USB 接口直接供电。而且，它能自动选择供电方式。

图 1-3　Arduino DUE

图 1-4　Arduino MEGA 2560

电源引脚说明如下：

(1) VIN：当外部直流电源接入电源插座时，可以通过 VIN 向外部供电，也可以通过此引脚向 Arduino MEGA 2560 开发板直接供电；VIN 供电时将忽略从 USB 或者其他引脚接入的电源。

(2) 5V：通过稳压器或 USB 的 5V 电压，为 Arduino MEGA 2560 开发板上的 5V 芯片供电。

(3) 3.3V：通过稳压器产生的 3.3V 电压，最大驱动电流为 50mA。

(4) GND：接地引脚。

如图 1-5 所示，Arduino Leonardo 是一款基于 ATmega32U4 的微控制器板。它有 20 个数字输入/输出引脚(其中 7 个可用作 PWM 输出、12 个可用作模拟输入)、1 个 16 MHz 晶体振荡器、1 个 Micro USB 连接、1 个电源插座、1 个 ICSP 头和 1 个复位按钮。具有支持微控制器所需的一切功能,只需通过 USB 电缆将其连至计算机,或者通过电源适配器、电池为其供电即可使用。

Leonardo 与先前的所有开发板都不同,ATmega32U4 具有内置式 USB 通信,从而无须二级处理器。这样,除了虚拟(CDC)串行/通信端口,Leonardo 还可以充当计算机的鼠标和键盘,它对开发板的性能也会产生影响。

如图 1-6 所示,Arduino Ethernet 是一款基于 ATmega328 的微控制器板。它有 14 个数字输入/输出引脚、6 个模拟输入、1 个 16 MHz 晶体振荡器、1 个 RJ45 连接、1 个电源插座、1 个 ICSP 头和 1 个复位按钮。引脚 10、11、12 和 13 只能用于连接以太网模块,不可作为他用。可用引脚只有 9 个,其中 4 个可用作 PWM 输出。

图 1-5　Arduino Leonardo

图 1-6　Arduino Ethernet

Arduino Ethernet 没有板载 USB 转串口驱动器芯片,但是有 1 个 WIZnet 以太网接口,该接口与以太网扩展板相同。板载 microSD 读卡器可用于存储文件,能够通过 SD 库进行访问。引脚 10 留作 WIZnet 接口,SD 卡的 SS 在引脚 4 上。引脚 6 串行编程头与 USB 串口适配器兼容,与 FTDI USB 电缆或 Sparkfun 和 Adafruit FTDI 式基本 USB 转串口分线板也兼容。它支持自动复位,从而无须按下开发板上的复位按钮即可上传程序代码。当插入 USB 转串口适配器时,Arduino Ethernet 由适配器供电。

Arduino Robot 是一款有轮子的 Arduino 开发板,如图 1-7 所示。Arduino Robot 有控制板和电机板,每个开发板上有 1 个处理器,共 2 个处理器。电机板控制电机,控制板读取传感器的数据并决定如何操作。每个开发板都是完整的 Arduino 开发板,用 Arduino IDE 进行编程。直流电机板和控制板都是基于 ATmega32U4 的微控制器板。Arduino Robot 将它的一些引脚映射到板载的传感器和制动器上。

图 1-7　Arduino Robot

Arduino Robot 编程的步骤与 Arduino Leonardo 类似,2 个处理器都有内置式 USB 通信,无须二级处理器,可以充当计算机的虚拟(CDC)串行/通信端口。Arduino Robot 有一系列预焊接连接器,所有连接器都标注在开发板上,通过 Arduino Robot 库映射到指定的端口上,从而可使用标准 Arduino 函数。在 5V 电压下,每个引脚都可以提供或接受最高 40mA 的电流。

如图 1-8 所示，Arduino NANO 是一款小巧、全面、基于 ATmega328 的开发板，与 Arduino Duemilanove 的功能类似，但封装不同，没有直流电源插座且采用 Mini-B USB 电缆。Arduino NANO 上的 14 个数字引脚都可用作输入或输出，利用 pinMode()、digitalWrite() 和 digitalRead() 函数可以对它们操作。工作电压为

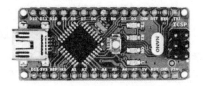

图 1-8　Arduino NANO

5V，每个引脚都可以提供或接受最高 40mA 的电流，都有 1 个 20～50kΩ 的内部上拉电阻器（默认情况下断开）。Arduino NANO 有 8 个模拟输入，每个模拟输入都提供 10 位的分辨率（即 1024 个不同的数值）。默认情况下，它们的电压为 0～5V，可以利用 analogReference() 函数改变其电压范围的上限值。模拟引脚 6 和 7 不能用作数字引脚。

1.2.2　Arduino 扩展板

在 Arduino 开源硬件系列中，除了主要开发板之外，还有与之配合使用的各种扩展板，可以插到开发板上增加额外的功能。选择适合的扩展板，可以增强系统开发的功能。常见的扩展板有 Arduino Ethernet Shield、Arduino GSM Shield、Arduino Motor Shield、Arduino 9 Axes Motion Shield 等。

Arduino Ethernet Shield（以太网盾）如图 1-9 所示，有 1 个标准的有线 RJ45 连接，具有集成式线路变压器和以太网供电功能，可将 Arduino 开发板连接到互联网。它基于 WIZnet W5500 以太网芯片，提供网络（IP）堆栈，支持 TCP 和 UDP 协议，可以同时支持 8 个套接字连接，使用以太网库写入程序代码。

以太网盾板利用贯穿盾板的长绕线排与 Arduino 开发板连接，保持引脚布局完整无缺，以便其他盾板可以堆叠在其上。它有 1 个板载 micro-SD 卡槽，可用于存储文件，且与 Arduino UNO 和 MEGA 兼容，可通过 SD 库访问板载 micro-SD 读卡器。以太网盾板带有 1 个供电（PoE）模块，可从传统的 5 类电缆获取电力。

Arduino GSM Shield 如图 1-10 所示，为了连接蜂窝网络，扩展板需要一张由网络运营商提供的 SIM 卡。它通过移动通信网将 Arduino 开发板连接到互联网，可拨打/接听语音电话和发送/接收 SMS 信息。

图 1-9　Arduino Ethernet Shield

图 1-10　Arduino GSM Shield

GSM Shield 采用 Quectel 的无线调制解调器 M10，利用 AT 命令与开发板通信。GSM Shield 利用数字引脚 2、3 与 M10 进行软件串行通信，引脚 2 连接 M10 的 TX 引脚，引脚 3 连接 RX 引脚，调制解调器的 PWRKEY 引脚连接开发板的引脚 7。

M10 是一款四频 GSM/GPRS 调制解调器，其工作频率为：GSM 850MHz、GSM 900MHz、DCS 1800MHz 和 PCS 1900MHz。它通过 GPRS 连接支持 TCP/UDP 和 HTTP。其中 GPRS 数据下行链路和上行链路的最大传输速度为 85.6Kb/s。

Arduino Motor Shield 如图 1-11 所示，用于驱动电感负载（如继电器、螺线管、直流和步进电机）的双全桥驱动器 L298。利用 Arduino Motor Shield 可以驱动 2 个直流电机，独立控制每个电机的速度和方向。因此，它有 2 条独立的通道，即 A 和 B，每条通道使用 4 个开发板引脚来驱动或感应电机，所以 Arduino Motor Shield 上使用的引脚共 8 个。它不仅可以单独驱动 2 个直流电机，也可以将它们合并起来驱动 1 个双极步进电机。

Arduino 9 Axes Motion Shield 如图 1-12 所示，它采用德国博世传感器技术有限公司推出的 BNO055 绝对方向传感器。这是一个使用系统级封装，集成三轴 14 位加速计、三轴 16 位陀螺仪、三轴地磁传感器，并运行 BSX3.0 FusionLib 软件的 32 位微控制器。BNO055 在三个垂直的轴上具有三维加速度、角速度和磁场强度数据。

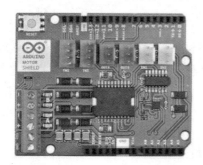
图 1-11　Arduino Motor Shield

图 1-12　Arduino 9 Axes Motion Shield

另外，它还提供传感器融合信号，如四元数、欧拉角、旋转矢量、线性加速度、重力矢量。结合智能中断引擎，它可以基于慢动作或误动作识别、任何动作（斜率）检测、高 g 检测等项触发中断。

Arduino 9 Axes Motion Shield 兼容 UNO、YUN、Leonardo、Ethernet、MEGA 和 DUE 开发板。在使用 Arduino 9 Axes Motion Shield 时，要根据使用的开发板将中断桥和重置桥焊接在正确的位置。

1.3　Arduino 软件开发平台

本节主要介绍 Arduino 开发环境的特点及使用方法，包括 Arduino 开发环境的安装，以及简单的硬件系统与软件调试方法。

1.3.1 Arduino 平台特点

作为目前最流行的开源硬件开发平台，Arduino 具有非常多的优点，正是这些优点使 Arduino 平台得以广泛的应用。其优点包括以下三方面：

（1）开放源代码的电路图设计和程序开发界面，可免费下载，也可依需求自己修改；Arduino 可使用 ICSP 线上烧录器，将 Bootloader 烧入新的 IC 芯片；可依据官方电路图，简化 Arduino 模组，完成独立运作的微处理控制。

（2）可以非常简便地与传感器或各式各样的电子元件连接（如红外线、超声波、热敏电阻、光敏电阻、伺服电机等）；支持多样的互动程序，如 Flash、Max/Msp、VVVV、PD、C、Processing 等；使用低价格的微处理控制器；USB 接口无须外接电源；可提供 9V 直流电源输入以及多样化的 Arduino 扩展模块。

（3）在应用方面，可通过各种各样的传感器来感知环境，并通过控制灯光、直流电机和其他装置来反馈并影响环境；可以方便地连接以太网扩展模块进行网络传输，使用蓝牙传输、WiFi 传输、无线摄像头控制等多种应用。

1.3.2 Arduino IDE 的安装

Arduino IDE 是 Arduino 开放源代码的集成开发环境。它的界面友好，语法简单且方便下载程序，这使得 Arduino 的程序开发变得非常便捷。作为一款开放源代码的软件，Arduino IDE 也是由 Java、Processing、AVR-GCC 等开放源代码的软件写成的。Arduino IDE 的另一个特点是跨平台的兼容性，适用于 Windows、Max OS X 以及 Linux。2011 年 11 月 30 日，Arduino 官方正式发布了 Arduino1.0 版本，可以下载不同操作系统的压缩包，也可以在 GitHub 上下载源代码重新编译自己的 Arduino IDE。安装过程如下：

（1）从 Arduino 官网下载最新版本 IDE，下载界面如图 1-13 所示。选择适合自己计算机操作系统的安装包。这里介绍在 64 位 Windows 7 系统中的安装过程。

（2）双击 EXE 文件选择安装，弹出如图 1-14 所示的界面。

图 1-13　Arduino 下载界面

图 1-14　Arduino 安装界面

（3）同意协议如图1-15所示。

（4）选择需要安装的组件，如图1-16所示。

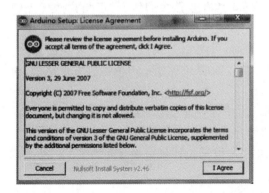

图1-15 Arduino 协议界面

图1-16 Arduino 选择安装组件

（5）选择安装位置，如图1-17所示。

（6）安装过程如图1-18所示。

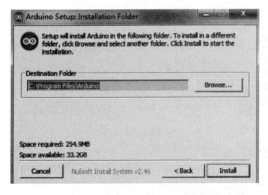

图1-17 Arduino 选择安装位置

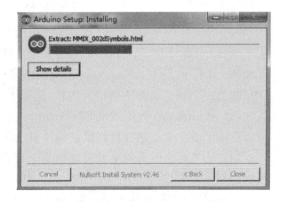

图1-18 Arduino 安装过程

（7）安装USB驱动，如图1-19所示。

图1-19 Arduino 安装 USB 驱动

(8) 安装完成,如图 1-20 所示。

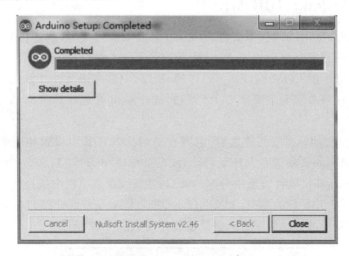

图 1-20　Arduino 安装完成

(9) 进入 Arduino IDE 开发界面,如图 1-21 所示。

图 1-21　Arduino IDE 开发界面

1.3.3 Arduino IDE 的使用

首次使用 Arduino IDE 时，需要将 Arduino 开发板通过 USB 线连接到计算机，计算机会为 Arduino 开发板安装驱动程序，并分配相应的 COM 端口，如 COM1、COM2 等。不同的计算机和系统分配的 COM 端口是不一样的，所以，安装完毕要在计算机的硬件管理中查看 Arduino 开发板被分配到了哪个 COM 端口，这个端口就是计算机与 Arduino 开发板的通信端口。

Arduino 开发板的驱动安装完之后，需要在 Arduino IDE 中设置相应的端口和开发板类型。方法为：Arduino 集成开发环境启动后，在菜单栏中选择"工具"→"端口"命令，进行端口设置，设置为计算机硬件管理中分配的端口；然后，在菜单栏中选择"工具"→"开发板"命令，选择 Arduino 开发板的类型，如 UNO、DUE、YUN 等前面介绍过的开发板。这样计算机就可以与开发板进行通信。工具栏显示的功能如图 1-22 所示。

图 1-22　Arduino IDE 的工具栏功能

在 Arduino IDE 中带有很多种示例，包括基本的、数字的、模拟的、控制的、通信的、传感器的、字符串的、存储卡的、音频的、网络的示例等。下面介绍一个最简单、最具有代表性的例子——Blink，以便读者快速熟悉 Arduino IDE，从而开发出新的产品。

在菜单栏中选择"文件"→"示例"→01Basic→Blink 命令，这时在主编辑窗口会出现可以编辑的程序。这个 Blink 范例程序的功能是控制 LED 的亮灭。在 Arduino 编译环境中，是以 C/C++ 的风格来编写的。程序的前几行是注释行，介绍程序的作用及相关的声明等；然后是变量的定义；最后是 Arduino 程序的两个函数，即 void setup() 和 void loop()。void setup() 中的代码会在导通电源时执行一次，void loop() 中的代码会不断重复地执行。由于在 Arduino UNO 开发板的引脚 13 上有 LED，所以定义整型变量 LED=13，用于函数的控制。另外，程序中用了一些函数，pinMode()是设置引脚的作用为输入还是输出；delay()是设置延迟的时间，单位为毫秒；digitalWrite()是向 LED 变量写入相关的值，使得引脚 13 的 LED 电平发生变化，即 HIGH 或者 LOW，这样 LED 就会根据延迟的时间交替地亮灭。

完成程序编辑之后，在工具栏中找到存盘按钮，将程序进行存盘。然后，在工具栏中找到上传按钮，单击该按钮将被编辑后的程序上传到 Arduino 开发板中，使得开发板按照修改后的程序运行。同时，还可以单击工具栏中的串口监视器，观察串口数据的传输情况。它是非常直观高效的调试工具。

主编辑窗口中的程序如下：

```
/*
  Blink 例程,重复开关 LED 各 1s
*/
//多数 Arduino 开发板的引脚 13 有 LED
//定义引脚名称
int led = 13;
//setup()程序运行一次
void setup() {
  //initialize the digital pin as an output.      //初始化数字引脚为输出
  pinMode(led, OUTPUT);
}
//loop()程序不断重复运行
void loop() {
  digitalWrite(led, HIGH);           //开 LED(高电平)
  delay(1000);                       //等待 1s
  digitalWrite(led, LOW);            //关 LED(低电平)
  delay(1000);                       //等待 1s
}
```

当然，目前还有其他支持 Arduino 的开发环境，如 SonxunStudio，它是由松迅科技开发的集成开发环境，目前只支持 Windows 系统的 Arduino 系统开发，包括 Windows XP 以及 Windows 7，使用方法与 Arduino IDE 大同小异。由于篇幅的关系，这里不再一一赘述。

1.4 Arduino 编程语言

Arduino 编程语言是建立在 C/C++ 语言基础上的，即以 C/C++ 语言为基础，把 AVR 单片机(微控制器)相关的一些寄存器参数设置等进行函数化，以利于开发者更加快速地使用。其主要使用的函数包括数字 I/O 引脚操作函数、模拟 I/O 引脚操作函数、高级 I/O 引脚操作函数、时间函数、中断函数、通信函数和数学库等。

1.4.1 Arduino 编程基础

关键字：if、if…else、for、switch、case、while、do…while、break、continue、return、goto。

语法符号：每条语句以";"结尾，每段程序以"{}"括起来。

数据类型：boolean、char、int、unsigned int、long、unsigned long、float、double、string、array、void。

常量：HIGH 或者 LOW，表示数字 I/O 引脚的电平，HIGH 表示高电平(1)，LOW 表示低电平(0)；INPUT 或者 OUTPUT，表示数字 I/O 引脚的方向，INPUT 表示输入(高阻态)，OUTPUT 表示输出(AVR 能提供 5V 电压，40mA 电流)；TRUE 或者 FALSE，TRUE 表示真(1)，FALSE 表示假(0)。

程序结构：主要包括两部分，即 void setup()和 void loop()。其中，前者是声明变量及引脚名称(如 int val；int ledPin=13)，在程序开始时使用，初始化变量和引脚模式，调用库函数如 pinMode(ledPin,OUTPUT)等，而 void loop()用在 setup()函数之后，不断地循环执行，是 Arduino 的主体。

1.4.2 数字 I/O 引脚的操作函数

1. pinMode(pin,mode)

pinMode 函数用于配置引脚以及设置输出或输入模式，是一个无返回值函数。该函数有两个参数：pin 和 mode。pin 参数表示要配置的引脚；mode 参数表示设置该引脚的模式为 INPUT(输入)或 OUTPUT(输出)。

INPUT 用于读取信号，OUTPUT 用于输出控制信号。pin 的范围是数字引脚 0～13，也可以把模拟引脚(A0～A5)作为数字引脚使用，此时编号为 14 的引脚对应模拟引脚 0，编号为 19 的引脚对应模拟引脚 5。该函数一般会放在 setup()里，先设置再使用。

2. digitalWrite(pin,value)

该函数的作用是设置引脚的输出电压为高电平或低电平，也是一个无返回值的函数。

pin 参数表示所要设置的引脚；value 参数表示输出的电压为 HIGH(高电平)或 LOW(低电平)。

注意：使用前必须先用 pinMode 设置。

3. digitalRead(pin)

该函数在引脚设置为输入的情况下，可以获取引脚的电压情况：HIGH(高电平)或者 LOW(低电平)。

数字 I/O 引脚操作函数使用例程如下：

```
int button = 9;          //设置引脚 9 为按钮输入引脚
int LED = 13;            //设置引脚 13 为 LED 输出引脚,内部连接开发板上的 LED
void setup()
```

```
{ pinMode(button,INPUT);            //设置为输入
  pinMode(LED,OUTPUT);              //设置为输出
}
void loop()
{ if(digitalRead(button) == LOW)    //如果读取高电平
        digitalWrite(LED,HIGH);     //引脚13输出高电平
    else
        digitalWrite(LED,LOW);      //否则输出低电平
}
```

1.4.3 模拟 I/O 引脚的操作函数

1. analogReference(type)

该函数用于配置模拟引脚的参考电压。它有三种类型：DEFAULT 是默认模式，参考电压是 5V；INTERNAL 是低电压模式，使用片内基准电压源 2.56V；EXTERNAL 是扩展模式，通过 AREF 引脚获取参考电压。

注意：若不使用本函数，默认是参考电压 5V。若使用 AREF 作为参考电压，需接一个 5kΩ 的上拉电阻。

2. analogRead(pin)

用于读取引脚的模拟量电压值，每读取一次需要花 $100\mu s$ 的时间。参数 pin 表示所要获取模拟量电压值的引脚，返回为 int 型。它的精度为 10 位，返回值为 0～1023。

注意：函数参数 pin 的取值范围是 0～5，对应开发板上的模拟引脚 A0～A5。

3. analogWrite(pin,value)

该函数是通过 PWM(Pulse-Width Modulation，脉冲宽度调制)的方式在引脚上输出一个模拟量。图 1-23 所示为 PWM 输出的一般形式，也就是在一个脉冲的周期内高电平所占的比例。它主要应用于 LED 亮度控制、直流电机转速控制等方面。

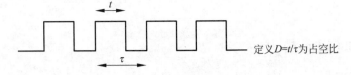

图 1-23　占空比的定义

注：PWM 波形的特点是波形频率恒定，占空比 D 可以改变。

Arduino 中的 PWM 的频率大约为 490Hz，Arduino UNO 开发板支持以下数字引脚(不是模拟输入引脚)作为 PWM 模拟输出：3、5、6、9、10、11。开发板带 PWM 输出的都有"～"号。

注意：PWM 输出位数为 8 位，即 0～255。

模拟 I/O 引脚的操作函数使用例程如下：

```
int sensor = A0;                    //A0引脚读取电位器
int LED = 11;                       //引脚11输出LED
```

```
void setup()
{ Serial.begin(9600);
}
void loop()
{ int v;
  v = analogRead(sensor);
  Serial.println(v,DEC);        //可以观察读取的模拟量
  analogWrite(LED,v/4);         //读回的值范围是0~1023,结果除以4才能得到0~255的区间值
}
```

1.4.4 高级I/O引脚的操作函数

PulseIn(pin,state,timeout)函数用于读取引脚脉冲的时间长度,脉冲可以是HIGH或者LOW。如果是HIGH,该函数首先等待引脚变为高电平,然后开始计时,直到变为低电平停止计时。返回脉冲持续的时间,单位为毫秒,如果超时没有读到时间,则返回0。

例程说明:做一个按钮脉冲计时器,测量按钮的持续时间,谁的反应最快,即谁按按钮时间最短。按钮接在引脚3。程序如下:

```
int button = 3;
int count;
void setup()
{
pinMode(button,INPUT);
}
void loop()
{ count = pulseIn(button,HIGH);
    if(count != 0)
      { Serial.println(count,DEC);
        count = 0;
      }
}
```

1.4.5 时间函数

1. delay()

该函数是延时函数,参数是延时的时长,单位是ms(毫秒)。应用延时函数的典型例程是跑马灯的应用,使用Arduino开发板控制4个LED依次点亮。程序如下:

```
void setup()
{
pinMode(6,OUTPUT);           //定义为输出
pinMode(7,OUTPUT);
pinMode(8,OUTPUT);
pinMode(9,OUTPUT);
}
```

```
void loop()
{
int i;
for(i = 6;i <= 9;i++)        //依次循环 4 盏灯
{
digitalWrite(i,HIGH);        //点亮 LED
delay(1000);                 //持续 1s
digitalWrite(i,LOW);         //熄灭 LED
delay(1000);                 //持续 1s
}
}
```

2. delayMicroseconds()

delayMicroseconds()也是延时函数,不过单位是 μs(微秒),$1ms=1000\mu s$。该函数可以产生更短的延时。

3. millis()

millis()为计时函数,应用该函数可以获取单片机通电到现在运行的时间长度,单位是 ms。系统最长的记录时间为 9h22min,超出则从 0 开始。返回值是 unsigned long 型。

该函数适合作为定时器使用,不影响单片机的其他工作(而使用 delay 函数期间无法进行其他工作)。计时时间函数使用示例(延时 10s 后自动点亮 LED)程序如下:

```
int LED = 13;
unsigned long i,j;
void setup()
{
pinMode(LED,OUTPUT);
i = millis();                //读入初始值
}
void loop()
{
j = millis();                //不断读入当前时间值
    if((j - i)> 10000)       //如果延时超过 10s,点亮 LED
      {
      digitalWrite(LED,HIGH);
      }
    else digitalWrite(LED,LOW);
}
```

4. micros()

micros()也是计时函数,该函数返回开机到现在运行的时间长度,单位为 μs。返回值是 unsigned long 型,70min 溢出。程序如下:

```
unsigned long time;
void setup()
```

```
{
Serial.begin(9600);
}
void loop()
{
Serial.print("Time: ");
time = micros();            //读取当前的微秒值
Serial.println(time);       //打印开机到目前运行的微秒值
delay(1000);                //延时 1s
}
```

以下例程为跑马灯的另一种实现方式：

```
int LED = 13;
unsigned long i,j;
void setup()
{
pinMode(LED,OUTPUT);
i = micros();               //读入初始值
}
void loop()
{
j = micros();               //不断读入当前时间值
    if((j-i)>1000000)       //如果延时超过 10s,点亮 LED
        {
        digitalWrite(LED,HIGH);
        }
    else digitalWrite(LED,LOW);
}
```

1.4.6 中断函数

什么是中断？实际上在人们的日常生活中，中断很常见，如图 1-24 所示。

你在看书，电话铃响，于是在书上做个记号，去接电话，与对方通话；门铃响了，有人敲门，你让打电话的对方稍等一下，去开门，并在门旁与来访者交谈，谈话结束，关好门；回到电话机旁，继续通话，接完电话再回来从做记号的地方接着看书。

同样的道理，在单片机中也存在中断概念，如图 1-25 所示。在计算机或者单片机中中断是由于某个随机事件的发生，计算机暂停主程序的运行，转去执行另一程序（随机事件），处理完毕又自动返回主程序继续运行的过程。也就是说，高优先级的任务中断了低优先级的任务。在计算机中中断包括如下几部分：

① 中断源——引起中断的原因，或能发生中断申请的来源；
② 主程序——计算机现行运行的程序；
③ 中断服务子程序——处理突发事件的程序。

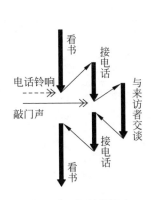
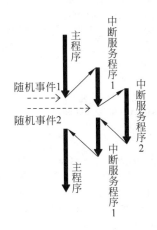

图 1-24　中断的概念　　　　图 1-25　单片机中的中断

1. attachinterrupt(interrupt,function,mode)

该函数用于设置中断，函数有 3 个参数，分别表示中断源、中断处理函数和触发模式。中断源可选 0 或者 1，对应 2 或者 3 号数字引脚。中断处理函数是一段子程序，当中断发生时执行该子程序部分。触发模式有四种类型：LOW（低电平触发）、CHANGE（变化时触发）、RISING（低电平变为高电平触发）、FALLING（高电平变为低电平触发）。例程功能如下：

引脚 2 接按钮开关，引脚 4 接 LED1（红色），引脚 5 接 LED2（绿色）。在例程中，LED3 为板载的 LED，每秒闪烁一次。使用中断 0 来控制 LED1，中断 1 来控制 LED2。按下按钮，立即响应中断，由于中断响应速度快，LED3 不受影响，继续闪烁。使用不同的 4 个参数，例程 1 试验 LOW 和 CHANGE 参数，例程 2 试验 RISING 和 FALLING 参数。

例程 1：

```
volatile int state1 = LOW, state2 = LOW;
int LED1 = 4;
int LED2 = 5;
int LED3 = 13;                            //使用板载的 LED
void setup()
{
  pinMode(LED1,OUTPUT);
  pinMode(LED2,OUTPUT);
  pinMode(LED3,OUTPUT);
  attachInterrupt(0,LED1_Change,LOW);     //低电平触发
  attachInterrupt(1,LED2_Change,CHANGE);  //任意电平变化触发
}
void loop()
{
  digitalWrite(LED3,HIGH);
  delay(500);
```

```
      digitalWrite(LED3,LOW);
      delay(500);
}
void LED1_Change()
{
    state1 = !state1;
    digitalWrite(LED1,state1);
    delay(100);
}
void LED2_Change()
{
   state2 = !state2;
   digitalWrite(LED2,state2);
   delay(100);
}
```

例程 2:

```
volatile int state1 = LOW,state2 = LOW;
int LED1 = 4;
int LED2 = 5;
int LED3 = 13;
void setup()
{
    pinMode(LED1,OUTPUT);
    pinMode(LED2,OUTPUT);
    pinMode(LED3,OUTPUT);
    attachInterrupt(0,LED1_Change,RISING);    //电平上升沿触发
    attachInterrupt(1,LED2_Change,FALLING);   //电平下降沿触发
}
void loop()
{
    digitalWrite(LED3,HIGH);
    delay(500);
    digitalWrite(LED3,LOW);
    delay(500);
}
void LED1_Change()
{
    state1 = !state1;
    digitalWrite(LED1,state1);
    delay(100);
}
void LED2_Change()
{
    state2 = !state2;
    digitalWrite(LED2,state2);
```

```
delay(100);
}
```

2. detachInterrupt(interrupt)

该函数用于取消中断,参数 interrupt 表示所要取消的中断源。

1.4.7 串口通信函数

串行通信接口(serial interface)使数据一位一位地顺序传送,其特点是通信线路简单,只要一对传输线就可以实现双向通信的接口,如图 1-26 所示。

串行通信接口出现在 1980 年前后,数据传输率是 115~230Kb/s。串行通信接口出现的初期是为了实现计算机外设的通信,初期串口一般用来连接鼠标和外置 Modem、老式摄像头和写字板等设备。

由于串行通信接口(COM)不支持热插拔及传输速率较低,因此目前部分新主板和大部分便携计算机已开始取消该

图 1-26 串行通信接口

接口,串口多用于工控和测量设备以及部分通信设备中,包括各种传感器采集装置、GPS 信号采集装置、多个单片机通信系统、门禁刷卡系统的数据传输、机械手控制和操纵面板控制直流电机等,特别是广泛应用于低速数据传输的工程应用,主要函数如下:

1. Serial.begin()

该函数用于设置串口的波特率,即数据的传输速率,指每秒钟传输的符号个数。一般的波特率有 9600、19 200、57 600、115 200 等。

例如:Serial.begin(57 600)

2. Serial.available()

该函数用来判断串口是否收到数据,函数的返回值为 int 型,不带参数。

3. Serial.read()

该函数不带参数,只将串口数据读入。返回值为串口数据,int 型。

4. Serial.print()

该函数向串口发送数据。可以发送变量,也可以发送字符串。

例 1:Serial.print("today is good");

例 2:Serial.print(x,DEC);   //以十进制发送变量 x

例 3:Serial.print(x,HEX);   //以十六进制发送变量 x

5. Serial.println()

该函数与 Serial.print()类似,只是多了换行功能。

串口通信函数使用例程:

```
int x = 0;
void setup()
{ Serial.begin(9600);                 //波特率 9600
```

```
}
void loop()
{
  if(Serial.available())
      {   x = Serial.read();
          Serial.print("I have received:");
          Serial.println(x,DEC);              //输出并换行
      }
delay(200);
}
```

1.4.8 Arduino 的库函数

与 C 语言和 C++一样,Arduino 平台也有相关的库函数,提供给开发者使用。这些库函数的使用,与 C 语言的头文件使用类似,需要♯include 语句,可将函数库加入 Arduino 的 IDE 编辑环境中,如♯include "Arduino.h"语句。

在 Arduino 开发中主要库函数的类别为:数学库主要包括数学计算;EEPROM 库函数用于向 EEPROM 中读写数据;Ethernet 库函数用于以太网的通信;LiquidCrystal 库函数用于液晶屏幕的显示操作;Firmata 库函数实现 Arduino 平台与 PC 串口之间的编程协议;SD 库函数用于读写 SD 卡;Servo 库函数用于舵机的控制;Stepper 库函数用于步进电机控制;WiFi 库函数用于 WiFi 的控制和使用等。诸如此类的库函数非常多,还包括一些 Arduino 平台爱好者自己开发的库函数。例如下列数学库中的函数:

(1) min(x,y);   //求两者最小值
(2) max(x,y);   //求两者最大值
(3) abs(x);   //求绝对值
(4) sin(rad);   //求正弦值
(5) cos(rad);   //求余弦值
(6) tan(rad);   //求正切值
(7) random(small,big);   //求两者之间的随机数

举例如下:
数学库函数 random(small,big),返回值为 long。

```
long x;
x = random(0,100);         //可以生成从 0~100 以内的整数
```

1.5 Arduino 硬件设计平台

电子设计自动化(Electronic Design Automation,EDA)是 20 世纪 90 年代初,从计算机辅助设计(CAD)、计算机辅助制造(CAM)、计算机辅助测试(CAT)和计算机辅助工程

(CAE)的概念上发展而来的。EDA 设计工具的出现使得电路设计的效率和可操作性都得到了大幅度的提升。本书针对 Arduino 平台的学习，主要介绍和使用 Fritzing 工具，配以详细的示例操作说明。当然，很多软件也支持 Arduino 平台的开发，在此不再一一罗列。

Fritzing 是一款支持多国语言的电路设计软件，可以同时提供面包板、原理图、PCB 图三种视图设计，设计者可以采用任意一种视图进行电路设计，软件都会自动同步生成其他两种视图。此外，Fritzing 软件还能用来生成制板厂生产所需用的 greber 文件、PDF、图片和 CAD 格式文件，这些都极大地普及和推广了 Fritzing 的使用。下面介绍软件的使用说明，有关 Fritzing 的安装和启动请参考相关的书籍或者网络。

1.5.1 Fritzing 软件简介

1. 主界面

总体来说，Fritzing 软件的主界面由两部分构成，如图 1-27 所示。一部分是图中左边框内项目视图部分，这一部分用于显示设计者开发的电路，包含面包板图、原理图和 PCB 三种视图。另一部分是图中右边框内工具栏部分，包含软件的元件库、指示栏、导航栏、撤销历史栏和层次栏等子工具栏，是设计者主要操作和使用的地方。

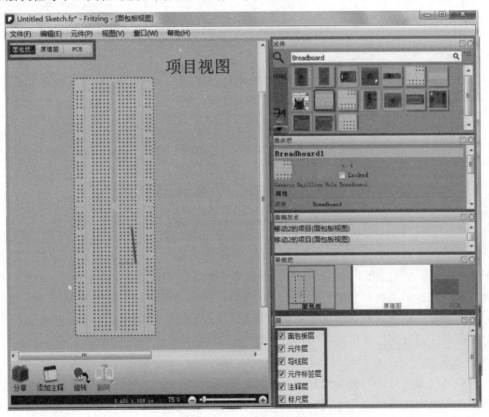

图 1-27　Fritzing 主界面

2．项目视图

设计者可以在项目视图中自由选择面包板、原理图或 PCB 视图进行开发，并且可以利用项目视图框中的视图切换器快捷轻松地在这三种视图中进行切换，视图切换器如图 1-27 中右侧中部框图部分所示。此外，设计者也可以利用工具栏中的导航栏进行快速切换，这将在工具栏部分详细说明。下面分别给出这三种视图的操作界面，按从上到下的顺序依次是面包板视图、原理图视图和 PCB 视图，分别如图 1-28～图 1-30 所示。

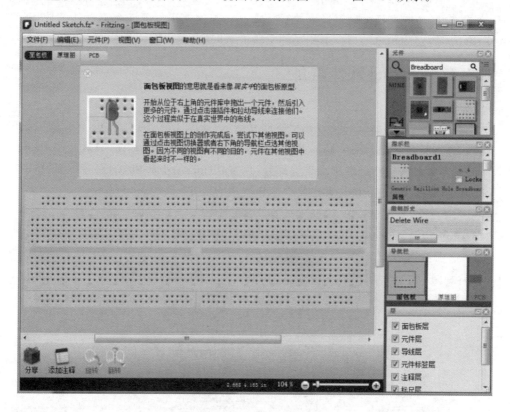

图 1-28　Fritzing 面包板视图

细心的读者可能会发现，在这三种视图中操作可选项和工具栏中对应的分栏内容都只有细微的变化。而且，由于 Fritzing 的三个视图是默认同步生成的，在本书中，首先以面包板为模板对软件的共性部分进行介绍，然后再对原理图、PCB 图与面包板视图之间的差异部分进行补充。之所以选择面包板视图作为模板，是为了方便 Arduino 开发板硬件设计者从电路原理图过渡到实际电路，尽量减少可能出现的连线和引脚连接错误。

3．工具栏

用户可以根据自己的兴趣爱好选择工具栏显示的各种窗口，单击窗口下拉菜单，然后对希望出现在右边工具栏的分栏进行勾选，用户也可以将这些分栏设成单独的浮窗。为了方便初学者迅速掌握 Fritzing 软件，本书将详细介绍各个工具栏的作用。

图 1-29　Fritzing 原理图视图

图 1-30　Fritzing PCB 视图

1) 元件库

元件库中包含了许多电子元件,这些电子元件是按容器分类盛放的。Fritzing 软件一共包含 8 个元件库,分别是 Fritzing 的核心库、设计者自定义的库和其他 6 个库。这 8 个库是设计者进行电路设计前必须掌握的,下面将进行详细的介绍。

(1) MINE:MINE 元件库是设计者自定义元件放置的容器。如图 1-31 所示,设计者可以在这部分添加一些常用元件或软件缺少的元件。具体操作将在后面详细说明。

图 1-31　MINE 元件库

(2) Arduino:Arduino 元件库主要放置与 Arduino 相关的开发板,这也是 Arduino 设计者需要特别关心的元件库。这个元件库中包含 Arduino 的 9 块开发板,分别是 Arduino、Arduino UNO R3、Arduino MEGA、Arduino Mini、Arduino NANO、Arduino Pro Mini 3.3V、Arduino Fio、Arduino LilyPad、Arduino Ethernet Shield,如图 1-32 所示。

图 1-32　Arduino 元件库

(3) Parallax:Parallax 元件库中主要包含 Parallax 的微控制器 Propeller D40 和 8 款 Basic Stamp 微控制器开发板,如图 1-33 所示。该系列微控制器是由美国 Parallax 公司开发的,这些微控制器与其他微控制器的区别主要在于它们在自己的 ROM 内存中内建了一套小型、特有的 BASIC 编程语言直译器 PBASIC,这为 BASIC 语言的设计者降低了嵌入式设计的门槛。

(4) Picaxe:Picaxe 元件库中主要包括 Picaxe 系列的低价位单片机、电可擦只读存储

图 1-33 Parallax 元件库

器、实时时钟控制器、串行接口、舵机驱动等元件,如图 1-34 所示。Picaxe 系列芯片也是基于 BASIC 语言,设计者可以迅速掌握。

图 1-34 Picaxe 元件库

(5) SparkFun：SparkFun 也是 Arduino 设计者重点关注的元件库,其中包含了许多 Arduino 的扩展板。此外,这个元件库中还包含了一些传感器和 LilyPad 系列的相关元件,如图 1-35 所示。

(6) Snootlab：Snootlab 包含了 4 块开发板,分别是 Arduino 的 LCD 扩展板、SD 卡扩展板、接线柱扩展板和舵机的扩展驱动板,如图 1-36 所示。

(7) Contributed Parts：Contributed Parts 元件库包含带开关电位表盘、开关、LED、反相施密特触发器和放大器等元件,如图 1-37 所示。

(8) Core：Core 元件库里包含许多平常会用到的基本元件,如 LED、电阻、电容、电感、晶体管等,还有常见的输入/输出元件、集成电路元件及电源、连接、微控器等。此外,Core 库中还包含面包板视图、原理图视图和印制电路板视图的格式以及工具(主要包含笔记和尺子)的选择,如图 1-38 所示。

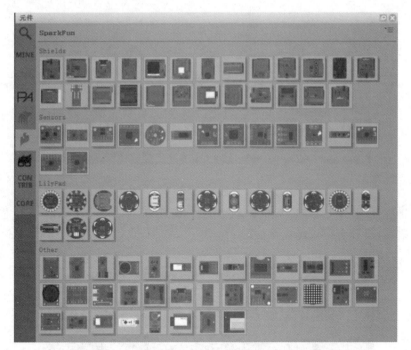

图 1-35 SparkFun 元件库

图 1-36 Snootlab 元件库

图 1-37 Contributed Parts 元件库

图 1-38 Core 元件库

2）指示栏

指示栏会给出元件库或项目视图中鼠标所选定元件的详细信息,包括该元件的名字、标签,以及在三种视图下的形态、类型、属性和连接数等。设计者可以根据这些信息加深对元件的理解,或者检验所选定的元件是否是自己所需要的,甚至能在项目视图中选定相关元件后直接在指示栏中修改元件的某些基本属性,如图1-39所示。

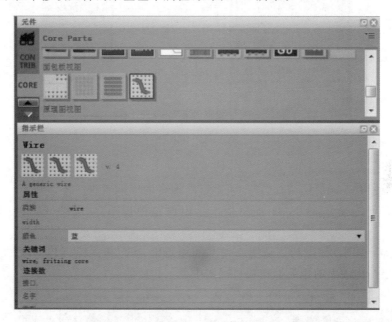

图 1-39　指示栏

3）撤销历史栏

撤销历史栏中详细记录了设计者的设计步骤,并将这些步骤按照时间的先后顺序依次进行排列,先显示最近发生的步骤,如图1-40所示。设计者可以利用这些记录步骤回到之前的任一设计状态,这为开发工作带来了极大的便利。

图 1-40　撤销历史栏

4）导航栏

导航栏提供了对面包板视图、原理图视图和 PCB 视图的预览，设计者可以在导航栏中任意选定三种视图中的某一视图进行查看，如图 1-41 所示。

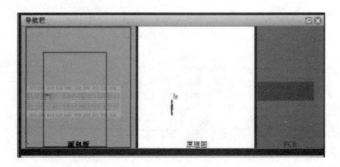

图 1-41　导航栏

5）层

不同的视图有不同的层结构，详细了解层结构有助于读者进一步理解这三种视图和提升设计者对它们的操作能力。下面将依次给出面包板视图、原理图视图、PCB 视图的层结构。

（1）面包板视图的层结构。从图 1-42 中可以看出，面包板视图一共包含 6 层，设计者可以通过勾选层结构前面的矩形框在项目视图中显示相应的层。

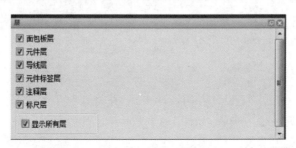

图 1-42　面包板视图层结构

（2）原理图视图的层结构。从图 1-43 中可以看出，原理图视图一共包含 7 层。

图 1-43　原理图视图层结构

（3）PCB 视图的层结构。PCB 视图是层结构最多的视图。从图 1-44 中可以看出，PCB 视图具有 15 层结构。由于篇幅有限，本书不再对这些层结构进行详解。

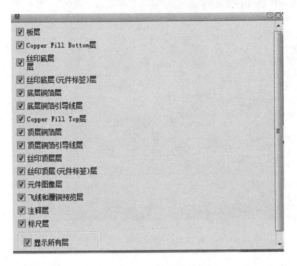

图 1-44　PCB 视图层结构

1.5.2　Fritzing 使用方法

1. 查看元件库已有元件

设计者在查看元件库中的元件时，既可以选择按图标形式查看，也可以选择按列表形式查看，界面分别如图 1-45 和图 1-46 所示。

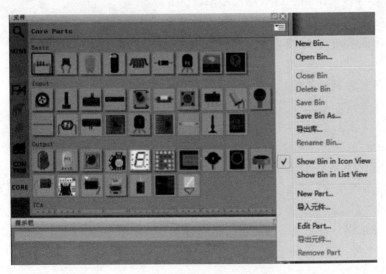

图 1-45　元件图标形式

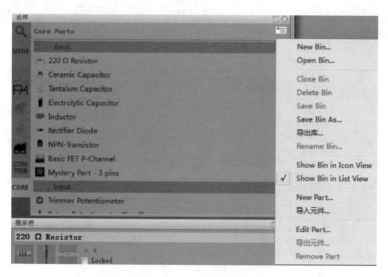

图 1-46 元件列表形式

设计者可以直接在对应的元件库中寻找所需要的元件,但由于 Fritzing 所带的库和元件数目都相对比较多,所以在有些情况下,设计者可能很难确定元件所在的具体位置。这时设计者就可以利用元件库中自带的搜索功能,从库中找出所需要的元件,这个方法能极大地提升设计者的工作效率。在此,举一个简单的例子进行说明,例如,设计者要寻找 Arduino UNO 开发板,那么,在搜索栏输入 Arduino UNO 开发板,按下 Enter 键,就会自动显示相应的搜索结果,如图 1-47 所示。

图 1-47 查找元件

2. 添加新元件到元件库

1) 从头开始添加新元件

设计者可以通过选择"元件"→"新建"命令进入添加新元件的界面,如图 1-48 所示;也可以通过单击元件库中左侧的 New Part 选项进入该界面,如图 1-49 所示。无论采用哪一种方式,最终进入的新元件编辑界面都如图 1-50 所示。

设计者可在新元件的添加界面填写相关的信息,如新元件的名字、属性、连接等,并导入相应的视图图片。尤其要注意添加连接,然后单击"保存"按钮,便能创建新的元件。但是在开发过程中,建议设计者尽量在已有的库元件基础上进行修改来创建用户需要的新元件,这样可以减少工作量,提高开发效率。

2) 从已有元件添加新元件

关于如何基于已有的元件添加新元件,下面举两个简单的例子进行说明。

(1) 针对 ICs、电阻、引脚等标准元件。例如,现在设计者需要一个 2.2kΩ 的电阻,可是

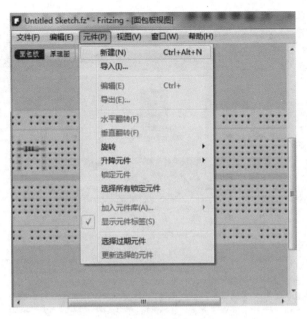

图 1-48　添加新元件（方式 1）

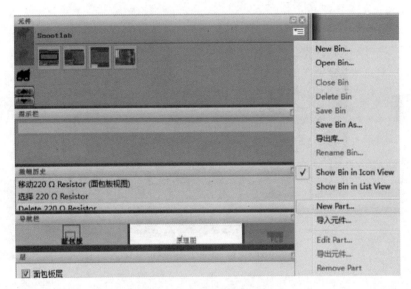

图 1-49　添加新元件（方式 2）

在 Core 库中只有 220Ω 的标准电阻，这时，创建新电阻最简单的方法就是先将 Core 库中 220Ω 的通用电阻添加到面包板上，然后选定该电阻，直接在右边的指示栏中将电阻值修改为 2.2kΩ，如图 1-51 所示。

除此之外，选定元件后，也可以选择"元件"→"编辑"命令完成元件参数的修改，如

图 1-50　新元件添加界面

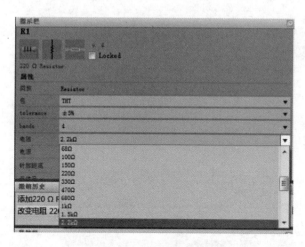

图 1-51　修改元件属性

图 1-52 所示。

然后进入元件编辑界面,如图 1-53 所示。

将 resistance 相应的数值改为 2200Ω,单击"另存为新元件"按钮,即可成功创建一个电阻值为 2200Ω 的电阻,如图 1-54 所示。

此外,在选定元件后,直接右击,在弹出的快捷菜单中选择"编辑"命令,也可进入元件编辑界面,如图 1-55 所示。

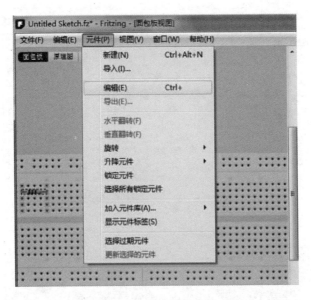

图 1-52　修改元件参数

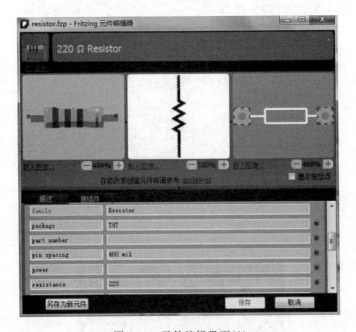

图 1-53　元件编辑界面(1)

其他基于标准元件添加新元件的操作与此类似,如改变引脚数、修改接口数目等,在此不再赘述。

(2) 相对复杂的元件。完成了基本元件的介绍后,下面介绍一个相对复杂的例子。在这个例子中,要添加一个自定义元件——SparkFun T5403 气压仪,其 PCB 图如图 1-56 所示。

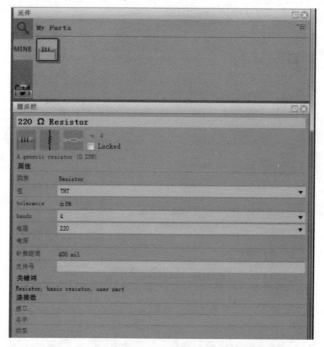

图 1-54 元件编辑界面(2)

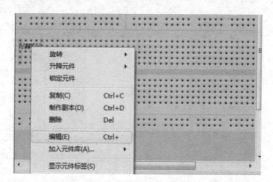

图 1-55 元件编辑界面

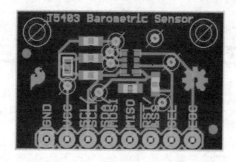

图 1-56 SparkFun T5403 的 PCB 图

在元件库里寻找该元件,在搜索框中输入 T5403,如图 1-57 所示。

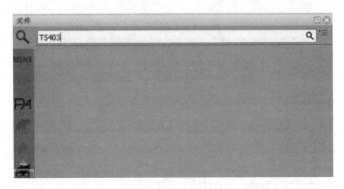

图 1-57   SparkFun T5403 搜寻图

若没有发现该元件,则可以在该元件所在的库中寻找是否有类似的元件(根据名字得知,SparkFun T5403 是 SparkFun 系列的元件),如图 1-58 所示。

图 1-58   SparkFun 系列元件

若发现还是没有与自定义元件相类似,则可以选择从标准的集成电路 ICs 开始,选择 Core 元件库,找到 ICs 栏,将 IC 元件添加到面包板中,如图 1-59 和图 1-60 所示。

图 1-59   Core ICs

选定该 IC 元件,在指示栏中查看该元件的属性。将元件的名字命名为自定义元件的名字 T5403 Barometer Breakout,并将引脚数修改成所需要的数量。在本例中,需要的引脚数为 8,如图 1-61 所示。

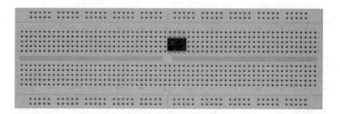

图 1-60 添加 ICs 到面包板

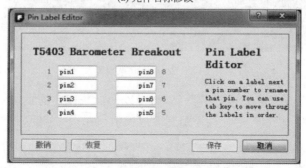

(a) 元件名称修改

(b) 引脚数量修改

图 1-61 自定义元件的参数修改

修改之后,面包板上的元件如图 1-62 所示。

右击面包板视图中的 IC 元件,在弹出的快捷菜单中选择"编辑"命令,会出现如图 1-63 所示的编辑窗口。设计者需要根据自定义元件的特性修改图中的 6 个部分,分别是元件图标、面包板视图、原理图视图、PCB 视图、描述和接插件。这部分的修改大都是细节性的问题,在此不再赘述,读者可参考下

图 1-62 T5403 Barometer Breakout

面的链接进行深入学习：https://learn.sparkfun.com/tutorials/make-your-own-fritzing-parts。

图 1-63　T5403 Barometer Breakout 编辑窗口

3．添加新元件库

设计者不仅可以创建自定义的新元件，也可以根据自己的需求创建自定义的元件库，并对元件库进行管理。在设计电路结构前，可以将所需的电路元件列一张清单，并将所需要的元件都添加到自定义库中，这样可以为后续的电路设计提高效率。添加新元件库时，只需选择图 1-46 所示的元件栏中 New Bin 命令，便会出现如图 1-64 所示的界面。

如图 1-64 所示，给这个自定义的元件库取名为 Arduino Project，单击 OK 按钮，新的元件库便成功创建，如图 1-65 所示。

图 1-64　添加新元件库

图 1-65　成功创建新元件库

4. 添加或删除元件

下面主要介绍如何将元件库中的元件添加到面包板视图中。当需要添加某个元件时，可以先在元件库相应的子库中寻找所需要的元件，然后在目标元件的图标上选定元件，并将其拖动至面包板上的目的位置，松开鼠标左键即可将元件插入面包板。需要特别注意的是，在放置元件时，一定要确保元件的引脚已经成功插入面包板。如果插入成功，则元件引脚所在的连线会显示绿色；如果插入不成功，则元件的引脚会显示红色，如图 1-66 所示（其中左边表示添加成功，右边则表示添加失败）。

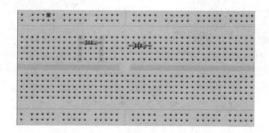

图 1-66　引脚状态

如果在放置元件的过程中操作有误，则直接选定目标元件，然后再按 Delete 键即可将元件从视图上删除。

5. 添加元件间连线

添加元件间的连线是用 Fritzing 绘制电路图必不可少的过程，接下来将对连线的方法给出详细的介绍。连线的时候将想要连接的引脚拖动到要连接的目的引脚后松开即可。这里需要注意的是，只有当连接线段的两端都显示绿色时（图中左边），才代表导线连接成功，若连线的两端显示红色（图中右边），则表示连接出现问题，如图 1-67 所示。

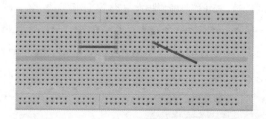

图 1-67　连线状态

此外，为了使电路更清晰，设计者还能根据自己的需求在导线上设置拐点，使导线根据设计者的喜好而改变连线角度和方向。具体方法为：光标处即为拐点处，设计者能自由拖动光标来移动拐点的位置。此外，设计者也可以先选定导线，然后将鼠标光标放在想设置的拐点处，右击，在弹出的快捷菜单中选择"添加拐点"命令即可，如图 1-68 所示。

除此之外，在连线的过程中，设计者还可以更改导线的颜色，不同的颜色将帮助设计者更好地掌握绘制的电路。具体的修改方法为选定要更改颜色的导线，然后右击，从弹出的快捷菜单中选择更改颜色命令，如图 1-69 所示。

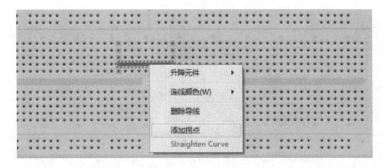

图 1-68　拐点添加

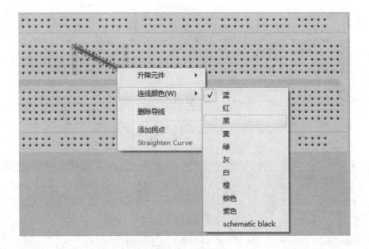

图 1-69　导线颜色修改

1.5.3　Arduino 电路设计

本节将通过一个具体的例子系统地介绍如何利用 Fritzing 软件绘制一个完整的 Arduino 电路图，用 Arduino 主板控制 LED 的亮灭。整体效果如图 1-70 所示。

下面介绍 Arduino Blink 例程的电路图详细设计步骤。首先打开软件并新建一个项目，具体操作为单击软件的运行图标，在软件的主界面选择"文件"→"新建"命令，如图 1-71 所示。

完成项目新建后，先保存。选择"文件"→"另存为"命令，出现如图 1-72 所示的界面，在该对话框中输入保存的名字和路径，然后单击"保存"按钮，即可完成对新建项目的保存。

一般来说，在绘制电路前，设计者应该先对开发环境进行设置。这里的开发环境主要指设计者选择使用的面包板型号、原理图和 PCB 视图的各种类型。本教程以面包板视图为重点，并在 Core 元件库中选好开发所用的面包板类型和尺寸。如图 1-73 所示。

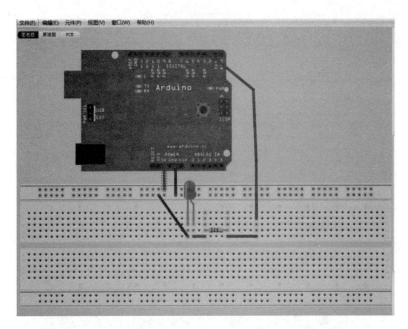

图 1-70　Arduino Blink 示例整体效果

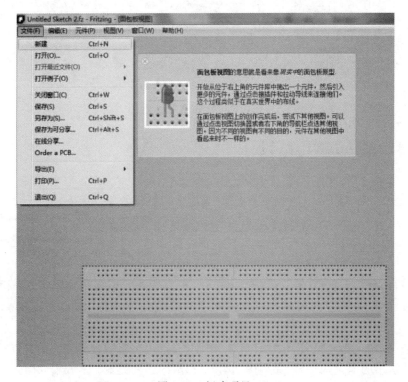

图 1-71　新建项目

图 1-72 保存项目

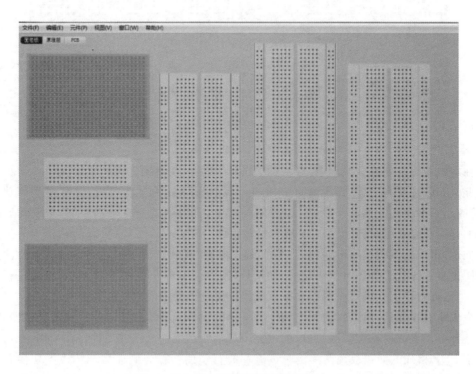

图 1-73 面包板类型和尺寸

由于本示例中所需的元件数较少,此处省去建立自定义元件库的步骤,直接先将所有的元件都放置在面包板上,如图 1-74 所示。在本例中,需要 1 块 Arduino 开发板、1 个 LED 和 1 个 220Ω 电阻。

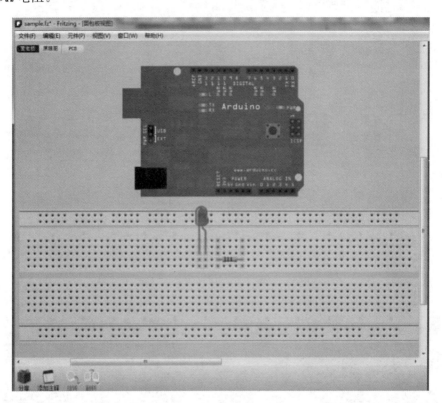

图 1-74　元件的放置

然后进行连线,即可得到最终的效果图,如图 1-75 所示。

在编辑视图中切换到原理图,会看到如图 1-76 所示的界面。

此时布线还没有完成,开发者可以单击编辑视图下方的自动布线,但要注意自动布线后,检查是否所有的元件全部完成。对没有完成的,开发者要进行手动布线,即手动连接引脚间的连线。最终可得到如图 1-77 所示的效果图。

同理,可以在编辑视图中切换到 PCB 视图,观察 PCB 视图下的电路。此时也要注意编辑视图窗口下方是否提示布线未完成,如果是,则可以单击下面的"自动布线"按钮进行布线处理,也可以自己手动进行布线。这里直接给出最终的效果图,如图 1-78 所示。

完成所有操作后,就可以修改电路中各元件的属性。在本例中不需要修改任何值,在此略过这部分。完成所有步骤后,可以根据需求导出所需要的文档或文件。在本例中,将以导出一个 PDF 格式的面包板视图为例对该流程进行说明。首先确保将编辑视图切换到面包板视图,然后选择"文件"→"导出"→"作为图像"→PDF 命令,如图 1-79 所示。输出的最终 PDF 格式文档如图 1-80 所示。

第1章　Arduino项目设计基础

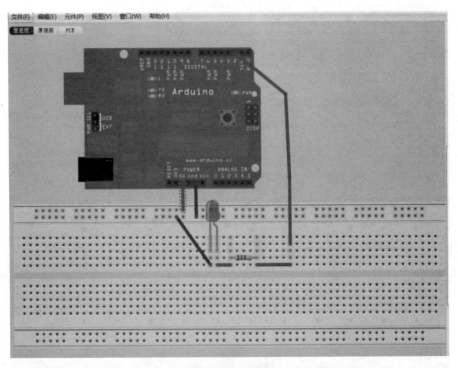

图 1-75　元件连线

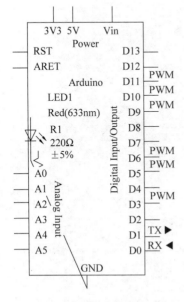

图 1-76　原理图界面

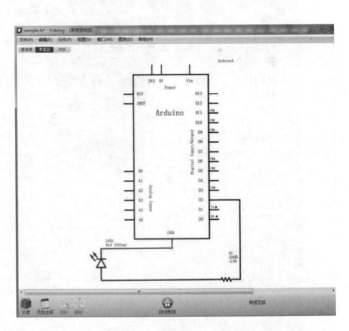

图 1-77　原理图自动布线

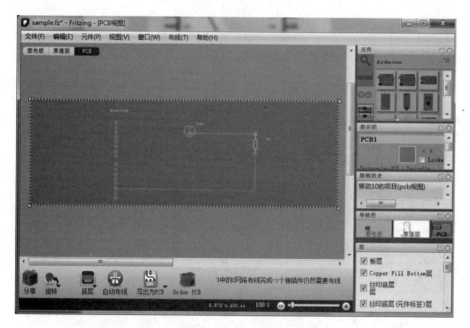

图 1-78 PCB 视图效果

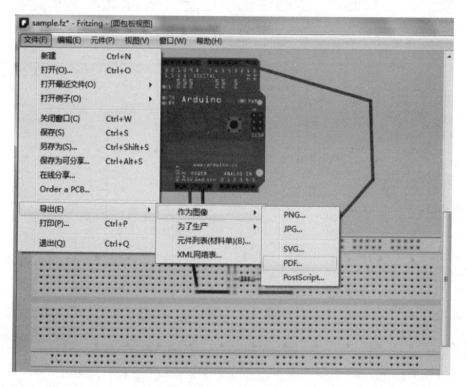

图 1-79 PDF 图的生成步骤

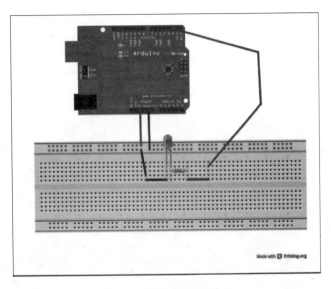

图 1-80　面包板的 PDF 图

1.5.4　Arduino 开发平台样例与编程

Fritzing 软件不但能很好地支持 Arduino 开发板的电路设计，而且提供了对 Arduino 开发板样例电路的支持，如图 1-81 所示。用户可以选择"文件"→"打开例子"命令，然后选择相应的 Arduino 开发板，如此层层推进，最终选择想要打开的样例电路。

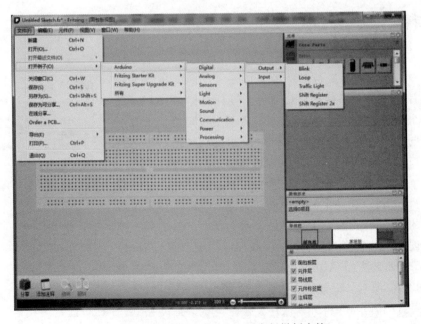

图 1-81　Fritzing 对 Arduino 开发板样例支持

这里将以 Arduino 开发板数字化中的交通灯进行举例说明。选择"元件"→"打开例子"→ Arduino→Digital→Output→Traffic Light 命令，就能在 Fritzing 软件的编辑视图中得到如图 1-82 所示的 Arduino 开发板样例电路。需要注意的是，不管在哪种视图进行操作，打开的样例电路都会将编辑视图切换到面包板视图。如果想要获得相应的原理图视图或 PCB 视图，则可以在打开的样例电路中从面包板视图切换到目标视图。

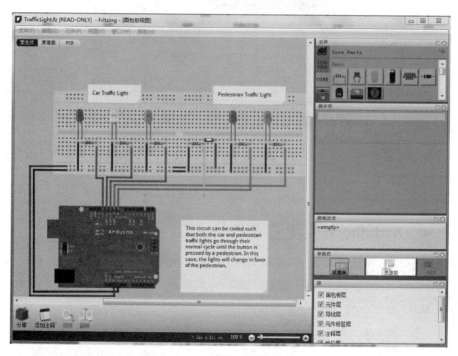

图 1-82 Arduino 开发板交通灯样例

除了对 Arduino 开发板样例的支持外，Fritzing 还将电路设计和编程脚本放在了一起。对于每个设计电路，Fritzing 都提供了一个编程界面，用户可以在编程界面中编写将要下载到微控制器的脚本。具体操作如图 1-83 所示，选择"窗口"→"打开编程窗口"命令，即可进入编程界面，如图 1-84 所示。

从图 1-84 中可以发现，虽然每个设计电路只有一个编程界面，但设计者可以在一个编程界面创造许多编程窗口来编写不同版本的脚本，从而在其中选择最合适的脚本。单击"新建"按钮即可创建新编程窗口。而且，从编程界面中也可以看出，目前 Fritzing 主要支持 Arduino 开发板和 PICAXE 两种脚本语言，如图 1-85 所示。设计者在选定脚本的编程语言后，就只能编写该语言的脚本，并将脚本保存成相应类型的后缀格式。同理，选定编程语言后，设计者也只能打开同种类型的脚本。

图 1-83 编程界面进入步骤

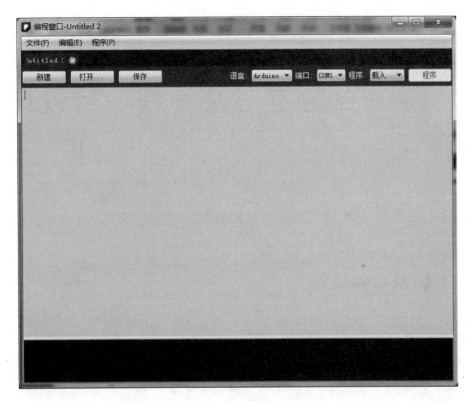

图 1-84　编程界面

选定脚本语言后,设计者还应该选择串行端口。从 Fritzing 界面可以看出,该软件一共有两个默认端口,分别是 COM1 和 LPT1,如图 1-86 所示。当设计者将相应的微控制器连接到 USB 端口时,软件里会增加一个新的设备端口,然后可以根据自己的需求选择相应的端口。

图 1-85　编程语言支持　　　　　　　　图 1-86　支持端口

值得注意的是,虽然 Fritzing 提供了脚本编写器,但是它并没有内置编译器,所以设计者必须自行安装额外的编程软件将编写的脚本转换成可执行文件。但是,Fritzing 提供了和编程软件交互的方法,设计者可以通过单击图 1-84 所示的"程序"按钮获取相应的可执行文件信息,所有这些内容都将显示在下面的控制端。

第 2 章 自习室资源管理项目设计

本项目基于 Arduino 平台设计自习室资源管理系统,实现网上预约、查看座位余量及举报影响秩序等功能。

2.1 功能及总体设计

本项目应用 FPM10A 指纹识别模块、DS3231 时钟模块、ESP8266 模块和 Micro Servo 舵机模块,实现了关于自习室资源管理的综合功能,满足大多数人对自习室更加合理有效的期望。

要实现上述功能需将作品分成三部分进行设计,即硬件部分、传输部分和网页部分。硬件部分通过 Arduino 开发板驱动 FPM10A 指纹识别模块、DS3231 时钟模块和舵机模块实现用户注册时录入指纹,根据预约的特定时间段检测指纹并控制门禁的功能;传输部分选用 ESP8266 模块配合 Arduino 开发板实现,完成网页部分与硬件部分的数据传输;网页部分以 Python 为脚本语言编写,在腾讯云移动端自由访问,使用座位查看、预约等功能。

1. 整体框架

整体框架如图 2-1 所示。

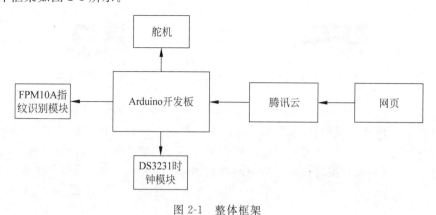

图 2-1 整体框架

本章根据崔战北、刘璐项目设计整理而成。

2. 系统流程

系统流程如图 2-2 所示。

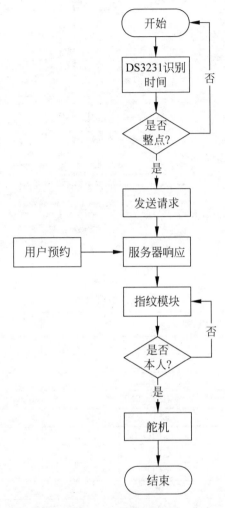

图 2-2 系统流程

当时钟模块记录的时间处于整点时,硬件部分通过 ESP8266 向服务器发送请求,服务器向硬件部分返回网页端数据,指纹模块检测识别用户指纹,若确定为预约成功,则舵机旋转驱使门开,反之舵机不转。

3. 总电路

系统总电路如图 2-3 所示,引脚连线如表 2-1 所示。

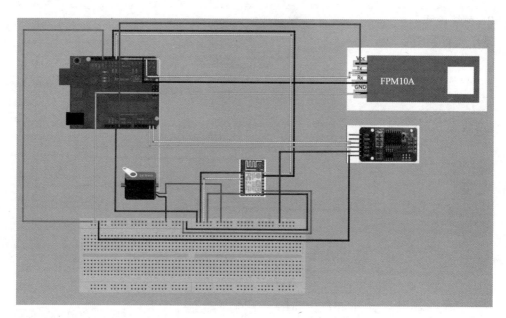

图 2-3 总电路

表 2-1 引脚连线

元件及引脚名		Arduino 开发板引脚
ESP8266	RST	3.3V
	EN	3.3V
	VCC	3.3V
	ESP_TXD	10
	ESP_RXD	11
	GPIO15	GND
	GND	GND
FPM10A	VCC	5V
	TX	2
	RX	3
	GND	GND
舵机	VCC	3.3V
	GND	GND
	PWM	9
DS3231	VCC	3.3V
	GND	GND
	SDA	A4
	SCL	A5

2.2 模块介绍

本项目包括 DS3231 时钟模块、FPM10A 指纹模块、舵机模块、ESP8266 模块、云服务器模块和网页模块。下面分别给出各模块的功能介绍及相关代码。

2.2.1 DS3231 时钟模块

本节包括 DS3231 时钟模块的功能介绍及相关代码。

1. 功能介绍

DS3231 时钟模块,可以在主机断电的情况下继续计算时间,便于以后使用,时钟产生秒、分、时、星期、日期、月和年计时,并提供有效期到 2100 年的闰年补偿,这样的特性使其被广泛使用。

在本项目中 DS3231 时钟模块用于记录时间,以控制在特定合适的时间向服务器发送请求,使硬件部分得到网页端的响应,从而确定此时间段的预约用户,便于 FPM10A 指纹模块与用户指纹的比对。元件包括 DS3231 时钟模块、Arduino 开发板和杜邦线若干,电路如图 2-4 所示。

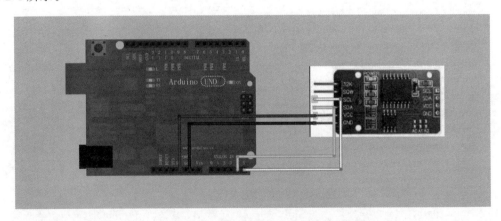

图 2-4 DS3231 时钟模块与 Arduino 开发板电路连线

2. 相关代码

```
#include <DS3231.h>
#include <Wire.h>
DS3231 Clock;
bool Century = false;
bool h12;
bool PM;
byte ADay, AHour, AMinute, ASecond, ABits;
bool ADy, A12h, Apm;
byte year, month, date, DoW, hour, minute, second;
```

```
void setup() {
    //开启 I²C
    Wire.begin();
    Clock.setSecond(50);              //设置秒
    Clock.setMinute(59);              //设置分钟
    Clock.setHour(11);                //设置小时
    Clock.setDoW(5);                  //设置星期
    Clock.setDate(31);                //设置日期
    Clock.setMonth(5);                //设置月份
    Clock.setYear(13);                //设置年份
    //开启串口
    Serial.begin(9600);
}
void ReadDS3231()
{
  int second,minute,hour,date,month,year,temperature;
  second = Clock.getSecond();
  minute = Clock.getMinute();
  hour = Clock.getHour(h12, PM);
  date = Clock.getDate();
  month = Clock.getMonth(Century);
  year = Clock.getYear();
  emperature = Clock.getTemperature();
  Serial.print("20");
  Serial.print(year,DEC);
  Serial.print('-');
  Serial.print(month,DEC);
  Serial.print('-');
  Serial.print(date,DEC);
  Serial.print(' ');
  Serial.print(hour,DEC);
  Serial.print(':');
  Serial.print(minute,DEC);
  Serial.print(':');
  Serial.print(second,DEC);
  Serial.print('\n');
  Serial.print("Temperature = ");
  Serial.print(temperature);
  Serial.print('\n');
}
void loop()
{
  ReadDS3231();
  delay(1000);
}
```

2.2.2 FPM10A 指纹模块

本节包括 FPM10A 指纹模块的功能介绍及相关代码。

1. 功能介绍

指纹模块是指纹锁的核心部件,安装在指纹门禁或者硬盘等元件上,完成指纹的采集和识别。指纹模块主要由指纹采集模块、指纹识别模块和扩展功能模块组成。指纹采集一体机通过 UART 收发指令,具有 1∶N 识别及 1∶1 验证功能,可实现指纹特征数据的读、写功能。适当调节安全等级,支持 360°旋转识别,干、湿手指适应性强。指纹识别电路主要由电源、传感器和系统资源三部分组成,电路通过传感器两次录入同一指纹合成模板存储在系统资源的指纹库中,系统在指纹库中依次访问进行逐一对比。

本项目对 FPM10A 指纹模块的应用主要有两方面:用户注册账号时录入指纹、用户预约成功时验证指纹信息以控制舵机开门。元件包括 FPM10A 指纹模块、Arduino 开发板和杜邦线若干,电路如图 2-5 所示。

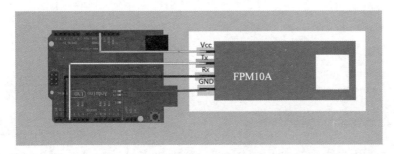

图 2-5 FPM10A 指纹模块与 Arduino 开发板电路连线

2. 相关代码

1) 录入指纹

```
#include<Adafruit_Fingerprint.h>
#include<SoftwareSerial.h>
SoftwareSerial mySerial(2, 3);
Adafruit_Fingerprint finger = Adafruit_Fingerprint(&mySerial);
uint8_t id;
void setup()
{
  Serial.begin(9600);
  while (!Serial);
  delay(100);
  Serial.println("\n\nAdafruit Fingerprint sensor enrollment");
  finger.begin(9600);             //设置数据速率
  if (finger.verifyPassword()) {
    Serial.println("Found fingerprint sensor!");
  } else {
```

```
      Serial.println("Did not find fingerprint sensor :(");
      while (1) { delay(1); }
    }
  }
  uint8_t readnumber(void) {
    uint8_t num = 0;
    while (num == 0) {
      while (!Serial.available());
      num = Serial.parseInt();
    }
    return num;
  }
  void loop()
  {
    Serial.println("Ready to enroll a fingerprint!");
    Serial.println("Please type in the ID # (from 1 to 127) you want to save this finger as...");
    id = readnumber();
    if (id == 0) {
      return;
    }
    Serial.print("Enrolling ID #");
    Serial.println(id);
    while (!getFingerprintEnroll() );
  }
  uint8_t getFingerprintEnroll() {
    int p = -1;
    Serial.print("Waiting for valid finger to enroll as #"); Serial.println(id);
    while (p!= FINGERPRINT_OK) {
      p = finger.getImage();
      switch (p) {
      case FINGERPRINT_OK:
        Serial.println("Image taken");
        break;
      case FINGERPRINT_NOFINGER:
        Serial.println(".");
        break;
      case FINGERPRINT_PACKETRECIEVEERR:
        Serial.println("Communication error");
        break;
      case FINGERPRINT_IMAGEFAIL:
        Serial.println("Imaging error");
        break;
      default:
        Serial.println("Unknown error");
        break;
      }
    }
```

```
p = finger.image2Tz(1);
switch (p) {
  case FINGERPRINT_OK:
    Serial.println("Image converted");
    break;
  case FINGERPRINT_IMAGEMESS:
    Serial.println("Image too messy");
    return p;
  case FINGERPRINT_PACKETRECIEVEERR:
    Serial.println("Communication error");
    return p;
  case FINGERPRINT_FEATUREFAIL:
    Serial.println("Could not find fingerprint features");
    return p;
  case FINGERPRINT_INVALIDIMAGE:
    Serial.println("Could not find fingerprint features");
    return p;
  default:
    Serial.println("Unknown error");
    return p;
}
Serial.println("Remove finger");
delay(2000);
p = 0;
while (p!= FINGERPRINT_NOFINGER) {
  p = finger.getImage();
}
Serial.print("ID "); Serial.println(id);
p = -1;
Serial.println("Place same finger again");
while (p!= FINGERPRINT_OK) {
  p = finger.getImage();
  switch (p) {
  case FINGERPRINT_OK:
    Serial.println("Image taken");
    break;
  case FINGERPRINT_NOFINGER:
    Serial.print(".");
    break;
  case FINGERPRINT_PACKETRECIEVEERR:
    Serial.println("Communication error");
    break;
  case FINGERPRINT_IMAGEFAIL:
    Serial.println("Imaging error");
    break;
  default:
    Serial.println("Unknown error");
```

```cpp
        break;
      }
    }
    p = finger.image2Tz(2);
    switch (p) {
      case FINGERPRINT_OK:
        Serial.println("Image converted");
        break;
      case FINGERPRINT_IMAGEMESS:
        Serial.println("Image too messy");
        return p;
      case FINGERPRINT_PACKETRECIEVEERR:
        Serial.println("Communication error");
        return p;
      case FINGERPRINT_FEATUREFAIL:
        Serial.println("Could not find fingerprint features");
        return p;
      case FINGERPRINT_INVALIDIMAGE:
        Serial.println("Could not find fingerprint features");
        return p;
      default:
        Serial.println("Unknown error");
        return p;
    }
    Serial.print("Creating model for #");  Serial.println(id);
    p = finger.createModel();
    if (p == FINGERPRINT_OK) {
      Serial.println("Prints matched!");
    } else if (p == FINGERPRINT_PACKETRECIEVEERR) {
      Serial.println("Communication error");
      return p;
    } else if (p == FINGERPRINT_ENROLLMISMATCH) {
      Serial.println("Fingerprints did not match");
      return p;
    } else {
      Serial.println("Unknown error");
      return p;
    }
    Serial.print("ID "); Serial.println(id);
    p = finger.storeModel(id);
    if (p == FINGERPRINT_OK) {
      Serial.println("Stored!");
    } else if (p == FINGERPRINT_PACKETRECIEVEERR) {
      Serial.println("Communication error");
      return p;
    } else if (p == FINGERPRINT_BADLOCATION) {
      Serial.println("Could not store in that location");
```

```
      return p;
    } else if (p == FINGERPRINT_FLASHERR) {
      Serial.println("Error writing to flash");
      return p;
    } else {
      Serial.println("Unknown error");
      return p;
    }
}
```
/*1.输入即将录入的指纹 ID 号;2.两次将指纹放于扫描仪上;3.收到"Prints matched!"消息,指纹成功存储*/

2) 指纹识别

```
#include <Adafruit_Fingerprint.h>
#include <SoftwareSerial.h>
SoftwareSerial mySerial(2, 3);
Adafruit_Fingerprint finger = Adafruit_Fingerprint(&mySerial);
void setup()
{
  Serial.begin(9600);
  while (!Serial);
  delay(100);
  Serial.println("\n\nAdafruit finger detect test");
  finger.begin(9600);
  if (finger.verifyPassword()) {
    Serial.println("Found fingerprint sensor!");
  } else {
    Serial.println("Did not find fingerprint sensor :(");
    while (1) { delay(1); }
  }
  finger.getTemplateCount();
  Serial.print("Sensor contains ");
  Serial.print(finger.templateCount);
  Serial.println(" templates");
  Serial.println("Waiting for valid finger...");
}
void loop()
  {getFingerprintIDez();
  delay(50);
}
uint8_t getFingerprintID() {
  uint8_t p = finger.getImage();
  switch (p) {
```

```
      case FINGERPRINT_OK:
        Serial.println("Image taken");
        break;
      case FINGERPRINT_NOFINGER:
        Serial.println("No finger detected");
        return p;
      case FINGERPRINT_PACKETRECIEVEERR:
        Serial.println("Communication error");
        return p;
      case FINGERPRINT_IMAGEFAIL:
        Serial.println("Imaging error");
        return p;
      default:
        Serial.println("Unknown error");
        return p;
  }
  p = finger.image2Tz();
  switch (p) {
      case FINGERPRINT_OK:
        Serial.println("Image converted");
        break;
      case FINGERPRINT_IMAGEMESS:
        Serial.println("Image too messy");
        return p;
      case FINGERPRINT_PACKETRECIEVEERR:
        Serial.println("Communication error");
        return p;
      case FINGERPRINT_FEATUREFAIL:
        Serial.println("Could not find fingerprint features");
        return p;
      case FINGERPRINT_INVALIDIMAGE:
        Serial.println("Could not find fingerprint features");
        return p;
      default:
        Serial.println("Unknown error");
        return p;
  }
  p = finger.fingerFastSearch();
  if (p == FINGERPRINT_OK) {
    Serial.println("Found a print match!");
  } else if (p == FINGERPRINT_PACKETRECIEVEERR) {
    Serial.println("Communication error");
```

```
      return p;
    } else if (p == FINGERPRINT_NOTFOUND) {
      Serial.println("Did not find a match");
      return p;
    } else {
      Serial.println("Unknown error");
      return p;
    }
    Serial.print("Found ID #"); Serial.print(finger.fingerID);
    Serial.print(" with confidence of ");
    Serial.println(finger.confidence);
    return finger.fingerID;
}                                              //失败返回-1,否则返回ID号#
int getFingerprintIDez() {
    uint8_t p = finger.getImage();
    if (p!= FINGERPRINT_OK)   return -1;
    p = finger.image2Tz();
    if (p!= FINGERPRINT_OK)   return -1;
    p = finger.fingerFastSearch();
    if (p!= FINGERPRINT_OK)   return -1;
    Serial.print("Found ID #");
    Serial.print(finger.fingerID);
    Serial.print(" with confidence of ");
    Serial.println(finger.confidence);
    return finger.fingerID;
}
/*1.在扫描仪中放置要识别的手指;2.可以看到与指纹匹配的ID,串口也显示了信心值(信心值越高,表示该指纹与存储的指纹越相似)*/
```

2.2.3 舵机模块

本节包括舵机模块的功能介绍及相关代码。

1. 功能介绍

舵机是一种直流电机,它使用一个反馈系统来控制位置。大多数舵机可以旋转180°。舵机大多用于对角度有要求的场合,例如,摄像头、智能小车前置探测器,需要在某个范围内进行监测的移动平台,可以用多个舵机,做小型机器人。舵机根据指令旋转到0~180°之间的任意角度,角度是通过调节PWM信号的占空比来实现的,需要使用Arduino开发板上的PWM引脚控制。

本项目中舵机用于预约的用户被指纹模块验证成功后驱动自习室门锁的打开,采用0~180°旋转的方式。元件包括舵机、Arduino开发板和杜邦线若干,电路如图2-6所示。

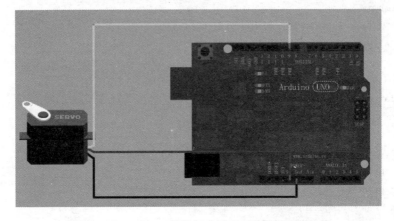

图 2-6　Micro Servo 舵机与 Arduino 开发板电路连线

2. 相关代码

```
#include <Servo.h>                              //声明调用 Servo.h 库文件
Servo myservo;                                  //创建一个舵机对象
int pos = 0;                                    //变量 pos 用来存储舵机位置
void setup() {
    myservo.attach(9);                          //将引脚 9 的舵机与声明的舵机对象连接起来
}
void loop() {
  for(pos = 0; pos < 180; pos += 1){            //舵机从 0°转到 180°,每次增加 1°
    myservo.write(pos);                         //给舵机写入角度
    delay(15);                                  //延时 15ms 让舵机转到指定位置
  }
    for(pos = 180; pos >= 1; pos -= 1) {        //舵机从 180°转回到 0°,每次减小 1°
      myservo.write(pos);                       //给舵机写入角度
      delay(15);                                //延时 15ms 让舵机转到指定位置
    }
}
```

2.2.4　ESP8266 模块

本节包括 ESP8266 模块的功能介绍及相关代码。

1. 功能介绍

ESP8266 是一款超低功耗的 UART-WiFi 透传模块,专为移动设备和物联网应用设计,可将用户设备连接到 WiFi 无线网络,进行互联网或局域网通信,实现联网功能。本项目使用 AT 指令实现硬件部分与服务器的连接,实现数据传输功能。可将特定时间的预约用户信息传输到硬件部分,为指纹模块提供比对库。元件包括 ESP8266 模块、Arduino 开发板和杜邦线若干,电路如图 2-7 所示。

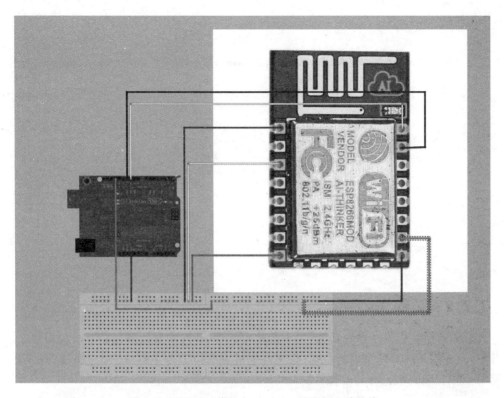

图 2-7　ESP8266 模块与 Arduino 开发板电路连线

2．相关代码

```
# include "ESP8266.h"
# include <Wire.h>
# include <SoftwareSerial.h>
SoftwareSerial mySeriall(10,11);
uint8_t buffer[1024] = {0};
ESP8266 wifi(mySerial);
char c[100];
void setup() {
  Wire.begin();
  Serial.begin(9600);
  delay(5000);
  sendcmd("AT + CIPSTART = \"TCP\",\"140.143.155.44\",8000\r\n");
  sendcmd("AT + CIPMODE = 1\r\n");
  sendcmd("AT + CIPSEND\r\n");
}
void loop() {
if (wifi.createTCP("140.143.155.44", (8000))) {
  Serial.print("create tcp ok\r\n");
  }
```

```
    else {
      Serial.print("create tcp err\r\n");
    }
    //char * hello1 = "GET/HTTP/1.1\r\nHost: www.baidu.com\r\nConnection: //keep-alive\r\n\r\n";
    char * hello1 = "GET /api/cin/ HTTP/1.1\r\nHost: 140.143.155.44:8000\r\nConnection: keep-alive\r\n\r\n";
    wifi.send((const uint8_t * )hello1, strlen(hello1));
    uint32_t len = wifi.recv(buffer, sizeof(buffer), 10000);
    for(int i = 0; i < len; i++)
    Serial.print ((char)buffer[i]);
    delay(10000);
    if (Serial.available()) {
    for(int i = 0; i < 100; i++)
      c[i] = Serial.read();
    }
  }
```

2.2.5 云服务器模块

云服务器模块提供了多种功能,用于构建可扩展、能够恢复故障的企业级应用程序。本项目中,为方便用户对网页端的使用,将文件上传到腾讯云服务器,使用户通过移动端访问公网 IP,进行座位查看、预约等操作。

2.2.6 网页模块

本节包括网页模块的功能介绍及相关代码。

1. 功能介绍

本项目使用 django 对网页进行搭建,框架使用 bootstrap。网页具有不同时段的座位查看、预约及取消功能;按照用户自习的频率给予相应的奖励积分及称号;如用户预约后未能按时到场,经管理员举报后给予相应的记录和处罚。

2. 相关代码

```
Admin.py:
# - * - coding: utf-8 - * -
from django.contrib import admin
from index.models import Person, Notice, ReportDetail, CreditDetail, Court, ReservationDetail
#注册模块
admin.site.register(Person)
admin.site.register(Notice)
admin.site.register(ReportDetail)
admin.site.register(CreditDetail)
admin.site.register(Court)
admin.site.register(ReservationDetail)
Forms.py
```

```python
# coding:utf-8
from django import forms
from django.contrib.auth.models import User
from index.models import Person, ReportDetail
from django.core.exceptions import ValidationError
from django.forms.utils import ErrorList
# from captcha.fields import CaptchaField, CaptchaTextInput
import re
class error_list(ErrorList):
    def __unicode__(self):
        return self.as_divs()
    def as_divs(self):
        if not self:
            return ''
        else:
            return '%s'%','.join('%s'%e for e in self)
# register
def username_validate(value):
    username_re = re.compile(r'^20[0-4][0-9](21|66|52|11|81)\d{4}$')
    if not username_re.match(value):
        raise ValidationError('学号格式错误')
    elif User.objects.filter(username=value).exists():
        raise ValidationError('该账户已存在')
class UserForm(forms.ModelForm):
    # field password override that in Person
    password = forms.CharField(
        widget=forms.PasswordInput(
            attrs={'class': 'form-control', 'placeholder': '请输入6~18位密码'}
        ),
        min_length=6,
        max_length=18,
        label="密码",
        required=True,
        error_messages={
            'required': '请输入密码',
            'min_length': '密码过短',
            'max_length': '密码过长',
        }
    )
    confirm_password = forms.CharField(
        widget=forms.PasswordInput(
            attrs={'class': 'form-control', 'placeholder': '请再次输入密码'}
        ),
        min_length=6,
        max_length=18,
        label="重复密码",
        required=True,
```

```python
            error_messages = {
                'required': '请再次输入密码',
                'min_length': '密码过短',
                'max_length': '密码过长',
            }
        )
        username = forms.CharField(
            widget = forms.TextInput(
                attrs = {'class': 'form-control', 'placeholder': '请输入10位学号'}
            ),
            validators = [username_validate],
            error_messages = {
                'required': '请填写学号',
                'max_lengh': '请输入10位完整学号',
                'min_length': '请输入10位完整学号',
            },
            label = '学号',
            max_length = 10,
            min_length = 10,
            required = True
        )
        first_name = forms.CharField(
            widget = forms.TextInput(attrs = {'class': 'form-control', 'placeholder': '请输入姓名'}),
            label = '姓名',
            required = True,
            max_length = 15,
            error_messages = {
                'required': '请输入姓名',
                'max_length': '姓名过长',
            }
        )
        # 验证密码
        def clean_confirm_password(self):
            cleaned_data = super(UserForm, self).clean()
            password = cleaned_data.get('password')
            confirm_password = cleaned_data.get('confirm_password')
            if password!= confirm_password:
                raise forms.ValidationError('两次密码不一致')
            return cleaned_data
        class Meta:
            model = User
            fields = ('username', 'first_name', 'password', 'confirm_password',)
class BasePersonForm(forms.ModelForm):
    gender = forms.CharField(
        widget = forms.Select(
            choices = ((u'男', '男'), (u'女', '女')),
            attrs = {'class': 'form-control', 'placeholder': '请选择性别'},
```

```python
        ),
        label = '性别',
        max_length = 8,
        required = True,
        error_messages = {
            'required': '请选择性别'
        }
    )
    school = forms.CharField(
        widget = forms.Select(
            choices = (
                (u'信息与通信工程学院', '信息与通信工程学院'),
                (u'电子工程学院', '电子工程学院'),
                (u'计算机学院', '计算机学院'),
                (u'自动化学院', '自动化学院'),
                (u'数字媒体与设计艺术学院', '数字媒体与设计艺术学院'),
                (u'现代邮政学院', '现代邮政学院'),
                (u'网络空间安全学院', '网络空间安全学院'),
                (u'光电信息学院', '光电信息学院'),
                (u'理学院', '理学院'),
                (u'经济管理学院', '经济管理学院'),
                (u'公共管理学院', '公共管理学院'),
                (u'人文学院', '人文学院'),
                (u'国际学院', '国际学院'),
                (u'软件学院', '软件学院'),
            ),
            attrs = {'class': 'form-control', 'placeholder': '请选择学院'},
        ),
        label = '学院',
        max_length = 15,
        required = True,
        error_messages = {
            'required': '请选择学院'
        }
    )
    number = forms.CharField(
        widget = forms.TextInput(
            attrs = {'class': 'form-control', 'placeholder': '请输入电话'},
        ),
        label = '电话',
        max_length = 11,
        required = True,
        error_messages = {
            'required': '请输入电话'
        }
    )
    class Meta:
```

```python
        model = Person
        fields = ('gender', 'school', 'number')
class PersonFormWithCaptcha(BasePersonForm):
    '''
    captcha = CaptchaField(
        label = '验证码',
        widget = CaptchaTextInput(
            attrs = {'class': 'form-control', 'placeholder': '请输入验证码'},
        ),
        error_messages = {
            "invalid": u"验证码错误",
            "required": u"请输入验证码",
        }
    )
    '''
    class Meta:
        model = Person
        fields = ('gender', 'school', 'number')
#个人信息页
class ProfileForm(forms.Form):
    first_name = forms.CharField(
        widget = forms.TextInput(attrs = {'class': 'form-control', 'placeholder': '请输入姓名'}),
        label = '姓名',
        required = True,
        max_length = 15,
        error_messages = {
            'required': '请输入姓名',
            'max_length': '姓名过长',
        }
    )
    password = forms.CharField(
        widget = forms.PasswordInput(
            attrs = {'class': 'form-control', 'placeholder': '请输入 6~18 位密码'}
        ),
        min_length = 6,
        max_length = 18,
        label = "密码",
        required = False,
        error_messages = {
            'required': '请输入密码',
            'min_length': '密码过短',
            'max_length': '密码过长',
        }
    )
    confirm_password = forms.CharField(
        widget = forms.PasswordInput(
            attrs = {'class': 'form-control', 'placeholder': '请再次输入密码'}
```

```python
        ),
        min_length = 6,
        max_length = 18,
        label = "重复密码",
        required = False,
        error_messages = {
            'min_length': '密码过短',
            'max_length': '密码过长',
        }
    )
    school = forms.CharField(
        widget = forms.Select(
            choices = (
                ('信息与通信工程学院', '信息与通信工程学院'),
                ('电子工程学院', '电子工程学院'),
                ('计算机学院', '计算机学院'),
                ('自动化学院', '自动化学院'),
                ('数字媒体与设计艺术学院', '数字媒体与设计艺术学院'),
                ('现代邮政学院', '现代邮政学院'),
                ('网络空间安全学院', '网络空间安全学院'),
                ('光电信息学院', '光电信息学院'),
                ('理学院', '理学院'),
                ('经济管理学院', '经济管理学院'),
                ('公共管理学院', '公共管理学院'),
                ('人文学院', '人文学院'),
                ('国际学院', '国际学院'),
                ('软件学院', '软件学院'),
            ),
            attrs = {'class': 'form-control', 'placeholder': '请选择学院'},
        ),
        label = '学院',
        max_length = 15,
        required = True,
        error_messages = {
            'required': '请选择学院'
        }
    )
    number = forms.CharField(
        widget = forms.TextInput(
            attrs = {'class': 'form-control', 'placeholder': '请输入电话'},
        ),
        label = '电话',
        max_length = 11,
        required = True,
        error_messages = {
            'required': '请输入电话'
        }
```

```python
    )
    # 验证密码
    def clean_confirm_password(self):
        cleaned_data = super(ProfileForm, self).clean()
        password = cleaned_data.get('password')
        confirm_password = cleaned_data.get('confirm_password')
        if (password!= "" or confirm_password!= "") and password!= confirm_password:
            raise forms.ValidationError('两次密码不一致')
        return cleaned_data
class ReportForm(forms.ModelForm):
    class Meta:
        model = ReportDetail
        fields = ('date', 'content', 'court', 'reporter', 'criminal',)
```

Models.py:

```python
# coding: UTF-8
from django.db import models
from django.contrib.auth.models import User
'''
class CourtSection(models.Model):
    section_date = models.DateTimeField(unique = True)
    rest = models.IntegerField(default = 4, null = True)
    # 表示状态,0 为可用,1 表示已结束,2 表示已取消
    state = models.PositiveIntegerField(default = 0, null = True, blank = True)
    # 场次类型,1 表示某类型用户专用
    type = models.PositiveIntegerField(default = 0)
    date = models.CharField(max_length = 128, blank = True, null = True)
    time = models.CharField(max_length = 128, blank = True, null = True)
    def save(self, *args, **kwargs):
        self.date = self.section_date.strftime('%Y-%m-%d')
        print self.date
        self.time = self.section_date.strftime('%H:%M')
        print self.time
        super(CourtSection, self).save(*args, **kwargs)
    def __unicode__(self):
        return self.section_date.isoformat().replace('T', ' ')
'''
class Court(models.Model):
    datetime = models.DateTimeField(unique = True)
    capacity = models.IntegerField(default = 4, null = True)
    # 表示状态,0 为可用,1 表示已结束,2 表示已取消
    status = models.IntegerField(default = 0, null = True, blank = True)
    # 场次类型,1 表示某类型成员专用
    type = models.IntegerField(default = 0)
    def __unicode__(self):
        return self.datetime.isoformat().replace('T', ' ')
class Person(models.Model):
    person = models.OneToOneField(User)
```

```python
        count = models.PositiveIntegerField(default = 0)
        gender = models.CharField(null = False, max_length = 8, default = 'None')
        school = models.CharField(
            choices = (
                (u'信息与通信工程学院', '信息与通信工程学院'),
                (u'电子工程学院', '电子工程学院'),
                (u'计算机学院', '计算机学院'),
                (u'自动化学院', '自动化学院'),
                (u'数字媒体与设计艺术学院', '数字媒体与设计艺术学院'),
                (u'现代邮政学院', '现代邮政学院'),
                (u'网络空间安全学院', '网络空间安全学院'),
                (u'光电信息学院', '光电信息学院'),
                (u'理学院', '理学院'),
                (u'经济管理学院', '经济管理学院'),
                (u'公共管理学院', '公共管理学院'),
                (u'人文学院', '人文学院'),
                (u'国际学院', '国际学院'),
                (u'软件学院', '软件学院'),
            ),
            null = True,
            max_length = 15
        )
        number = models.CharField(null = True, max_length = 11)
        credit = models.IntegerField(default = 100)
        #权限等级
        rights = models.IntegerField(default = 5)
        #技术等级
        level = models.IntegerField(default = 0)
        admin = models.BooleanField(default = False)
        def __unicode__(self):
            return self.person.username + self.person.first_name
class Notice(models.Model):
    content = models.CharField(max_length = 256, null = True, blank = True)
    date = models.DateTimeField(unique = True)
    display = models.BooleanField(default = True)
    def __unicode__(self):
        return self.content
class ReportDetail(models.Model):
    court = models.ForeignKey(Court, null = True)
    content = models.CharField(max_length = 128, null = True, blank = True)
    date = models.DateTimeField(null = False)
    #举报者
    reporter = models.ForeignKey(Person, null = True)
    #被举报者
    criminal = models.ForeignKey(Person, related_name = 'criminal_report_set', null = True)
    #举报信息状态：0表示未处理,1表示已通过,2表示已驳回
    status = models.IntegerField(default = 0)
```

```python
    def __unicode__(self):
        return self.content
class CreditDetail(models.Model):
    datetime = models.DateTimeField(null = True)
    content = models.CharField(max_length = 64)
    bill = models.IntegerField(default = 0)
    person = models.ForeignKey(Person)
    def __unicode__(self):
        return str(self.person) + ':' + self.content
class ReservationDetail(models.Model):
    datetime = models.DateTimeField(null = True)
    court = models.ForeignKey(Court, null = True)
    person = models.ForeignKey(Person, null = True)
    def __unicode__(self):
        return ''.join((str(self.court.datetime), self.person.person.first_name))
```

Tests.py:
```python
from django.test import TestCase
from models import CourtSection
import os
#创建测试
os.environ['DJANGO_SETTIINGS_MODULE'] = 'reservation_system.settings'
print CourtSection.objects
```

views.py:
```python
#utf-8
from django.shortcuts import render
from index.forms import UserForm, BasePersonForm, PersonFormWithCaptcha, ProfileForm, error_list, ReportForm
from django.http import HttpResponse, HttpResponseRedirect
from django.contrib.auth import login, authenticate, logout
from django.contrib.auth.models import User
from django.contrib.sessions.models import Session
from django.views.decorators import csrf
from django.contrib.auth.decorators import login_required
from models import Person, Notice, ReportDetail, Court, ReservationDetail
from datetime import *
from django.core import serializers
import json
#分页函数
def divide_pages(count, records_per_page, page_now):
    pages = count/records_per_page
    item_start = (page_now - 1) * records_per_page
    item_end = page_now * records_per_page
    if count % records_per_page != 0:
        pages += 1
    #小于5页,只展示pages个分页
    if pages <= 5:
        page_range = range(1, pages + 1)
```

```python
        # 大于 5 页且剩余页数大于 5 页,展示连续的 5 页
        elif pages - page_now + 1 >= 5:
            page_range = range(page_now, page_now + 5)
        # 大于 5 页且剩余页数少于 5 页,展示倒数 5 页
        else:
            page_range = range(pages - 4, pages + 1)
    return {
        'pages': pages,
        'page_range': page_range,
        'item_start': item_start,
        'item_end': item_end,
    }
# 主页面
def index(request):
    # 获取大于等于今天的场地信息
    time_now = datetime.now().date()
    page = request.GET.get('page')
    if not page:
        page = 0
    else:
        page = int(page)
    if page < 2:
        courts = Court.objects.filter(
            datetime__gte = datetime(year = time_now.year, month = time_now.month, day = time_now.day, hour = 0) + timedelta(days = page),
            datetime__lte = datetime(year = time_now.year, month = time_now.month, day = time_now.day, hour = 23) + timedelta(days = page)
        ).order_by('datetime')
    else:
        courts = Court.objects.filter(
            datetime__gte = datetime(year = time_now.year, month = time_now.month, day = time_now.day, hour = 0) + timedelta(days = page)
        ).order_by('datetime')
    # 公告栏信息
    board = Notice.objects.filter(display = True).order_by('-date',)
    content_dict = {
        'board': board,
        'courts': courts,
        'page': page,
        'time_now': datetime.now(),
    }
    return render(request, 'index/index.html', content_dict)
# 获取可预约场次的 api
def api_courts(request):
    page = int(request.GET.get('page'))
    time_now = datetime.now().date()
    if page < 2:
```

```python
        courts = Court.objects.filter(
            datetime__gte = datetime(year = time_now.year, month = time_now.month, day = time_now.day, hour = 0) + timedelta(days = page),
            datetime__lte = datetime(year = time_now.year, month = time_now.month, day = time_now.day, hour = 23) + timedelta(days = page)
        ).order_by('datetime')
    else:
        courts = Court.objects.filter(
            datetime__gte = datetime(year = time_now.year, month = time_now.month, day = time_now.day, hour = 0) + timedelta(days = page)
        ).order_by('datetime')
    all_courts = []
    for _court in courts:
        persons = []
        for _reservation in _court.reservationdetail_set.all():
            persons.append({"name": _reservation.person.person.first_name,
                            "gender": _reservation.person.gender})
        all_courts.append({"court_id": _court.id,
                           "status": _court.status,
                           "datetime": _court.datetime.isoformat().replace('T', ' '),
                           "capacity": _court.capacity,
                           "type": _court.type,
                           "persons": persons})
    return HttpResponse(json.dumps(all_courts))
# 获取通知的 api
def api_notices(request):
    notices = Notice.objects.filter(display = True).order_by('-date', ).values('content', 'date')
    # json_notices = serializers.serialize('json', notices)
    for _notice in notices:
        _notice['date'] = _notice['date'].date().isoformat()
        _notice['content'] = _notice['content'].encode('utf-8')
    notices = list(notices)
    json_notices = json.dumps(notices)
    return HttpResponse(json_notices)
# 注册页面
def register(request):
    registered = False
    # POST 发送注册信息
    if request.method == 'POST':
        user_form = UserForm(data = request.POST, error_class = error_list)
        person_form = PersonFormWithCaptcha(data = request.POST, error_class = error_list)
        # 信息正确
        if user_form.is_valid() and person_form.is_valid():
            user = user_form.save()
            # hash 密码
            user.set_password(user.password)
```

```python
                user.is_active = True
                user.save()
                person = person_form.save(commit = False)
                person.person = user
                if request.POST.get("admin") == "True":
                    person.admin = True
                person.save()
                user_form = UserForm()
                person_form = PersonFormWithCaptcha()
                registered = True
        else:
            user_form = UserForm()
            person_form = PersonFormWithCaptcha()
        content_dict = {
            'forms': (user_form, person_form,),
            'registered': registered,
            'time_now': datetime.now(),
            'deadline': datetime(year = 2017, month = 10, day = 28, hour = 20, minute = 0),
        }
        return render(request, 'index/register.html', content_dict)
# 注册的 api
@csrf.csrf_exempt
def api_register(request):
    if request.method == 'POST':
        user_form = UserForm(data = request.POST, error_class = error_list)
        person_form = BasePersonForm(data = request.POST, error_class = error_list)
        registered = False
        # 信息正确
        if user_form.is_valid() and person_form.is_valid():
            user = user_form.save()
            # hash 密码
            user.set_password(user.password)
            user.is_active = True
            user.save()
            person = person_form.save(commit = False)
            person.person = user
            if request.POST.get("admin") == "True":
                person.admin = True
            person.save()
            registered = True
        errors = {}
        for _key in user_form.errors:
            errors[_key] = user_form.errors[_key][0]
        for _key in person_form.errors:
            errors[_key] = person_form.errors[_key][0]
        return HttpResponse(json.dumps({"errors": errors, "registered": registered}))
    else:
```

```python
            return HttpResponse('Please Use POST Method')
# 登录页面
def user_login(request):
    # POST 数据明文传输不安全
    # 登录信息默认正确
    content_dict = {
        'has_error': False,
        'error_content': '',
        'time_now': datetime.now(),
    }
    # POST 发送登录请求
    if request.method == 'POST':
        username = request.POST.get('username')
        password = request.POST.get('password')
        user = authenticate(username=username, password=password)
        # 账号存在
        if user:
            if user.is_active and Person.objects.get(person=user).rights <= 5:
                login(request, user)
                return HttpResponseRedirect('/')
            else:
                content_dict['has_error'] = True
                content_dict['error_content'] = '该账号不可用'
                return render(request, 'index/login.html', content_dict)
        # 账号不存在
        else:
            content_dict['has_error'] = True
            content_dict['error_content'] = '用户名或密码错误'
            return render(request, 'index/login.html', content_dict)
    # GET 方式
    else:
        return render(request, 'index/login.html', content_dict)
# 登录的 api
@csrf.csrf_exempt
def api_login(request):
    if request.method == 'POST':
        username = request.POST.get('username')
        password = request.POST.get('password')
        errors = ''
        logined = False
        user = authenticate(username=username, password=password)
        # 账号存在
        if user:
            if user.is_active and Person.objects.get(person=user).rights <= 5:
                login(request, user)
                request.session['username'] = user.username
                logined = True
```

```python
        else:
            errors = u'该账号不可用'
    #账号不存在
    else:
        errors = u'用户名或密码错误'
    return HttpResponse(json.dumps({"logined": logined, "errors": errors,
                                    "session_id": request.session.session_key}))
    #GET方式
    else:
        return HttpResponse('Please Use POST Method')
#预约页面
def reserve(request):
    #状态码,默认0,预约成功1,预约失败2,已预约3,超出上限4,非专用成员5
    status = 0
    if request.user.is_authenticated():
        user = request.user
        username = user.username
        person = Person.objects.get(person = user)
        #POST
        if request.method == 'POST':
            #获取请求的时间
            court_id = int(request.POST.get('court_id'))
            court = Court.objects.get(id = court_id)
            all_persons = []
            #已经预约过该时间段
            if ReservationDetail.objects.filter(person = person, court = court):
                status = 3
            #同时预约超过3h,不能再预约
            elif person.reservationdetail_set.filter(court__status = 0).count() >= 3:
                status = 4
            #特殊成员专用时间
            elif court.type == 1 and not person.rights <= 4:
                #print "No permission"
                status = 5
            #专用时间
            elif court.type == 2 and not person.gender == u"女":
                #print "No permission"
                status = 6
            #还有容量
            elif court.capacity > 0 and court.status == 0:
                ReservationDetail.objects.create(person = person, court = court,
                                                datetime = datetime.now())
                person.count += 1
                person.save()
                court.capacity -= 1
                court.save()
                #预约成功
```

```python
                    status = 1
                #容量为 0
                else:
                    #预约失败
                    status = 2
        #GET
        else:
            #获取请求的场次
            court_id = int(request.GET.get('court_id'))
            court = Court.objects.get(id = court_id)
            all_persons = []
            for _reservation in court.reservationdetail_set.all():
                all_persons.append(_reservation.person)
    content_dict = {
        'status': status,
        'username': username,
        'court': court,
        'court_id': court_id,
        'all_persons': all_persons,
        'time_now': datetime.now(),
    }
        return render(request, 'index/reserve.html', content_dict)
    #404 页面
    else:
        return HttpResponseRedirect('/error/')
#预约的 api
@csrf.csrf_exempt
def api_reserve(request):
    #状态码,默认 0,预约成功 1,预约失败 2,已预约 3,超出上限 4,非会员 5,身份过期 7
    status = 0
    reservation_id = -1
    if request.method == 'POST':
        session_id = request.POST.get('session_id')
        try:
            session = Session.objects.get(pk = session_id)
        except Session.DoesNotExist:
            status = 7
        else:
            user = User.objects.get(username = session.get_decoded()['username'])
            person = Person.objects.get(person = user)
            #获取请求的时间段
            court_id = int(request.POST.get('court_id'))
            court = Court.objects.get(id = court_id)
            #已经预约过该时间段
            if ReservationDetail.objects.filter(person = person, court = court):
                status = 3
            #同时预约超过一定时间,不能再预约
```

```python
        elif person.reservationdetail_set.filter(court__status = 0).count() >= 3:
            status = 4
        #某些特殊成员专用场
        elif court.type == 1 and not user.groups.filter(name = "MemberUser"):
            #print "No permission"
            status = 5
        #用户专用场
        elif court.type == 2 and not person.gender == u"女":
            #print "No permission"
            status = 6
        #还有容量
        elif court.capacity > 0 and court.status == 0:
            reservation = ReservationDetail.objects.create(person = person, court = court, datetime = datetime.now())
            reservation_id = reservation.id
            person.count += 1
            person.save()
            court.capacity -= 1
            court.save()
            #预约成功
            status = 1
        #容量为 0
        else:
            #预约失败
            status = 2
    return HttpResponse(json.dumps({"status": status, "reservation_id": reservation_id}))
#取消预约的 api
@csrf.csrf_exempt
def api_cancel(request):
    #状态码,默认 0,取消成功 1,身份过期 2,预约信息和用户信息不符合 3
    status = 0
    reservation_id = request.POST.get('reservation_id')
    if request.method == 'POST':
        session_id = request.POST.get('session_id')
        try:
            session = Session.objects.get(pk = session_id)
        except Session.DoesNotExist:
            status = 2
        else:
            reservation = ReservationDetail.objects.get(id = reservation_id)
            #修改 person
            if session.get_decoded()['username'] == reservation.person.person.username:
                reservation.person.count -= 1
                reservation.person.save()
                reservation.court.capacity += 1
                reservation.court.save()
                reservation.delete()
```

```python
                    status = 1
                else:
                    status = 3
        return HttpResponse(json.dumps({"status": status}))
# 获取用户信息的 api
@csrf.csrf_exempt
def api_profile(request):
    session_id = request.POST.get('session_id')
    try:
        session = Session.objects.get(pk = session_id)
    except Session.DoesNotExist:
        return HttpResponse("Error")
    else:
        user = User.objects.get(username = session.get_decoded()['username'])
        person = Person.objects.get(person = user)
        reservations = person.reservationdetail_set.all()
        person_reservations = []
        for _reservation in reservations:
            person_reservations.append({"court": _reservation.court.datetime.
                                        isoformat().replace('T', ' '),
                                        "reservation_id": _reservation.id,
                                        "status": _reservation.court.status})
        return HttpResponse(json.dumps({"name": user.first_name,
                                        "gender": person.gender,
                                        "school": person.school,
                                        "number": person.number,
                                        "count": person.count,
                                        "reservations": person_reservations}))
# 注销
@login_required
def user_logout(request):
    logout(request)
    return HttpResponseRedirect('/')
# 关于页面
def about(request):
    return render(request, 'index/about.html',
                  {'time_now': datetime.now()})
# 个人信息页面
def profile(request, page):
    if request.user.is_authenticated():
        user = request.user
        person = Person.objects.get(person = user)
        # 生成信息表格
        data = {
            'first_name': user.first_name,
            'number': person.number,
            'school': person.school,
```

```python
            }
            profile_form = ProfileForm(data = data)
            #每页记录条数
            records_per_page = 20
            #获取信息
            reservation_count = person.reservationdetail_set.count()
            divide_reservation = divide_pages(reservation_count,
                                              records_per_page, int(page))
            reservations = person.reservationdetail_set.all(). \
                order_by('-court__datetime')[divide_reservation['item_start']:
                                              divide_reservation['item_end']]
            # credit_details = person.creditdetail_set.all().order_by('-court_section__
section_date')
            #状态码:0 表示获取,1 表示取消成功,2 表示修改成功
            status = 0
            #POST
            if request.method == 'POST':
                #修改个人信息
                if u'change_profile' in request.POST:
                    profile_form = ProfileForm(data = request.POST, error_class = error_list)
                    if profile_form.is_valid():
                        user.first_name = profile_form.cleaned_data['first_name']
                        password = profile_form.cleaned_data['password']
                        confirm_password = profile_form.cleaned_data['confirm_password']
                        person.school = profile_form.cleaned_data['school']
                        person.number = profile_form.cleaned_data['number']
                        if password != "" and confirm_password != "":
                            user.password = password
                            user.set_password(user.password)
                        user.save()
                        person.save()
                        status = 2
                #取消预约
                elif u'cancel' in request.POST:
                    reservation_id = int(request.POST.get('reservation_id'))
                    reservation = ReservationDetail.objects.get(id = reservation_id)
                    #修改 person
                    reservation.person.count -= 1
                    reservation.person.save()
                    reservation.court.capacity += 1
                    reservation.court.save()
                    reservation.delete()
                    status = 1
            content_dict = {
                'person': person,
                'reservations': reservations,
                'status': status,
```

```python
                'reservation_pages': divide_reservation['pages'],
                'previous': int(page) - 1,
                'next': int(page) + 1,
                'reservation_range': divide_reservation['page_range'],
                'page': int(page),
                'profile_form': profile_form,
                # 'credit_details': credit_details,
                'time_now': datetime.now(),
            }
            return render(request, 'index/profile.html', content_dict)
        else:
            # 待完善:404 页面
            HttpResponseRedirect('/error/')
# 错误页面
def error(request):
    return render(request, 'index/error.html', {'time_now': datetime.now()})
'''
# 管理页面
def administrate(request, col, page):
    if request.user.is_authenticated() and request.user.is_staff:
        if request.method == 'POST':
            notice_id = request.POST.get('notice_id')
            delete_notice = Notice.objects.get(id=int(notice_id))
            delete_notice.display = False
            delete_notice.save()
        # 定义每页记录数量
        records_per_page = 50
        # 时间段展示
        court_sections_count = CourtSection.objects.count()
        divide_court = divide_pages(court_sections_count, records_per_page, int(page))
        court_sections = CourtSection.objects.all().order_by('-section_date')[divide_court['item_start']:divide_court['item_end']]
        # 用户展示
        persons_count = Person.objects.count()
        divide_person = divide_pages(persons_count, records_per_page, int(page))
        persons = Person.objects.all().order_by('person__username')[divide_person['item_start']:divide_person['item_end']]
        # 公告展示
        notices_count = Notice.objects.filter(display=True).count()
        divide_notice = divide_pages(notices_count, records_per_page, int(page))
        notices = Notice.objects.filter(display=True).order_by('-date')[divide_notice['item_start']:divide_notice['item_end']]
        # 举报展示
        reports_count = Report.objects.count()
        divide_report = divide_pages(reports_count, records_per_page, int(page))
        reports = Report.objects.all().order_by('-date')[divide_report['item_start']:divide_report['item_end']]
```

```python
            content_dict = {
                'court_sections': court_sections,
                'persons': persons,
                'notices': notices,
                'reports': reports,
                'col': col,
                'page': int(page),
                'court_pages': divide_court['pages'],
                'persons_pages': divide_person['pages'],
                'notices_pages': divide_notice['pages'],
                'reports_pages': divide_report['pages'],
                'court_range': divide_court['page_range'],
                'person_range': divide_person['page_range'],
                'notice_range': divide_notice['page_range'],
                'report_range': divide_report['page_range'],
                'previous': int(page) - 1,
                'next': int(page) + 1,
                'time_now': datetime.now(),
            }
            return render(request, 'index/administrate.html', content_dict)
        # 404 页面
        else:
            return HttpResponseRedirect('/error/')
# 修改时间段界面
def court_edit(request, court_section_id):
    time_now = datetime.now()
    if request.user.is_authenticated() and request.user.is_staff:
        court_section = CourtSection.objects.get(id = int(court_section_id))
        all_persons = court_section.person_set.all()
        person_checkings = []
        # 已签到用户
        for each in all_persons:
            if CheckIn.objects.filter(person = each, court_section_id = int(court_section_id), is_check_in = 1):
                person_checkings.append(each)
        content_dict = {
            'court_section': court_section,
            'all_persons': all_persons,
            'time_now': time_now,
            'person_checkings': person_checkings,
            'time_now': datetime.now(),
        }
        # POST 取消场次
        if request.method == 'POST':
            if court_section.state == 0:
                # 遍历已预约的用户
                for each in all_persons:
```

```python
                    each.count -= 1
                    each.save()
                court_section.state = 2
                court_section.save()
            # 恢复
            else:
                for each in all_persons:
                    each.count += 1
                    each.save()
                court_section.state = 0
                court_section.save()
            return HttpResponseRedirect('/administrate/court/1/')
        else:
            return render(request, 'index/court_edit.html', content_dict)
    # 404 页面
    else:
        return HttpResponseRedirect('/error/')
# 修改用户界面
def person_edit(request, person_id):
    if request.user.is_authenticated() and request.user.is_staff:
        person = Person.objects.get(id = person_id)
        reservation = person.reservation.all()
        content_dict = {
            'person': person,
            'reservation': reservation,
            'time_now': datetime.now(),
        }
        return render(request, 'index/person_edit.html', content_dict)
    # 404 页面
    else:
        return HttpResponseRedirect('/error/')
# 增加时间段
def add(request):
    if request.user.is_authenticated() and request.user.is_staff:
        # 状态码:0 为请求,1 为错误,2 为成功
        status = 0
        time_now = datetime.now()
        # POST,提交
        if request.method == 'POST':
            date = request.POST.get('date')
            time = request.POST.get('time')
            rest = request.POST.get('rest')
            section_date = datetime.strptime(date + ' ' + time, '%Y-%m-%d %H:%M')
            if section_date < datetime.now():
                state = 1
            else:
                state = 0
```

```python
            if CourtSection.objects.filter(section_date = section_date):
                status = 1
            else:
CourtSection.objects.create(section_date = section_date, rest = rest, state = state)
                status = 2
        content_dict = {
            'status': status,
            'time_now': time_now,
        }
        return render(request, 'index/add.html', content_dict)
    else:
        return HttpResponseRedirect('/error/')
# 增加公告
def add_notice(request):
    if request.user.is_authenticated() and request.user.is_staff:
        # 状态码: 0 为请求, 1 为成功
        status = 0
        time_now = datetime.now()
        # POST, 提交
        if request.method == 'POST':
            content = request.POST.get('content')
            if content != "":
notice = Notice.objects.create(content = content, date = time_now, display = True)
                status = 1
        content_dict = {
            'status': status,
            'time_now': time_now,
        }
        return render(request, 'index/add_notice.html', content_dict)
    else:
        return HttpResponseRedirect('/error/')
'''
# 举报用户
def report(request):
    if request.user.is_authenticated():
        time_now = datetime.now()
        # 状态码: 0 表示请求, 1 表示成功, 2 表示错误, 3 表示重复
        status = 0
        # Ajax GET 请求
        if request.method == "GET":
            date_selected = request.GET.get('date_selected')
            court_id = request.GET.get('court_id')
            # print   court_id
            # 如果选定了该时间段
            if court_id:
                court = Court.objects.get(id = court_id)
                criminals = Person.objects.filter(reservationdetail__court = court)
```

```python
                        criminals_dict = []
                        for _each in criminals:
                            criminals_dict.append({
                                'pk': _each.id,
                                'first_name': _each.person.first_name,
                            })
                        # criminals_json = serializers.serialize('json', criminals)
                        criminals_json = json.dumps(criminals_dict)
                        return HttpResponse(criminals_json)
                    # 如果选定了日期
                    elif date_selected:
                        courts = Court.objects.filter(reservationdetail__person = Person.objects.get(person = request.user), status = 1)\
                            .order_by('-datetime')
                        courts_json = serializers.serialize('json', courts)
                        return HttpResponse(courts_json)
                    # 都未选定
                    else:
        return render(request, 'index/report.html', {'time_now': time_now})
            # POST 提交
            else:
                data = {
                    'date': time_now,
                    'content': request.POST.get('content'),
                    'court': Court.objects.get(id = int(request.POST.get('court_id'))),
                    'criminal': Person.objects.get(id = int(request.POST.get('criminal_id'))),
                    'reporter': Person.objects.get(person = User.objects.get(id = int(request.user.id))),
                }
                # 已经存在该记录
                if ReportDetail.objects.filter(court = data['court'],
                                                criminal = data['criminal'],
                                                reporter = data['reporter']):
                    status = 3
                else:
                    ReportDetail.objects.create(court = data['court'], content = data['content'],
                                                date = time_now, reporter = data['reporter'],
                                                criminal = data['criminal'])
                    status = 1
                print status
                return render(request, 'index/report.html', {'time_now': time_now, 'status': status})
        else:
            return HttpResponseRedirect('/error/')
# 获取通知的 api
# /aip/cin/?id = 0000&name = sss
def api_cin(request):
```

```python
        # id = request.GET.get('id')
        # name = request.GET.get('name')
        return HttpResponse('1')
```

Settings.py:

```python
# coding: utf-8
"""
Django 设置参考 https://docs.djangoproject.com/en/1.7/topics/settings/
设置列表及值 https://docs.djangoproject.com/en/1.7/ref/settings/
"""
FILE_CHARSET = 'utf-8'
DEFAULT_CHARSET = 'utf-8'
import os
BASE_DIR = os.path.dirname(os.path.dirname(__file__))
# 参见 https://docs.djangoproject.com/en/1.7/howto/deployment/checklist/
SECRET_KEY = 'wz(-f_s62q%cjz_bjvpr0^=f*r3%ts04c2f%ob8jx3_c9v2xb('
DEBUG = True
TEMPLATE_DEBUG = True
ALLOWED_HOSTS = ['*']
# 应用定义
INSTALLED_APPS = (
    'django.contrib.admin',
    'django.contrib.auth',
    'django.contrib.contenttypes',
    'django.contrib.sessions',
    'django.contrib.messages',
    'django.contrib.staticfiles',
    # 'django_crontab',
    'index',
    # 'captcha'
)
MIDDLEWARE_CLASSES = (
    'django.contrib.sessions.middleware.SessionMiddleware',
    'django.middleware.common.CommonMiddleware',
    'django.middleware.csrf.CsrfViewMiddleware',
    'django.contrib.auth.middleware.AuthenticationMiddleware',
    'django.contrib.auth.middleware.SessionAuthenticationMiddleware',
    'django.contrib.messages.middleware.MessageMiddleware',
    'django.middleware.clickjacking.XFrameOptionsMiddleware',
)
ROOT_URLCONF = 'reservation_system.urls'
WSGI_APPLICATION = 'reservation_system.wsgi.application'
LOGIN_URL = '/login/'
# 参考 https://docs.djangoproject.com/en/1.7/ref/settings/#databases
DATABASES = {
    'default': {
        'ENGINE': 'django.db.backends.sqlite3',
        'NAME': os.path.join(BASE_DIR, 'db.sqlite3'),
```

```python
    }
}
# 参考 https://docs.djangoproject.com/en/1.7/topics/i18n/
LANGUAGE_CODE = 'zh-cn'
TIME_ZONE = 'Asia/Shanghai'
USE_I18N = False
USE_L10N = False
USE_TZ = False
# 参考 https://docs.djangoproject.com/en/1.7/howto/static-files/
STATIC_URL = '/static/'
STATIC_PATH = os.path.join(BASE_DIR, 'static')
# STATIC_ROOT = os.path.join(BASE_DIR, 'static')
STATICFILES_DIRS = (
    # '/usr/lib64/python2.7/site-packages/django/',
    STATIC_PATH,
)
TEMPLATE_PATH = os.path.join(BASE_DIR, 'templates')
TEMPLATE_DIRS = (
    TEMPLATE_PATH,
)
CRONJOBS = [
    # 每小时第一分钟更新数据库
    ('1 */1 * * *', 'clear_court_section.clear', '>> /var/www/clear_jobs.log'),
    # 每天早上 6 点生成场次信息
    ('0 0 * * *', 'gen_court_section.generate', '>> /var/www/gen_jobs.log'),
    # 每天晚上 11 点处理当天的举报信息
    # ('0 23 * * *', 'process_report.process_report', '>>/var/www/process_jobs.log'),]
```

Urls.py:

```python
from django.conf.urls import patterns, include, url
from django.contrib import admin
from index import views
urlpatterns = patterns('',
    # Examples:
    # url(r'^$', 'reservation_system.views.home', name='home'),
    # url(r'^blog/', include('blog.urls')),
    url(r'^admin/', include(admin.site.urls)),
    # url(r'^captcha/', include('captcha.urls')),
    url(r'^$', include('index.urls')),
    url(r'^register/$', views.register, name='register'),
    url(r'^login/$', views.user_login, name='login'),
    # url(r'^about/$', views.about, name='about'),
    url(r'^logout/$', views.user_logout, name='logout'),
    url(r'^reserve/$', views.reserve, name='reserve'),
    url(r'^profile/(?P<page>\d+)/$', views.profile, name='profile'),
    url(r'^error/$', views.error, name='error'),
    url(r'^api/notices/$', views.api_notices, name='notices'),
    url(r'^api/register/$', views.api_register, name='register'),
```

```python
    url(r'^api/login/$', views.api_login, name='login'),
    url(r'^api/reserve/$', views.api_reserve, name='reserve'),
    url(r'^api/courts/$', views.api_courts, name='courts'),
    url(r'^api/cancel/$', views.api_cancel, name='cancel'),
    url(r'^api/profile/$', views.api_profile, name='profile'),
    url(r'^api/cin/$', views.api_cin),
    #url(r'^administrate/(?P<col>\w+)/(?P<page>\d+)/$', views.administrate, name='administrate'),
    #url(r'^court_edit/(?P<court_section_id>\d+)/$', views.court_edit, name='court_edit'),
    #url(r'^person_edit/(?P<person_id>\d+)/$', views.person_edit, name='person_edit'),
    #url(r'^add/$', views.add, name='add'),
    #url(r'^add_notice/$', views.add_notice, name='add_notice'),
    url(r'^report/$', views.report, name='report'),
)
```

wsgi.py:

```python
from django.conf.urls import patterns, include, url
from django.contrib import admin
from index import views
urlpatterns = patterns('',
    # Examples:
    #url(r'^$', 'reservation_system.views.home', name='home'),
    #url(r'^blog/', include('blog.urls')),
    url(r'^admin/', include(admin.site.urls)),
    #url(r'^captcha/', include('captcha.urls')),
    url(r'^$', include('index.urls')),
    url(r'^register/$', views.register, name='register'),
    url(r'^login/$', views.user_login, name='login'),
    #url(r'^about/$', views.about, name='about'),
    url(r'^logout/$', views.user_logout, name='logout'),
    url(r'^reserve/$', views.reserve, name='reserve'),
    url(r'^profile/(?P<page>\d+)/$', views.profile, name='profile'),
    url(r'^error/$', views.error, name='error'),
    url(r'^api/notices/$', views.api_notices, name='notices'),
    url(r'^api/register/$', views.api_register, name='register'),
    url(r'^api/login/$', views.api_login, name='login'),
    url(r'^api/reserve/$', views.api_reserve, name='reserve'),
    url(r'^api/courts/$', views.api_courts, name='courts'),
    url(r'^api/cancel/$', views.api_cancel, name='cancel'),
    url(r'^api/profile/$', views.api_profile, name='profile'),
    url(r'^api/cin/$', views.api_cin),
    #url(r'^administrate/(?P<col>\w+)/(?P<page>\d+)/$', views.administrate, name='administrate'),
    #url(r'^court_edit/(?P<court_section_id>\d+)/$', views.court_edit, name='court_edit'),
    #url(r'^person_edit/(?P<person_id>\d+)/$', views.person_edit, name='person_edit'),
    #url(r'^add/$', views.add, name='add'),
```

```
    #url(r'^add_notice/$', views.add_notice, name='add_notice'),
    url(r'^report/$', views.report, name='report'),
)
```

about.html:

```python
from django.conf.urls import patterns, include, url
from django.contrib import admin
from index import views
urlpatterns = patterns('',
    #Examples:
    #url(r'^$', 'reservation_system.views.home', name='home'),
    #url(r'^blog/', include('blog.urls')),
    url(r'^admin/', include(admin.site.urls)),
    #url(r'^captcha/', include('captcha.urls')),
    url(r'^$', include('index.urls')),
    url(r'^register/$', views.register, name='register'),
    url(r'^login/$', views.user_login, name='login'),
    #url(r'^about/$', views.about, name='about'),
    url(r'^logout/$', views.user_logout, name='logout'),
    url(r'^reserve/$', views.reserve, name='reserve'),
    url(r'^profile/(?P<page>\d+)/$', views.profile, name='profile'),
    url(r'^error/$', views.error, name='error'),
    url(r'^api/notices/$', views.api_notices, name='notices'),
    url(r'^api/register/$', views.api_register, name='register'),
    url(r'^api/login/$', views.api_login, name='login'),
    url(r'^api/reserve/$', views.api_reserve, name='reserve'),
    url(r'^api/courts/$', views.api_courts, name='courts'),
    url(r'^api/cancel/$', views.api_cancel, name='cancel'),
    url(r'^api/profile/$', views.api_profile, name='profile'),
    url(r'^api/cin/$', views.api_cin),
    #url(r'^administrate/(?P<col>\w+)/(?P<page>\d+)/$', views.administrate, name='administrate'),
    #url(r'^court_edit/(?P<court_section_id>\d+)/$', views.court_edit, name='court_edit'),
    #url(r'^person_edit/(?P<person_id>\d+)/$', views.person_edit, name='person_edit'),
    #url(r'^add/$', views.add, name='add'),
    #url(r'^add_notice/$', views.add_notice, name='add_notice'),
    url(r'^report/$', views.report, name='report'),
)
```

add.html:

```html
{% extends "base.html" %}
{% load staticfiles %}
{% block title_block %}-添加时段{% endblock %}
{% block body_block %}
    <div class="container-fluid">
        <div class="row">
<div class="col-sm-10 col-sm-offset-1 col-md-10 col-md-offset-1 col-xs-12 main">
            <h3 class="page-header">添加时段</h3>
```

```html
                <div class="container-fluid">
                    {% if state_code == 1 %}
                        <div class="alert alert-danger" role="alert">已存在该时段</div>
                    {% elif state_code == 2 %}
                        <div class="alert alert-success" role="alert">添加成功</div>
                    {% else %}
                        <form method="POST" action="/add/" enctype="multipart/form-data" class="form-horizontal">
                            {% csrf_token %}
                            <div class="form-group">
                                <label class="control-label col-md-2 col-sm-2 col-xs-3">日期</label>
                                <div class="col-md-6 col-sm-6 col-xs-8"><input type="date" name="date" class="form-control" value="{{ time_now|date:"Y-m-d" }}"></div>
                            </div>
                            <div class="form-group">
                                <label class="control-label col-md-2 col-sm-2 col-xs-3">时间</label>
                                <div class="col-md-6 col-sm-6 col-xs-8"><input type="time" name="time" class="form-control" value="{{ time_now|date:"H:i" }}"></div>
                            </div>
                            <div class="form-group">
                                <label class="control-label col-md-2 col-sm-2 col-xs-3">容量</label>
                                <div class="col-md-6 col-sm-6 col-xs-8"><input type="number" name="rest" class="form-control" min="0" max="4" value="4"></div>
                            </div>
                            <div class="form-group">
                                <div class="col-md-6 col-sm-6 col-xs-8 col-md-offset-2 col-sm-offset-2 col-xs-offset-3">
                                    <button type="submit" class="btn btn-primary">添加</button>
                                </div>
                            </div>
                        </form>
                    {% endif %}
                </div>
            </div>
        </div>
    </div>
{% endblock %}
```

Add_notice.html:

```html
{% extends "base.html" %}
{% load staticfiles %}
{% block title_block %}-添加公告{% endblock %}
{% block body_block %}
    <div class="container-fluid">
        <div class="row">
            <div class="col-sm-10 col-sm-offset-1 col-md-10 col-md-offset-1 col-xs-12 main">
                <h3 class="page-header">添加公告</h3>
```

```html
                    <div class="container-fluid">
                        {% if state_code == 1 %}
                            <div class="alert alert-success" role="alert">添加成功</div>
                        {% else %}
                            <form method="POST" action="/add_notice/" enctype="multipart/form-data">
                                {% csrf_token %}
                                <div class="form-group">
                                    <label>时间</label>
                                    <input type="text" class="form-control" readonly="readonly" value="{{ time_now|date:"Y年m月d日 H:i" }}">
                                </div>
                                <div class="form-group">
                                    <label>内容</label>
                                    <textarea name="content" class="form-control" rows="5"></textarea>
                                </div>
                                <div class="form-group">
                                    <button type="submit" class="btn btn-primary">添加</button>
                                </div>
                            </form>
                        {% endif %}
                    </div>
                </div>
            </div>
        </div>
{% endblock %}
```

Administrate.html:

```html
{% extends "base.html" %}
{% load staticfiles %}
{% block title_block %}-管理{% endblock %}
{% block body_block %}
<div class="container-fluid">
    <div class="row">
        <div class="col-sm-10 col-sm-offset-1 col-md-10 col-md-offset-1 col-xs-12 main">
            <ul class="nav nav-pills" id="nav_tabs">
                <li role="presentation" {% if col == 'court' %}class="active"{% endif %}><a href="/administrate/court/1/">场次</a></li>
                <li role="presentation" {% if col == 'person' %}class="active"{% endif %}><a href="/administrate/person/1/">用户</a></li>
                <li role="presentation" {% if col == 'notice' %}class="active"{% endif %}><a href="/administrate/notice/1/">公告</a></li>
                <li role="presentation" {% if col == 'report' %}class="active"{% endif %}><a href="/administrate/report/1/">举报信息</a></li>
            </ul>
            {% if col == 'court' %}
                <div class="container" id="add_button"><a href="/add/" class="btn btn-default"><span class="glyphicon glyphicon-plus" aria-hidden="true"></span>添加场次</a>
```

```html
        </div>
        <div class="table-responsive">
            <table class="table table-striped table-hover table-condensed">
                <thead>
                <tr>
                    <th>日期</th>
                    <th>时间</th>
                    <th>剩余</th>
                    <th>状态</th>
                    <th>操作</th>
                </tr>
                </thead>
                <tbody>
                {% for court_section in court_sections %}
                    <tr>
                        <td>{{ court_section.date }}</td>
                        <td>{{ court_section.time }}</td>
                        <td>{{ court_section.rest }}</td>
                        <td>
                            {% if court_section.state == 1 %}
                            <span class="label label-danger">已结束</span>
                            {% elif court_section.state == 2 %}
                            <span class="label label-default">已取消</span>
                            {% else %}
                            <span class="label label-success">可预约</span>
                            {% endif %}
                        </td>
                        <td><a href="/court_edit/{{ court_section.id }}/" class="btn btn-xs btn-primary" role="button">查看</a></td>
                    </tr>
                {% endfor %}
                </tbody>
            </table>
        </div>
        <nav aria-label="Page navigation">
            <ul class="pagination">
                <li>
                    {% if previous > 0 %}
                    <a href="/administrate/court/{{ previous }}/" aria-label="Previous"><span aria-hidden="true">&laquo;</span></a>
                    {% else %}
                    <span><span aria-hidden="true">&laquo;</span></span>
                    {% endif %}
                </li>
                {% for i in court_range %}
                    <li {% if i == page %} class="active" {% endif %}><a href="/administrate/court/{{ i }}/">{{ i }}</a></li>
```

```
                {% endfor %}
                <li>
                    {% if next <= court_pages %}
                        <a href="/administrate/court/{{ next }}/" aria-label="Previous">
<span aria-hidden="true">&raquo;</span></a>
                    {% else %}
                        <span><span aria-hidden="true">&raquo;</span></span>
                    {% endif %}
                </li>
            </ul>
        </nav>
    {% elif col == 'person' %}
    <div class="table-responsive">
        <table class="table table-striped table-hover table-condensed">
            <thead>
            <tr>
                <th>学号</th>
                <th>姓名</th>
                <th>权限</th>
                <th>操作</th>
            </tr>
            </thead>
            <tbody>
            {% for person in persons %}
                <tr>
                    <td>{{ person.person.username }}</td>
                    <td>{{ person.person.first_name }}</td>
                    <td>
                        {% if person.rights == 1 %}
<span class="label label-SuperiorAdministrator">顶级管理员</span>
                        {% elif person.rights == 2 %}
                            <span class="label label-Administrator">管理员</span>
                        {% elif person.rights == 3 %}
                            <span class="label label-EliteUser">精英会员</span>
                        {% elif person.rights == 4 %}
                            <span class="label label-MemberUser">正式会员</span>
                        {% elif person.rights == 5 %}
                            <span class="label label-User">普通用户</span>
                        {% elif person.rights == 6 %}
                            <span class="label label-BlockedUser">封禁用户</span>
                        {% endif %}
                    </td>
<td><a href="/person_edit/{{ person.id }}/" class="btn btn-xs btn-primary" role="button">查看</a></td>
                </tr>
            {% endfor %}
            </tbody>
```

```html
                </table>
            </div>
            <nav aria-label="Page navigation">
                <ul class="pagination">
                    <li>
                        {% if previous > 0 %}
                            <a href="/administrate/person/{{ previous }}/" aria-label="Previous"><span aria-hidden="true">&laquo;</span></a>
                        {% else %}
                            <span><span aria-hidden="true">&laquo;</span></span>
                        {% endif %}
                    </li>
                    {% for i in person_range %}
                        <li {% if i == page %} class="active" {% endif %}><a href="/administrate/person/{{ i }}/">{{ i }}</a></li>
                    {% endfor %}
                    <li>
                        {% if next <= persons_pages %}
                            <a href="/administrate/person/{{ next }}/" aria-label="Previous"><span aria-hidden="true">&raquo;</span></a>
                        {% else %}
                            <span><span aria-hidden="true">&raquo;</span></span>
                        {% endif %}
                    </li>
                </ul>
            </nav>
            {% elif col == 'notice' %}
            <div class="container" id="add_button"><a href="/add_notice/" class="btn btn-default"><span class="glyphicon glyphicon-plus" aria-hidden="true"></span>添加公告</a></div>
            <div class="table-responsive">
                <table class="table table-striped table-hover table-condensed">
                    <thead>
                    <tr>
                        <th>日期</th>
                        <th>内容</th>
                        <th>操作</th>
                    </tr>
                    </thead>
                    <tbody>
                    {% for notice in notices %}
                        <tr>
                            <td>{{ notice.date.date.isoformat }}</td>
                            <td>{{ notice.content }}</td>
                            <td>
                                <form method="POST" action="/administrate/notice/1/" enctype="multipart/form-data">
```

```html
                                            {% csrf_token %}
                                            <input type="text" name="notice_id" value="{{ notice.id }}" hidden="hidden">
                                            <button type="submit" class="btn btn-xs btn-danger">删除</button>
                                        </form>
                                    </td>
                                </tr>
                                {% endfor %}
                            </tbody>
                        </table>
                    </div>
                    <nav aria-label="Page navigation">
                        <ul class="pagination">
                            <li>
                                {% if previous > 0 %}
                                    <a href="/administrate/notice/{{ previous }}/" aria-label="Previous"><span aria-hidden="true">&laquo;</span></a>
                                {% else %}
                                    <span><span aria-hidden="true">&laquo;</span></span>
                                {% endif %}
                            </li>
                            {% for i in notice_range %}
                                <li {% if i == page %} class="active" {% endif %}><a href="/administrate/notice/{{ i }}/">{{ i }}</a></li>
                            {% endfor %}
                            <li>
                                {% if next <= notices_pages %}
                                    <a href="/administrate/notice/{{ next }}/" aria-label="Previous"><span aria-hidden="true">&raquo;</span></a>
                                {% else %}
                                    <span><span aria-hidden="true">&raquo;</span></span>
                                {% endif %}
                            </li>
                        </ul>
                    </nav>
                {% else %}
                    <div class="table-responsive">
                        <table class="table table-striped table-hover table-condensed">
                            <thead>
                                <tr>
                                    <th>日期</th>
                                    <th>场次</th>
                                    <th>被举报人</th>
                                    <th>举报理由</th>
                                    <th>状态</th>
                                </tr>
```

```html
                    </thead>
                    <tbody>
                    {% for report in reports %}
                        <tr>
                            <td>{{ report.date|date:"Y-m-d" }}</td>
                            <td><a href="/court_edit/{{ report.court_section.id }}/" target="_blank">{{ report.court_section.section_date|date:"Y-m-d H:i" }}</a></td>
                            <td><a href="/person_edit/{{ report.criminal.person.id }}/" target="_blank">{{ report.criminal.username }}({{ report.criminal.first_name }})</a></td>
                            <td>{{ report.content }}</td>
                            <td>
                                {% if report.state == 0 %}
                                <span class="label label-warning">未处理</span>
                                {% elif report.state == 1 %}
                                <span class="label label-success">已通过</span>
                                {% else %}
                                <span class="label label-default">已驳回</span>
                                {% endif %}
                            </td>
                        </tr>
                    {% endfor %}
                    </tbody>
                </table>
            </div>
            <nav aria-label="Page navigation">
                <ul class="pagination">
                    <li>
                        {% if previous > 0 %}
                        <a href="/administrate/report/{{ previous }}/" aria-label="Previous"><span aria-hidden="true">&laquo;</span></a>
                        {% else %}
                        <span><span aria-hidden="true">&laquo;</span></span>
                        {% endif %}
                    </li>
                    {% for i in report_range %}
                    <li {% if i == page %} class="active" {% endif %}><a href="/administrate/report/{{ i }}/">{{ i }}</a></li>
                    {% endfor %}
                    <li>
                        {% if next <= reports_pages %}
                        <a href="/administrate/report/{{ next }}/" aria-label="Previous"><span aria-hidden="true">&raquo;</span></a>
                        {% else %}
                        <span><span aria-hidden="true">&raquo;</span></span>
                        {% endif %}
                    </li>
                </ul>
```

```html
            </nav>
        {% endif %}
      </div>
    </div>
</div>
{% endblock %}
```

Court_edit.html:

```html
{% extends "base.html" %}
{% load staticfiles %}
{% block title_block %}-查看时间段{% endblock %}
{% block body_block %}
<div class="container-fluid">
    <div class="row">
<div class="col-sm-10 col-sm-offset-1 col-md-10 col-md-offset-1 col-xs-12 main">
            <h3 class="sub-header">查看时间段</h3>
            <form method="POST" action="{% url 'court_edit' court_section.id %}" enctype="multipart/form-data" class="form-horizontal">
                {% csrf_token %}
                <div class="form-group">
      <label class="control-label col-md-2 col-sm-2 col-xs-3">日期</label>
                    <div class="col-md-6 col-sm-6 col-xs-8"><input type="date" name="date" class="form-control" readonly="readonly" value={{ court_section.date }}></div>
                </div>
                <div class="form-group">
      <label class="control-label col-md-2 col-sm-2 col-xs-3">时间</label>
                    <div class="col-md-6 col-sm-6 col-xs-8"><input type="time" name="time" class="form-control" readonly="readonly" value={{ court_section.time }}></div>
                </div>
                <div class="form-group">
       <label class="control-label col-md-2 col-sm-2 col-xs-3">状态</label>
                    <div class="col-md-6 col-sm-6 col-xs-8"><input type="text" name="state" class="form-control" readonly="readonly" value="{% if court_section.state == 1 %}已结束{% elif court_section.state == 2 %}已取消{% else %}可预约{% endif %}"></div>
                </div>
                <div class="form-group">
       <label class="control-label col-md-2 col-sm-2 col-xs-3">剩余</label>
                    <div class="col-md-6 col-sm-6 col-xs-8"><input type="number" name="rest" class="form-control" min="0" readonly="readonly" value={{ court_section.rest }}></div>
                </div>
                <div class="form-group">
      <label class="control-label col-md-2 col-sm-2 col-xs-3">预约用户</label>
                    <div class="col-md-6 col-sm-6 col-xs-8">
                        {% for person in all_persons %}
                        </br>
                            <p>
```

```html
                                <a href="/person_edit/{{ person.id }}/">
{{ person.person.first_name }}({{ person.gender }})
                                    {% if person.level == 1 %}
    <span class="label label-SuperiorAdministrator">顶级管理员</span>
                                    {% elif person.level == 2 %}
                        <span class="label label-Administrator">管理员</span>
                                    {% elif person.level == 3 %}
                        <span class="label label-EliteUser">精英会员</span>
                                    {% elif person.level == 4 %}
                        <span class="label label-MemberUser">正式会员</span>
                                    {% elif person.level == 5 %}
                            <span class="label label-User">普通用户</span>
                                    {% elif person.level == 6 %}
                        <span class="label label-BlockedUser">封禁用户</span>
                                    {% endif %}
                                </a>
                            </p>
                        {% endfor %}
                    </div>
                </div>
                <div class="form-group">
                    <div class="col-md-6 col-sm-6 col-xs-6 col-md-offset-2 col-sm-offset-2 col-xs-offset-3">
                        {% if court_section.section_date > time_now %}
                            {% if court_section.state == 0 %}
                <button class="btn btn-danger" type="submit">取消该时间</button>
                            {% elif court_section.state == 2 %}
                <button class="btn btn-success" type="submit">恢复</button>
                            {% endif %}
                        {% endif %}
                    </div>
                </div>
            </form>
        </div>
    </div>
</div>
{% endblock %}
Error.html:
{% extends "base.html" %}
{% load staticfiles %}
{% block title_block %}-错误{% endblock %}
{% block body_block %}
    <div class="container-fluid">
        <div class="row">
<div class="col-sm-10 col-sm-offset-1 col-md-10 col-md-offset-1 col-xs-12 main">
                <h2 class="page-header">出错啦!</h2>
                <div class="container-fluid">
```

```
        <p>页面不见啦……<a href="/" class="btn btn-link" role="button">返回主页</a></p>
            <p>bug上报,意见反馈:<a href="mailto:lixiangyuan@bupt.edn.cn">lixiangyuan@bupt.edu.cn</a></p>
        </div>
      </div>
    </div>
  </div>
{% endblock %}
```

Index.html:

```
{% extends "base.html" %}
{% load staticfiles %}
{% block title_block %}-首页{% endblock %}
{% block body_block %}
    <div class="container-fluid">
        <div class="row">
            <div class="col-sm-10 col-sm-offset-1 col-md-10 col-md-offset-1 col-xs-12 main">
                <h3 class="sub-header">公告栏</h3>
                <div class="container-fluid">
                    <div class="jumbotron">
                        <ul>
                            {% if board.count == 0 %}
                            <li>暂无公告</li>
                            {% endif %}
                            {% for info in board %}
                            <li>{{ info.date|date:"Y-m-d" }}: {{ info.content }}</li>
                            {% endfor %}
                        </ul>
                    </div>
                </div>
                <h3 class="sub-header">最近时间段</h3>
                <ul class="nav nav-pills" style="margin-bottom: 5px">
                    <li {% if page == 0 %} class="active" {% endif %}><a href="/?page=0">今天</a></li>
                    <li {% if page == 1 %} class="active" {% endif %}><a href="/?page=1">明天</a></li>
                    <li {% if page == 2 %} class="active" {% endif %}><a href="/?page=2">更多</a></li>
                </ul>
                {% if courts.count == 0 %}
                <div class="alert alert-info">暂无数据</div>
                {% else %}
                    {% if user.is_authenticated == False %}
<div class="alert alert-warning">预约请先<a class="btn-link" href="/login/">登录</a></div>
                    {% endif %}
                <div class="table-responsive">
  <table class="table table-striped table-hover table-condensed">
                        <thead>
```

```html
<tr>
    <th>时间</th>
    <th>剩余</th>
    <th>状态</th>
    {% if user.is_authenticated %}
    <th>操作</th>
    {% endif %}
</tr>
</thead>
<tbody>
    {% for i in courts %}
    <tr>
        <td>
            {% if page == 2 %}
                {{ i.datetime|date:"Y-m-d H:i" }}
            {% else %}
                {{ i.datetime|date:"H:i" }}
            {% endif %}
        </td>
        <td>{{ i.capacity }}</td>
        <td>
            {% if i.status == 2 %}
            <span class="label label-default">已取消</span>
            {% elif i.status == 0 %}
            <span class="label label-success">可预约</span>
            {% else %}
            <span class="label label-danger">已结束</span>
            {% endif %}
        </td>
        {% if user.is_authenticated %}
        <td>
            {% if i.capacity == 0 %}
            <a class="btn btn-default btn-xs" href="/reserve/?username={{ user.username }}&court_id={{ i.id }}">查看</a>
            {% elif i.status != 0 %}
            <a class="btn btn-default btn-xs" href="/reserve/?username={{ user.username }}&court_id={{ i.id }}">查看</a>
            {% else %}
            <a class="btn btn-primary btn-xs" href="/reserve/?username={{ user.username }}&court_id={{ i.id }}">预约</a>
            {% endif %}
        </td>
        {% endif %}
    </tr>
    {% endfor %}
</tbody>
</table>
```

```
            </div>
        {% endif %}
        </div>
    </div>
</div>
{% endblock %}
```
Login.html:
```
{% extends "base.html" %}
{% load staticfiles %}
{% block title_block %}-首页{% endblock %}
{% block body_block %}
    <div class="container-fluid">
        <div class="row">
            <div class="col-sm-10 col-sm-offset-1 col-md-10 col-md-offset-1 col-xs-12 main">
                <h3 class="sub-header">公告栏</h3>
                    <div class="container-fluid">
                        <div class="jumbotron">
                            <ul>
                                {% if board.count == 0 %}
                                    <li>暂无公告</li>
                                {% endif %}
                                {% for info in board %}
                                    <li>{{ info.date|date:"Y-m-d" }}: {{ info.content }}</li>
                                {% endfor %}
                            </ul>
                        </div>
                    </div>
                <h3 class="sub-header">最近时间段</h3>
                <ul class="nav nav-pills" style="margin-bottom: 5px">
                    <li {% if page == 0 %} class="active" {% endif %}><a href="/?page=0">今天</a></li>
                    <li {% if page == 1 %} class="active" {% endif %}><a href="/?page=1">明天</a></li>
                    <li {% if page == 2 %} class="active" {% endif %}><a href="/?page=2">更多</a></li>
                </ul>
                {% if courts.count == 0 %}
                    <div class="alert alert-info">暂无数据</div>
                {% else %}
                    {% if user.is_authenticated == False %}
                        <div class="alert alert-warning">预约请先<a class="btn-link" href="/login/">登录</a></div>
                    {% endif %}
                    <div class="table-responsive">
                        <table class="table table-striped table-hover table-condensed">
                            <thead>
                                <tr>
                                    <th>时间</th>
                                    <th>剩余</th>
```

```
                    <th>状态</th>
                    {% if user.is_authenticated %}
                    <th>操作</th>
                    {% endif %}
                </tr>
            </thead>
            <tbody>
                {% for i in courts %}
                <tr>
                    <td>
                        {% if page == 2 %}
                            {{ i.datetime|date:"Y-m-d H:i" }}
                        {% else %}
                            {{ i.datetime|date:"H:i" }}
                        {% endif %}
                    </td>
                    <td>{{ i.capacity }}</td>
                    <td>
                        {% if i.status == 2 %}
                            <span class="label label-default">已取消</span>
                        {% elif i.status == 0 %}
                            <span class="label label-success">可预约</span>
                        {% else %}
                            <span class="label label-danger">已结束</span>
                        {% endif %}
                    </td>
                    {% if user.is_authenticated %}
                    <td>
                        {% if i.capacity == 0 %}
                            <a class="btn btn-default btn-xs" href="/reserve/?username={{ user.username }}&court_id={{ i.id }}">查看</a>
                        {% elif i.status != 0 %}
                            <a class="btn btn-default btn-xs" href="/reserve/?username={{ user.username }}&court_id={{ i.id }}">查看</a>
                        {% else %}
                            <a class="btn btn-primary btn-xs" href="/reserve/?username={{ user.username }}&court_id={{ i.id }}">预约</a>
                        {% endif %}
                    </td>
                    {% endif %}
                </tr>
                {% endfor %}
            </tbody>
        </table>
    </div>
    {% endif %}
</div>
```

```
            </div>
        </div>
{% endblock %}
Person_edit.html：
{% extends "base.html" %}
{% load staticfiles %}
{% block title_block %}-查看用户{% endblock %}
{% block body_block %}
<div class="container-fluid">
    <div class="row">
        <div class="col-sm-10 col-sm-offset-1 col-md-10 col-md-offset-1 col-xs-12 main">
            <h3 class="sub-header">查看用户</h3>
            <div class="container-fluid">
                <div class="table-responsive">
                    <table class="table table-striped table-hover table-condensed table-bordered">
                        <tbody>
                            <tr>
                                <td>学号</td>
                                <td>{{ person.person.username }}</td>
                            </tr>
                            <tr>
                                <td>权限</td>
                                <td>
                                    {% if person.rights == 1 %}
                                    <span class="label label-SuperiorAdministrator">顶级管理员</span>
                                    {% elif person.rights == 2 %}
                                    <span class="label label-Administrator">管理员</span>
                                    {% elif person.rights == 3 %}
                                    <span class="label label-EliteUser">精英会员</span>
                                    {% elif person.rights == 4 %}
                                    <span class="label label-MemberUser">正式会员</span>
                                    {% elif person.rights == 5 %}
                                    <span class="label label-User">普通用户</span>
                                    {% elif person.rights == 6 %}
                                    <span class="label label-BlockedUser">封禁用户</span>
                                    {% endif %}
                                </td>
                            </tr>
                            <tr>
                                <td>等级</td>
                                <td>
                                    {% if person.level == 0 %}
                                    <span class="label label-Fresh">学习萌新</span>
                                    {% elif person.level == 1 %}
                                    <span class="label label-Copper">初学锋芒</span>
                                    {% elif person.level == 2 %}
                                    <span class="label label-Silver">学习高手</span>
```

```html
                    {% elif person.level == 3 %}
                        <span class="label label-Golden">大学四方</span>
                    {% elif person.level == 4 %}
                        <span class="label label-Diamond">独学青云</span>
                    {% endif %}
                </td>
            </tr>
            <tr>
                <td>姓名</td>
                <td>{{ person.person.first_name }}</td>
            </tr>
            <tr>
                <td>性别</td>
                <td>{{ person.gender }}</td>
            </tr>
            <tr>
                <td>总场次</td>
                <td>{{ person.count }}</td>
            </tr>
            <tr>
                <td>学院</td>
                <td>{{ person.school }}</td>
            </tr>
            <tr>
                <td>电话</td>
                <td>{{ person.number }}</td>
            </tr>
            <tr>
                <td>信用积分</td>
                <td>{{ person.credit }} {% if person.credit >= 80 %}<span class="label label-success">良好</span>{% elif person.credit >= 60 %}<span class="label label-warning">正常</span>{% else %}<span class="label label-danger">差</span>{% endif %}</td>
            </tr>
        </tbody>
    </table>
</div>
</div>
<h2 class="sub-header">预约</h2>
{% if person.count == 0 %}
<div class="alert alert-info">暂无数据</div>
{% else %}
<div class="table-responsive">
    <table class="table table-striped table-hover table-condensed">
        <thead>
            <tr>
                <th>编号</th>
```

```html
                    <th>日期</th>
                    <th>时间</th>
                    <th>状态</th>
                </tr>
            </thead>
            <tbody>
            {% for item in reservation %}
                <tr>
                    <td>{{ forloop.counter }}</td>
                    <td>{{ item.section_date|date:"Y-m-d" }}</td>
                    <td>{{ item.section_date|date:"H:i" }}</td>
                    <td>
                        {% if item.state == 1 %}
                        <span class="label label-danger">已结束</span>
                        {% elif item.state == 2 %}
                        <span class="label label-default">已取消</span>
                        {% else %}
                        <span class="label label-success">可预约</span>
                        {% endif %}
                    </td>
                </tr>
            {% endfor %}
            </tbody>
        </table>
    </div>
    {% endif %}
  </div>
 </div>
</div>
{% endblock %}
```

Profile.html:

```html
{% extends "base.html" %}
{% load staticfiles %}
{% block title_block %}-个人信息{% endblock %}
{% block body_block %}
    <div class="container-fluid">
        <div class="row">
<div class="col-sm-10 col-sm-offset-1 col-md-10 col-md-offset-1 col-xs-12 main">
                <h3 class="sub-header">我的信息</h3>
                <div class="container-fluid">
                    {% if status == 2 %}
                    <div class="alert alert-success">修改成功!</div>
                    {% endif %}
                    <form class="form-horizontal" method="POST" action="/profile/1/" enctype="multipart/form-data">
                        {% csrf_token %}
                        <div class="form-group">
```

```html
<label class="control-label col-md-2 col-sm-2 col-xs-4">学号</label>
<div class="col-md-6 col-sm-6 col-xs-8">
    <p class="form-control-static">
        {{ person.person.username }}(
        {% if person.rights == 1 %}
        顶级管理员
        {% elif person.rights == 2 %}
        管理员
        {% elif person.rights == 3 %}
        精英会员
        {% elif person.rights == 4 %}
        正式会员
        {% elif person.rights == 5 %}
        普通用户
        {% elif person.rights == 6 %}
        封禁用户
        {% endif %}
        )
        {% if person.level == 0 %}
        <span class="label label-Fresh">学习萌新</span>
        {% elif person.level == 1 %}
        <span class="label label-Copper">初学锋芒</span>
        {% elif person.level == 2 %}
        <span class="label label-Silver">学习高手</span>
        {% elif person.level == 3 %}
        <span class="label label-Golden">大学四方</span>
        {% elif person.level == 4 %}
        <span class="label label-Diamond">独学青云</span>
        {% endif %}
    </p>
</div>
</div>
{% if profile_form.first_name.errors %}
<div class="form-group">
    <div class="col-md-6 col-sm-6 col-xs-8 col-md-offset-2 col-sm-offset-2 col-xs-offset-4"><div class="alert alert-danger">{{ profile_form.first_name.errors }}</div></div>
</div>
{% endif %}
<div class="form-group">
    <label class="control-label col-md-2 col-sm-2 col-xs-4">姓名</label>
    <div class="col-md-6 col-sm-6 col-xs-8"><p class="form-control-static">{{ person.person.first_name }}</p></div>
    <input hidden="hidden" name="first_name" value="{{ person.person.first_name }}">
</div>
<div class="form-group">
```

```html
                <label class="control-label col-md-2 col-sm-2 col-xs-4">性别</label>
                <div class="col-md-6 col-sm-6 col-xs-8"><p class="form-control-static">{{ person.gender }}</p></div>
            </div>
            {% if profile_form.password.errors %}
            <div class="form-group">
                <div class="col-md-6 col-sm-6 col-xs-8 col-md-offset-2 col-sm-offset-2 col-xs-offset-4"><div class="alert alert-danger">{{ profile_form.password.errors }}</div></div>
            </div>
            {% endif %}
            <div class="form-group">
                <label class="control-label col-md-2 col-sm-2 col-xs-4">新密码</label>
                <div class="col-md-6 col-sm-6 col-xs-8">{{ profile_form.password }}</div>
            </div>
            {% if profile_form.confirm_password.errors %}
            <div class="form-group">
                <div class="col-md-6 col-sm-6 col-xs-8 col-md-offset-2 col-sm-offset-2 col-xs-offset-4"><div class="alert alert-danger">{{ profile_form.confirm_password.errors }}</div></div>
            </div>
            {% endif %}
            <div class="form-group">
                <label class="control-label col-md-2 col-sm-2 col-xs-4">重复密码</label>
                <div class="col-md-6 col-sm-6 col-xs-8">{{ profile_form.confirm_password }}</div>
            </div>
            <div class="form-group">
                <label class="control-label col-md-2 col-sm-2 col-xs-4">学院</label>
                <div class="col-md-6 col-sm-6 col-xs-8">{{ profile_form.school }}</div>
            </div>
            <div class="form-group">
                <label class="control-label col-md-2 col-sm-2 col-xs-4">电话</label>
                <div class="col-md-6 col-sm-6 col-xs-8">{{ profile_form.number }}</div>
            </div>
            <div class="form-group">
                <label class="control-label col-md-2 col-sm-2 col-xs-4">总场次</label>
                <div class="col-md-6 col-sm-6 col-xs-6"><p class="form-control-static">{{ person.count }}</p></div>
            </div>
            <div class="form-group">
                <label class="control-label col-md-2 col-sm-2 col-xs-4">信用积分</label>
                <div class="col-md-6 col-sm-6 col-xs-6">
                    <p class="form-control-static">
```

```html
                                {{ person.credit }}{% if person.credit >= 80 %}
<span class="label label-success">良好</span>{% elif person.credit >= 60 %}<span class="label label-warning">正常</span>{% else %}<span class="label label-danger">差</span>
{% endif %}
                            </p>
                        </div>
                    </div>
                    <div class="form-group">
                        <div class="col-md-2 col-sm-2 col-xs-2 col-md-offset-2 col-sm-offset-2 col-xs-offset-4"><button name="change_profile" type="submit" class="btn btn-default">修改</button></div>
                    </div>
                </form>
            </div>
            <h3 class="sub-header">我的场次</h3>
            {% if person.count == 0 %}
            <div class="alert alert-info">暂无数据</div>
            {% else %}
            {% if status == 1 %}
            <div class="alert alert-success">取消成功</div>
            {% endif %}
            <div class="table-responsive">
                <table class="table table-striped table-hover table-condensed">
                    <thead>
                        <tr>
                            <th>日期</th>
                            <th>时间</th>
                            <th>状态</th>
                            <th>操作</th>
                        </tr>
                    </thead>
                    <tbody>
                        {% for item in reservations %}
                        <tr>
                            <td>{{ item.court.datetime|date:"Y-m-d" }}</td>
                            <td>{{ item.court.datetime|date:"H:i" }}</td>
                            <td>
                                {% if item.court.status == 1 %}
                                <span class="label label-danger">已结束</span>
                                {% elif item.court.status == 2 %}
                                <span class="label label-default">已取消</span>
                                {% else %}
                                <span class="label label-success">可预约</span>
                                {% endif %}
                            </td>
                            <td>
                                {% if item.court.status == 0 %}
```

```html
                    <form method="POST" action="/profile/1/" enctype="multipart/form-data">
                        {% csrf_token %}
                        <input hidden="hidden" name="reservation_id" value="{{ item.id }}">
                        <button name="cancel" type="submit" class="btn btn-danger btn-xs">取消</button>
                    </form>
                    {% else %}
                    <button name="cancel" type="submit" class="btn btn-danger btn-xs" disabled="disabled">取消</button>
                    {% endif %}
                </td>
            </tr>
            {% endfor %}
        </tbody>
    </table>
</div>
<nav aria-label="Page navigation">
    <ul class="pagination">
        <li>
            {% if previous > 0 %}
            <a href="/profile/{{ previous }}/" aria-label="Previous"><span aria-hidden="true">&laquo;</span></a>
            {% else %}
            <span><span aria-hidden="true">&laquo;</span></span>
            {% endif %}
        </li>
        {% for i in reservation_range %}
        <li {% if i == page %} class="active" {% endif %}><a href="/profile/{{ i }}/">{{ i }}</a></li>
        {% endfor %}
        <li>
            {% if next <= reservation_pages %}
            <a href="/profile/{{ next }}/" aria-label="Previous"><span aria-hidden="true">&raquo;</span></a>
            {% else %}
            <span><span aria-hidden="true">&raquo;</span></span>
            {% endif %}
        </li>
    </ul>
</nav>
{% endif %}
<!--
<h3 class="sub-header">积分明细</h3>
{% if credit_details.count == 0 %}
<div class="alert alert-info">暂无数据</div>
{% else %}
<div class="table-responsive">
```

```html
                    <table class="table table-striped table-hover table-condensed">
                        <thead>
                            <tr>
                                <th>原因</th>
                                <th>场次</th>
                                <th>积分</th>
                            </tr>
                        </thead>
                        <tbody>
                            {% for item in credit_details %}
                            <tr>
                                <td>{{ item.content }}</td>
                <td>{{ item.court_section.datetime|date:"Y-m-d H:i" }}</td>
                                <td>
                                    {% if item.bill > 0 %}+{% endif %}{{ item.bill }}
                                </td>
                            </tr>
                            {% endfor %}
                        </tbody>
                    </table>
                </div>
                {% endif %}
                -->
            </div>
        </div>
    </div>
{% endblock %}
```

Register.html:
```html
{% extends "base.html" %}
{% load staticfiles %}
{% block title_block %}-注册{% endblock %}
{% block body_block %}
    <div class="container-fluid">
        <div class="row">
<div class="col-sm-10 col-sm-offset-1 col-md-10 col-md-offset-1 col-xs-12 main">
                <h3 class="page-header">注册</h3>
                <div class="container-fluid">
                    {% if registered %}
                        <div class="alert alert-success" role="alert">
                            注册成功!
                            <a class="btn btn-link" href="/login/">立即登录</a>
                        </div>
                    {% endif %}
                    <form method="POST" action="/register/" enctype="multipart/form-data" class="form-horizontal">
                        {% csrf_token %}
                        <div class="form-group">
```

```
                        <div class = "col-md-6 col-sm-6 col-xs-8 col-md-offset-2 col-sm-offset-2 col-xs-offset-4">
                            <span class = "help-block">请填写真实信息!</span>
                        </div>
                    </div>
                    {% for form in forms %}
                        {% for fields in form %}
                            {% if fields.errors %}
                                <div class = "form-group">
                                    <div class = "col-md-6 col-sm-6 col-xs-8 col-md-offset-2 col-sm-offset-2 col-xs-offset-4"><div class = "alert alert-danger">{{ fields.errors }}</div></div>
                                </div>
                            {% endif %}
                            <div class = "form-group">
                                <label class = "control-label col-md-2 col-sm-2 col-xs-4">{{ fields.label }}</label>
                                <div class = "col-md-6 col-sm-6 col-xs-8">{{ fields }}</div>
                            </div>
                        {% endfor %}
                    {% endfor %}
                    <div class = "form-group">
                        <div class = "col-md-6 col-sm-6 col-xs-6 col-md-offset-4 col-sm-offset-4 col-xs-offset-4"><button type = "submit" class = "btn btn-primary">注册</button></div>
                    </div>
                </form>
            </div>
        </div>
    </div>
{% endblock %}
```

Report.html:
```
{% extends "base.html" %}
{% load staticfiles %}
{% block title_block %}-举报{% endblock %}
{% block body_block %}
    <div class = "container-fluid">
        <div class = "row">
            <div class = "col-sm-10 col-sm-offset-1 col-md-10 col-md-offset-1 col-xs-12 main">
                <h3 class = "page-header">举报</h3>
                <div class = "container-fluid">
                    {% if state_code == 1 %}
                        <div class = "alert alert-success">举报成功!</div>
                    {% elif state_code == 2 %}
                        <div class = "alert alert-danger">请填写所有信息!</div>
                    {% elif state_code == 3 %}
```

```html
                    <div class="alert alert-danger">该举报信息已存在!</div>
                    {% endif %}
                    <form method="POST" action="/report/" enctype="multipart/form-data" class="form-horizontal">
                        {% csrf_token %}
                        {% if field.errors %}
                        <div class="form-group">
                            <div class="col-md-6 col-sm-6 col-xs-8 col-md-offset-2 col-sm-offset-2 col-xs-offset-4"><div class="alert alert-danger">{{ report_form.errors }}</div></div>
                        </div>
                        {% endif %}
                        <div class="form-group">
                            <label class="control-label col-md-2 col-sm-2 col-xs-4">日期</label>
                            <div class="col-md-6 col-sm-6 col-xs-8"><input type="date" class="form-control" id="date_selected" value=""></div>
                        </div>
                        <div class="form-group">
                            <label class="control-label col-md-2 col-sm-2 col-xs-4">场次</label>
                            <div class="col-md-6 col-sm-6 col-xs-8">
                                <select class="form-control" id="court_section_select" name="court_id">
                                    <option value="" selected="selected">请选择场次</option>
                                </select>
                            </div>
                        </div>
                        <div class="form-group">
                            <label class="control-label col-md-2 col-sm-2 col-xs-4">举报用户</label>
                            <div class="col-md-6 col-sm-6 col-xs-8">
                                <select class="form-control" id="criminal_select" name="criminal_id">
                                    <option value="" selected="selected">请选择用户</option>
                                </select>
                            </div>
                        </div>
                        <div class="form-group">
                            <label class="control-label col-md-2 col-sm-2 col-xs-4">举报理由</label>
                            <div class="col-md-6 col-sm-6 col-xs-8">
                                <select class="form-control" id="content_select" name="content">
                                    <option value="缺席">缺席</option>
                                </select>
                            </div>
                        </div>
                        <div class="form-group">
                            <div class="col-md-2 col-sm-2 col-xs-6 col-md-offset-4 col-sm-offset-4 col-xs-offset-4">
                                <button type="submit" class="btn btn-primary">举报</button>
                                <a role="button" class="btn btn-default" href="/">返回</a>
```

```
                        </div>
                    </div>
                </form>
            </div>
        </div>
    </div>
</div>
{% endblock %}
{% block script_block %}
<script src="/static/index/report.js"></script>
{% endblock %}
```
Reserve.html:
```
{% extends "base.html" %}
{% load staticfiles %}
{% block title_block %}-预约{% endblock %}
{% block body_block %}
    <div class="container-fluid">
        <div class="row">
<div class="col-sm-10 col-sm-offset-1 col-md-10 col-md-offset-1 col-xs-12 main">
                <h3 class="page-header">预约</h3>
                <div class="container-fluid">
                    {% if status == 6 %}
                        <div class="alert alert-danger" role="alert">本场次是女生专场,你没有权限预约本场次!<a role="button" class="btn btn-link btn-sm" href="/">返回</a></div>
                        {% elif status == 5 %}
                        <div class="alert alert-danger" role="alert">你不是正式会员,没有权限预约本场次!<a role="button" class="btn btn-link btn-sm" href="/">返回</a></div>
                        {% elif status == 4 %}
                        <div class="alert alert-danger" role="alert">你的预约已达上限,请取消你已预约的座位或在预约的时间结束后再预约!<a role="button" class="btn btn-link btn-sm" href="/">返回</a></div>
                        {% elif status == 3 %}
                        <div class="alert alert-danger" role="alert">你已预约过该时段!<a role="button" class="btn btn-link btn-sm" href="/">返回</a></div>
                        {% elif status == 2 %}
                        <div class="alert alert-danger" role="alert">该时段教室已满!<a role="button" class="btn btn-link btn-sm" href="/">返回</a></div>
                        {% elif status == 1 %}
                        <div class="alert alert-success" role="alert">预约成功!<a role="button" class="btn btn-link btn-sm" href="/">返回</a></div>
                        {% else %}
                        <form method="POST" action="/reserve/" enctype="multipart/form-data" class="form-horizontal">
                            {% csrf_token %}
                            <input hidden="hidden" name="court_id" value="{{ court_id }}">
```

```html
                    <div class="form-group">
                        <label class="control-label col-md-2 col-sm-2 col-xs-4">日期</label>
                            <div class="col-md-6 col-sm-6 col-xs-8"><input class="form-control" type="text" value="{{ court.datetime|date:"Y-m-d" }}" readonly="readonly"></div>
                    </div>
                    <div class="form-group">
                        <label class="control-label col-md-2 col-sm-2 col-xs-4">时间</label>
                            <div class="col-md-6 col-sm-6 col-xs-8"><input class="form-control" type="text" value="{{ court.datetime|date:"H:i" }}" readonly="readonly"></div>
                    </div>
                    <div class="form-group">
                        <label class="control-label col-md-2 col-sm-2 col-xs-4">已预约用户</label>
                            <div class="col-md-6 col-sm-6 col-xs-8">
                                {% for person in all_persons %}
                                </br>
                                <p>
                                    {{ person.person.first_name }}({{ person.gender }})
                                    {% if person.level == 0 %}
                                        <span class="label label-Fresh">学习萌新</span>
                                    {% elif person.level == 1 %}
                                        <span class="label label-Copper">初学锋芒</span>
                                    {% elif person.level == 2 %}
                                        <span class="label label-Silver">学习高手</span>
                                    {% elif person.level == 3 %}
                                        <span class="label label-Golden">大学四方</span>
                                    {% elif person.level == 4 %}
                                        <span class="label label-Diamond">独学青云</span>
                                    {% endif %}
                                </p>
                                {% endfor %}
                            </div>
                    </div>
                    {% if court.status == 0 and court.capacity > 0 %}
                    <div class="form-group">
                    <div class="col-md-4 col-sm-4 col-xs-8 col-md-offset-4 col-sm-offset-4 col-xs-offset-4">
                        <button type="submit" class="btn btn-primary">预约</button>
                        <a class="btn btn-default" role="button" href="/">取消</a>
                    </div>
                    </div>
                    {% endif %}
                </form>
                {% endif %}
            </div>
        </div>
```

```
            </div>
        </div>
{% endblock %}
```

Gen_court_section:

```python
#coding:utf-8
import os
os.environ.setdefault('DJANGO_SETTINGS_MODULE', 'reservation_system.settings')
import django
django.setup()
from index.models import Court
from datetime import *
#设置每天的时间段
sections = [8, 9, 10, 11, 13, 14, 15, 16, 18, 19, 20, 21, 22]
capacity = [30, 30, 30, 30, 30, 30, 30, 30, 30, 30, 30, 30]
types = [
    [0, 0, 0, 0, 0, 0, 0, 0, 0, 2, 0, 0, 0],
    [0, 0, 0, 0, 0, 0, 0, 0, 0, 2, 0, 0, 0],
    [0, 0, 0, 0, 0, 0, 0, 0, 0, 2, 0, 0, 0],
    [0, 0, 0, 0, 0, 0, 0, 0, 0, 2, 0, 0, 0],
    [0, 0, 0, 0, 0, 0, 0, 0, 1, 2, 1, 1, 1],
    [0, 0, 0, 0, 0, 0, 0, 0, 1, 2, 1, 1, 1],
    [0, 0, 0, 0, 0, 0, 0, 0, 0, 2, 0, 0, 0]
]
status = [
    [0, 0, 0, 0, 0, 0, 0, 0, 0, 0, 0, 0, 0],
    [0, 0, 0, 0, 0, 0, 0, 0, 0, 0, 0, 0, 0],
    [0, 0, 0, 0, 0, 0, 0, 0, 0, 0, 0, 0, 0],
    [0, 0, 0, 0, 0, 0, 0, 0, 0, 0, 0, 0, 0],
    [0, 0, 0, 0, 0, 0, 0, 0, 0, 0, 0, 0, 0],
    [0, 0, 0, 0, 0, 0, 0, 0, 0, 0, 0, 0, 0],
    [0, 0, 0, 0, 0, 0, 0, 0, 0, 0, 0, 0, 0]
]
def generate():
    time_now = datetime.now()
    days = 2
    #循环生成当天时间段
    for i in range(0, days):
        print "Creating:" + str(time_now.date()) + " weekday " + str(int(time_now.weekday()) + 1)
        for j in range(0, len(sections)):
            #若不存在,则添加
            if not Court.objects.filter(datetime = datetime(time_now.year, time_now.month, time_now.day, sections[j], 0)):
                Court.objects.create(datetime = datetime(time_now.year, time_now.month, time_now.day, sections[j], 0),
                    capacity = capacity[j], type = types[time_now.weekday()][j],
                    status = status[time_now.weekday()][j])
```

```python
            time_now += timedelta(days = 1)
if __name__ == '__main__':
    generate()
```

GetData.py:

```python
# coding: utf-8
import os
os.environ.setdefault('DJANGO_SETTINGS_MODULE', 'reservation_system.settings')
import django
django.setup()
from index.models import CourtSection, CreditDetail, Person, User, ReservationDetail, Court
from django.contrib.auth.models import Group
from datetime import *
import xlrd, xlwt
# 获取所有注册成员信息
def getData():
    data = xlwt.Workbook(encoding = 'utf-8')
    table = data.add_sheet(u'sheet1')
    persons = Person.objects.all().order_by('-count')
    table.write(0, 0, u"学号")
    table.write(0, 1, u"姓名")
    table.write(0, 2, u"性别")
    table.write(0, 3, u"学院")
    table.write(0, 4, u"电话")
    table.write(0, 5, u"场次")
    # table.write(0, 6, u"报名中心组")
    for i, each in enumerate(persons):
        print each
        table.write(i + 1, 0, each.person.username)
        table.write(i + 1, 1, each.person.first_name)
        table.write(i + 1, 2, each.gender)
        table.write(i + 1, 3, each.school)
        table.write(i + 1, 4, each.number)
        table.write(i + 1, 5, each.count)
        # table.write(i + 1, 6, each.admin)
    data.save(u'统计数据.xls')
def set_permission():
    persons = Person.objects.all()
    for each in persons:
        if each.school == u'国际学院':
            each.rights = 4
            each.person.save()
            each.save()
def clear():
    pass
def solve():
```

```
        current_reservations = CourtSection.objects.all()
        for _reservation in current_reservations:
            persons = _reservation.person_set.all()
            print _reservation
            court = Court.objects.get_or_create(datetime = _reservation.section_date,
               capacity = _reservation.rest + _reservation.person_set.count(),
                                                status = _reservation.state,
                                                type = _reservation.type)[0]
            for _person in persons:
                ReservationDetail.objects.create(datetime = datetime.now(), person = _person,
court = court)
def move_details():
    details = CreditDetail.objects.all()
    for _detail in details:
        print _detail
        _detail.datetime = _detail.date
        _detail.court = Court.objects.get(datetime = _detail.court_section.section_date)
        _detail.save()
if __name__ == '__main__':
    #solve()
    set_permission()
    #move_details()
```

2.3 产品展示

整体外观如图2-8所示,USB接口与计算机连接,指纹扫描仪用于录入与识别指纹,舵机用于驱动门的开启。网页端展示如图2-9所示,可实现用户注册、预约、举报等功能。

图 2-8 整体外观

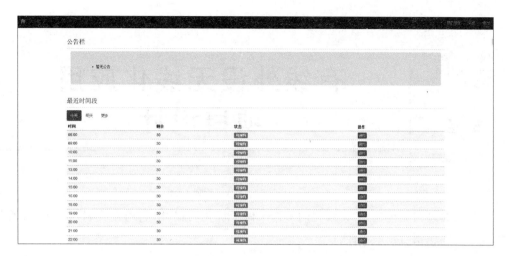

图 2-9 网页端展示

2.4 元件清单

完成本项目所用到的元件及数量如表 2-2 所示。

表 2-2 元件清单

元件/测试仪表	数量	元件/测试仪表	数量
Arduino UNO 开发板	1个	ESP8266-12F	1个
DS3231	1个	标准面包板	1个
FPM10A	1个	公对公	若干
Micro Servo SG90	1个	母对母	若干

第 3 章 有线外设无线化应用项目设计

本项目通过蓝牙传输，对无线化的摄像头做了优化与提升，利用人脸识别技术，实现外设无线化具体应用与拓展延伸。

3.1 功能及总体设计

本项目外部设备与主机的连接方式由原本的有线连接变为无线连接，解决有线外设连接主机和距离限制的问题。

要实现上述功能需将作品分成四部分进行设计，即有线外设、信号处理与控制部分、信号传输中介和主机。有线外设是已有的普通外部设备，包括有线键盘、有线音箱和有线摄像头；信号处理与控制部分是 Arduino 开发板；信号传输中介是蓝牙模块或路由器；主机是计算机或者手机。其中，信号传输中介是本项目的枢纽所在，它实现了主机与有线外设之间信号的无线传输。

1. 整体框架

整体框架如图 3-1 所示，有线键盘无线化结构框架如图 3-2 所示，有线音箱无线化结构框架如图 3-3 所示，人脸跟踪无线化摄像头结构框架如图 3-4 所示。

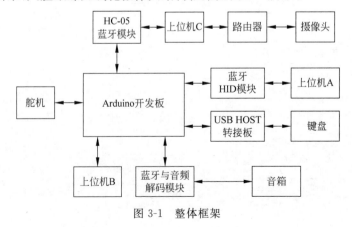

图 3-1 整体框架

本章根据许佑民、李翰林项目设计整理而成。

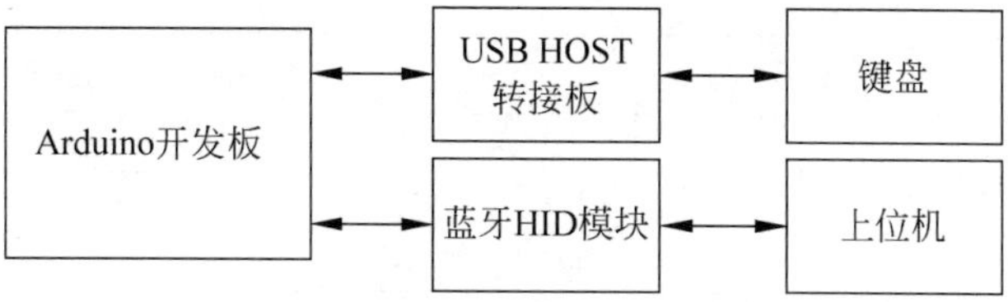

第3章 有线外设无线化应用项目设计

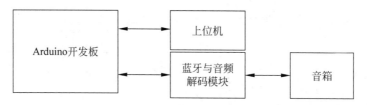

图 3-2 有线键盘无线化结构框架

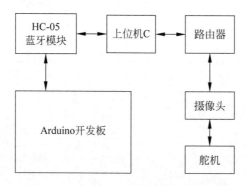

图 3-3 有线音箱无线化结构框架

图 3-4 人脸跟踪无线化摄像头结构框架

2．系统流程

有线键盘无线化系统流程如图 3-5 所示，有线音箱无线化系统流程如图 3-6 所示，人脸跟踪无线化摄像头系统流程如图 3-7 所示。

3．总电路

总电路如图 3-8 所示，引脚连线如表 3-1 所示。

表 3-1 引脚连线

元件及引脚名		Arduino 开发板引脚
HID 蓝牙键盘模块	RX	16
	TX	17
HC-05 蓝牙模块	RX	18
	TX	19

续表

元件及引脚名		Arduino 开发板引脚
蓝牙音频解码模块	TX	0
	RX	1
舵机 1	控制引脚	8
舵机 2	控制引脚	9
红外模块	控制引脚	A0

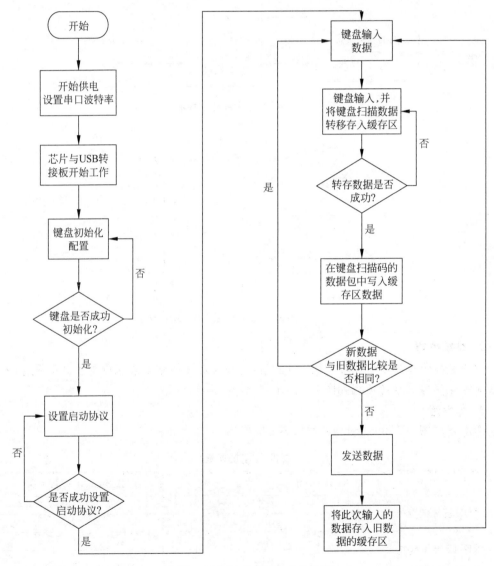

图 3-5 有线键盘无线化系统流程

第3章 有线外设无线化应用项目设计 121

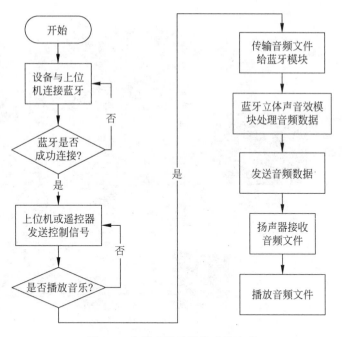

图 3-6 有线音箱无线化系统流程

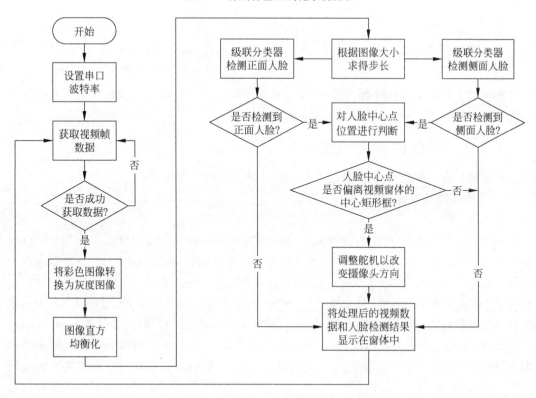

图 3-7 人脸跟踪无线化摄像头系统流程

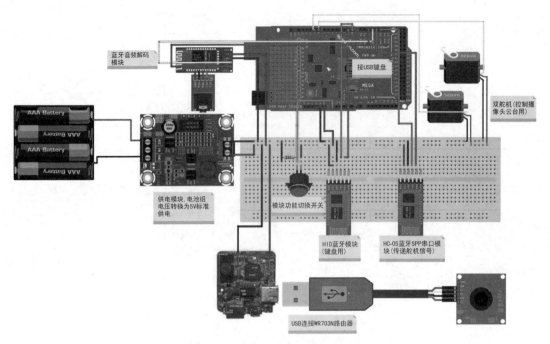

图 3-8　总电路

3.2　模块介绍

本项目主要包括有线键盘无线化模块、有线音箱无线化模块和人脸跟踪无线化摄像头模块,下面分别给出各模块的功能介绍及相关代码。

3.2.1　有线键盘无线化

本节包括有线键盘无线化模块的工作原理、功能介绍及相关代码。

1. 工作原理及功能介绍

1) 工作原理

如图 3-9 所示,通过底层的硬件采集,将键盘的扫描码进行预处理打包,以三个字节封装一个键盘扫描码。由于扫描码分为接通扫描码和断开扫描码,因此,在对键盘数据包预处理的过程中,需要给它们定义不同的识别符,以便在 PC 中分离数据并进行处理。存放扫描码的缓冲区定义为 keybuffer,对于每个 keybuffer 由三字节构成。若 keybuffer[0]=0,表示采集的是断开扫描码;若 keybuffer[0]=0xff,表示采集的是接通扫描码。

keybuffer[1]定义为键盘扫描码。keybuffer[2]定义为 0,作为扫描码数据包结束的标志在对扫描码转换为系统扫描码后,按照 HID 规范进行数据封装,软件的具体实现通过调用 l2cap.c、sdp.c 来进行。如上所述,对于键盘还有字节 1、3、4、6 被设置为对应的特殊标识值,字节 5 对应到当前的修饰键(Shift\Ctrl 等),字节 7~12 是实际的数据传输位,可以处理

6个按键同时按下而不产生冲突。这样就形成标准 HID 格式的数据包。数据包通过提供的 API 函数进行无线发送,在 PC 接收端进行相同的处理过程,调用相应的协议封装函数进行数据解析,还原系统扫描码。

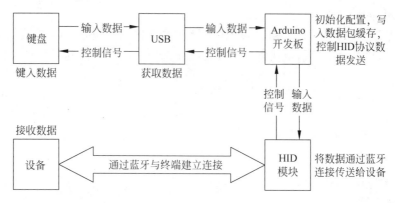

图 3-9　工作原理结构

HID 蓝牙键盘模块需要使用 AT 命令进行参数设置方可使用。模块支持 HID 协议与具有蓝牙功能的 HOST 主机(包括 Android 和 iOS 设备)通信,或使用 SPP 透传方式进行原始的数据或命令传输。

引脚连接如图 3-10 所示,UART_TXD 以及 RXD 负责串口通信、VCC 以及 GND 供电。PIO 0～11 是可编程输入/输出口,通过设置引脚电平实现清除记忆、改变工作状态、进入 AT 工作模式、休眠控制等高级功能。一般初始化配置需要进入模块的 AT 模式,AT＋RESET 复位模块,AT＋BAUD 设置波特率,AT＋DEVTYPE 设置服务类型,AT＋PSWD 设置配对码(默认 0000),最后连接单片机通电使用。

No.	Des		Des	No.
1	UART_TX		PIO11	34
2	UART_RX		PIO10	33
3	UART_CTS		PIO9	32
4	UART_RTS		PIO8	31
5	PCM_CLK		PIO7	30
6	PCM_OUT		PIO6	29
7	PCM_IN		PIO5	28
8	PCM_SYNC		PIO4	27
9	AIO0		PIO3	26
10	AIO1		PIO2	25
11	RESETB		PIO1	24
12	VCC		PIO0	23
13	GND		GND	22
14	15	16	17	18	19	20	21
NC	USB_D-	SPI_CSB	SPI_MOSI	SPI_MISO	SPI_CLK	USB_D+	GND

图 3-10　蓝牙 HID 模块引脚

2）功能介绍

除了基本的字母、数字输入之外，还对键盘的修饰键、功能键做了处理，使输入的组合键实现用户期望的功能和效果。

2. 相关代码

此代码是用 Arduino USB Shield 获取按键和处理输出。包括键盘初始化配置与获取键盘按键之后，根据大小写切换状态以及修饰键状态向 Arduino 开发板及蓝牙输出数据。

```
#include <Spi.h>
#include "Max3421e.h"
#include "Usb.h"
//从键盘配置描述符中获取键盘数据的预定义
#define KBD_ADDR 1
#define KBD_EP 1
#define KBD_IF 0
#define EP_MAXPKTSIZE 8
#define EP_POLL 0x0a
//对键盘修饰键数据的定义(除了数字和字母)
#define BANG (0x1E)
#define AT (0x1F)
#define POUND (0x20)
#define DOLLAR (0x21)
#define PERCENT (0x22)
#define CAP (0x23)
#define AND (0x24)
#define STAR (0x25)
#define OPENBKT (0x26)
#define CLOSEBKT (0x27)
#define RETURN (0x28)
#define ESCAPE (0x29)
#define BACKSPACE (0x2A)
#define TAB (0x2B)
#define SPACE (0x2C)
#define HYPHEN (0x2D)
#define EQUAL (0x2E)
#define SQBKTOPEN (0x2F)
#define SQBKTCLOSE (0x30)
#define BACKSLASH (0x31)
#define SEMICOLON (0x33)
#define INVCOMMA (0x34)
#define TILDE (0x35)
#define COMMA (0x36)
#define PERIOD (0x37)
#define FRONTSLASH (0x38)
#define DELETE (0x4c)
#define SHIFT 0x22
```

```c
#define CTRL 0x11
#define ALT 0x44
#define GUI 0x88
#define CAPSLOCK (0x39)
#define NUMLOCK (0x53)
#define SCROLLLOCK (0x47)
#define bmNUMLOCK 0x01
#define bmCAPSLOCK 0x02
#define bmSCROLLLOCK 0x04
EP_RECORD ep_record[2];                           //键盘记录数据结构
char buf[8] = { 0 };                              //键盘此次输入数据的缓存区,称为新数据
char old_buf[8] = { 0 };                          //键盘上一次输入数据的缓存,称为旧数据
//某些功能键状态信息的定义与初始赋值
bool numLock = false;
bool capsLock = false;
bool scrollLock = false;
bool line = false;
//对设备的定义
MAX3421E Max;
USB Usb;
void setup() {                                    //前期准备工作
Serial.begin( 9600 );                             //设置串口波特率
Serial.println("Start");                          //显示启动
Max.powerOn();                                    //开始供电
delay( 200 );
}
void loop() {
Max.Task();                                       //芯片开始工作
Usb.Task();                                       //USB 开始工作
if( Usb.getUsbTaskState() == USB_STATE_CONFIGURING) { //获取键盘工作状态
kbd_init();                                       //键盘的初始化配置
Usb.setUsbTaskState( USB_STATE_RUNNING );         //设置 USB 工作状态
}
if( Usb.getUsbTaskState() == USB_STATE_RUNNING ) {
kbd_poll();                                       //获取键盘数据
}
}
//键盘初始化配置函数
void kbd_init( void )
{
byte rcode = 0;                                   //定义返回码 return code(作为多个函数的返回值)
//初始化设置端点记录结构的数据
ep_record[0] = * ( Usb.getDevTableEntry( 0,0 ));
ep_record[1].MaxPktSize = EP_MAXPKTSIZE;
ep_record[1].Interval   = EP_POLL;
```

```
ep_record[1].sndToggle = bmSNDTOG0;
ep_record[1].rcvToggle = bmRCVTOG0;
Usb.setDevTableEntry( 1, ep_record );                //将键盘端点数据写入设备表
//设置配置参数
rcode = Usb.setConf( KBD_ADDR, 0, 1 );
if( rcode ) {                                        //异常检测与处理,当 rcode 为 0 时表示设置成功
Serial.print("Error attempting to configure keyboard. Return code :");
//显示异常
Serial.println( rcode, HEX );
while(1);
}
rcode = Usb.setProto( KBD_ADDR, 0, 0, 0 );           //设置启动协议
if( rcode ) {                                        //异常检测与处理,当 rcode 为 0 时表示设置成功
Serial.print("Error attempting to configure boot protocol. Return code :");
//显示异常
Serial.println( rcode, HEX );                        //以十六进制换行输出返回码
while( 1 );
}
delay(2000);
Serial.println("Keyboard initialized");              //显示键盘已成功初始化
}
//获取键盘数据以及输出结果的函数
void kbd_poll( void )
{
char i;
boolean samemark = true;
static char leds = 0;
byte rcode = 0;                                      //重新设置返回码为 0
//将键盘的扫描数据转移存入缓存区
rcode = Usb.inTransfer( KBD_ADDR, KBD_EP, 8, buf );
if( rcode!= 0 )                                      //若返回码为 1,表示转存数据成功
{
return;
}
//若数据中有某些功能键,则进行以下操作
for( i = 2; i < 8; i++ )
{
if( buf[i] == 0 ) {
break;
}
if( buf_compare( buf[i] ) == false ) {               //如果新数据与旧数据不同
switch( buf[i] ) {                                   //若缓存数据为以下几项中的某一种
case CAPSLOCK:                                       //若缓存或者键盘输入的数据为 CAPSLOCK
capsLock = !capsLock;                                //使 capsLock 的值翻转
leds = ( capsLock )?leds| = bmCAPSLOCK : leds & = ~bmCAPSLOCK;
//将 LED 的倒数第一个数值置为 1(开启)或 0(关闭)
break;
```

```
        case NUMLOCK:                                    //若缓存或者键盘输入的数据为 NUMLOCK
        numLock = !numLock;                              //使 numLock 的值翻转
        leds = ( numLock )?leds| = bmNUMLOCK : leds & = ~bmNUMLOCK;
        break;
        case SCROLLLOCK:                                 //若缓存或者键盘输入的数据为 SCROLLLOCK
        scrollLock = !scrollLock;                        //使 scrollLock 的值翻转
        leds = ( scrollLock )?leds| = bmSCROLLLOCK : leds & = ~bmSCROLLLOCK;
        //在键盘扫描码的数据包中写入数据
        Serial.write(0x0c);                              //字节 1
        Serial.write(0x00);                              //字节 2
        Serial.write(0xA1);                              //字节 3
        Serial.write(0x01);                              //字节 4
        Serial.write(00);                                //字节 5
        Serial.write(0x00);                              //字节 6
        Serial.write(0x1e);                              //字节 7
        Serial.write(0);                                 //字节 8
        Serial.write(0);                                 //字节 9
        Serial.write(0);                                 //字节 10
        Serial.write(0);                                 //字节 11
        Serial.write(0);                                 //字节 12
        delay(500);
        Serial.write(0x0c);                              //字节 1
        Serial.write(0x00);                              //字节 2
        Serial.write(0xA1);                              //字节 3
        Serial.write(0x00);                              //字节 4
        Serial.write(0);                                 //字节 5
        Serial.write(0x00);                              //字节 6
        Serial.write(0);                                 //字节 7
        Serial.write(0);                                 //字节 8
        Serial.write(0);                                 //字节 9
        Serial.write(0);                                 //字节 10
        Serial.write(0);                                 //字节 11
        Serial.write(0);                                 //字节 12
        break;
        case DELETE:
        line = false;                                    //为 0
        break;
        case RETURN:
        line = !line;                                    //值翻转
        break;
        } //USB 通过 getReport()和 setReport()发送数据
        rcode = Usb.setReport( KBD_ADDR, 0, 1, KBD_IF, 0x02, 0, &leds );
        if( rcode ) {
        Serial.print("Set report error: ");              //异常提示
        Serial.println( rcode, HEX );                    //以十六进制换行输出返回码
        }//if( rcode ...                                 //调试代码
        }//if( buf_compare( buf[i] ) == false ...
```

```
}//for( i = 2...
i = 0;
while (i < 8)
{
if (old_buf[i]!= buf[i]) { i = 12; }
i++;
}
if (i == 13) {
for (i = 0;i < 8;i++) {
Serial.print(buf[i],HEX);                    //以十六进制换行输出缓存区数据
Serial.print(']');
}
Serial.println(' ');
//将此次键盘输入的数据包传输出去
Serial.write(0x0c);                           //字节 1
Serial.write(0x00);                           //字节 2
Serial.write(0xA1);                           //字节 3
Serial.write(0x01);                           //字节 4
Serial.write(buf[1]);                         //字节 5
Serial.write(0x00);                           //字节 6
Serial.write(buf[2]);                         //字节 7
Serial.write(buf[3]);                         //字节 8
Serial.write(buf[4]);                         //字节 9
Serial.write(buf[5]);                         //字节 10
Serial.write(buf[6]);                         //字节 11
Serial.write(buf[7]);                         //字节 12
}
for( i = 2; i < 8; i++)                       //将此次输入的数据存入旧数据的缓存区
{                                             //新数据成为旧数据,发生迭代
old_buf[i] = buf[i];
}
}
//将新数据与原数据进行比较的函数
bool buf_compare( byte data )
{
char i;
for( i = 2; i < 8; i++) {
if( old_buf[i] == data ) {                    //将缓存数据逐个比较
return( true );                               //若二者完全相同则返回 true
}
}
return( false );                              //若二者有任何的不同则返回 false
}
```

3.2.2 有线音箱无线化

本节包括有线音箱无线化的功能介绍及相关代码。

1. 功能介绍

本部分使用 Arduino 开发板、蓝牙立体音效模块和红外遥控模块,将原本与手机或者计算机必须有线连接的音箱以及扬声器,实现与上位机的无线连接,变成蓝牙音箱。上位机中的音频数据与控制信号通过蓝牙连接传送到立体音效模块,再通过线路传送到音箱或者扬声器播放。

除了音频数据的无线传输,还对控制信号的解析实现了音频播放的控制功能,并且有两种无线连接控制方式:一种是通过手机或者计算机直接控制;另一种是通过红外遥控器控制。对音频播放的控制包括开始播放、暂停播放、停止播放、下一首、上一首、增大音量、降低音量等操作。

在音频解码与处理方面,采用了 XS3868 音频模块,它有比较好的音频数据处理功能,可以保证音乐播放时良好的音质与用户体验。而且,对于各式各样的音箱或者耳机,产品也都具有广泛的适用性。

2. 相关代码

```
# include
int RECV_PIN = 14;                                              //A0
IRrecv irrecv(RECV_PIN);
decode_results results;
unsigned long BlinkTime;
void setup(){
Serial.begin(115200);
irrecv.enableIRIn();                                            //启动音箱
}
void loop() {
if (Serial.available() > 0)Serial.write(Serial.read());
if (BlinkTime == 0)BlinkTime = millis();
if(millis() - BlinkTime > 10000){
Serial.println("AT#CB");                                        //取消配对模式
BlinkTime = 0;
}
if (irrecv.decode(&results))
{
irrecv.resume();
//接收下一个命令
if (results.value!= REPEAT){
Serial.println(results.value);
if(results.value == 0xF129)Serial.println("AT#VU");             //增加音量
else if(results.value == 0xF1A9)Serial.println("AT#VD");        //降低音量
else if(results.value == 0xF171)Serial.println("AT#MA");        //播放或者暂停
else if(results.value == 0xF1B1)Serial.println("AT#MC");        //停止播放音乐
else if(results.value == 0xF149)Serial.println("AT#MD");        //播放下一首音乐
else if(results.value == 0xF1C9)Serial.println("AT#ME");        //播放上一首音乐
```

```
//else if(results.value == 3993014240)Serial.println("AT#CB");    //取消配对状态
//else if(results.value == 3993014224)Serial.println("AT#CA");    //进入配对状态
//else if(results.value == 3993014256)Serial.println("AT#MI");    //连接声源
//else if(results.value == 3993014216)Serial.println("AT#CC");    //连接到手机
delay(300); }
}
}
```

3.2.3 人脸跟踪无线化摄像头

本节包括有线摄像头转人脸跟踪无线化摄像头的功能介绍及相关代码。

1. 功能介绍

1) 有线音箱无线化模块

有线音箱无线化模块主要包括 Arduino 开发板、WR703N 路由器、HC-05 蓝牙 SPP 模块、舵机和摄像头。摄像头拍摄视频，通过 WiFi 将视频流传到上位机，并在上位机的屏幕中显示。上位机对传入的视频流数据进行处理和识别（此过程利用了 Adaboost 分类器、OpenCV 框架和机器学习），检测出视频中的人脸并进行标识，以使用户看到识别的效果。

在实现人脸检测方面，使用的是 Adaboost 级联分类器，其中正脸识别使用的是 Haar 特征的级联分类器，侧脸识别使用的是采取 LBP 特征的级联分类器。我们的人脸识别级联分类器基于 OpenCV 的框架，经过了大量数据集的训练，对无遮挡人脸检测的稳定性较高。而且，正脸识别与侧脸识别两种方式并行，使得视频中的人脸进行平移或者头部进行较大角度的偏转时仍然可以被检测到。

当视频中的人脸移动时，偏离于窗体的中心人脸，人脸新状态将被实时检测。此时，计算机处理后会识别到人脸的新状态，并得出如何调整摄像头角度和方向，从而使摄像头对准目标人脸，下个状态的视频中，目标人脸将处于视频窗体的中心位置。这个过程的周期是极其短暂的，其延迟时间将忽略不计，因此，摄像头可以完全实时地自动跟踪目标人脸。另外，我们后期又对舵机控制进行了改进，增强了摄像头转向时的连续性，保证了视频的流畅度与稳定性。

在这个模块中，除了视频流传输到上位机的无线化之外，上位机对舵机控制信号的传输也是无线化的，这个环节采用了相对快速低能耗的蓝牙技术。

2) Android 手机 APP

经过计算机处理与识别视频流数据后，上位机可以产生相应的控制信号传送给舵机，达到自动控制的效果。除了自动控制舵机的方式外，还可以在手机端 APP 控制舵机的转动。用户在手机端 APP 按键，将用户的指令转换成控制信号，并通过蓝牙传送给舵机，这样摄像头在舵机的物理支撑下就可以实现根据用户的意愿转动角度的效果。

APP 端除了按键控制之外，还可以接收摄像头通过 WiFi 传入的视频流数据，并展示在手机屏幕上，用户既可以通过 PC，也可以在手机 APP 端观看视频，同时对摄像头角度进行控制。Android 手机端 APP 界面如图 3-11 所示。

图 3-11　Android 手机端 APP 界面

2. 相关代码

1）图像处理与人脸识别代码

```
import cv2
import numpy as np
import serial
//设置串口波特率
ser = serial.Serial("/dev/cu.HC-05-SPPDev",9600,timeout = 0.5)
cv2.namedWindow("CV")
//从路由器视频流端口获取视频数据
cap = cv2.VideoCapture("http://192.168.8.1:8083/?action = stream")
//读取视频数据
success,frame = cap.read()
# width = int(cv2.cvGetCaptureProperty(cap,cv2.CV_CAP_PROP_FRAME_WIDTH))
# height = int(cv2.cvGetCaptureProperty(cap,cv2.CV_CAP_PROP_FRAME_HEIGHT))
//引入 Haar 与 LBP 两种级联分类器
classifier = cv2.CascadeClassifier("haarcascade_frontalface_alt.xml")
classifier1 = cv2.CascadeClassifier("lbpcascade_profileface.xml")
while success:
//转存视频数据到 frame 中
```

```python
success,frame = cap.read()
#cv2.flip(frame,frame,-1)
size = frame.shape[:2]
image = np.zeros(size,dtype = np.float16)
//视频帧灰度转化
image = cv2.cvtColor(frame,cv2.COLOR_BGR2GRAY)
//视频帧直方图均衡化
cv2.equalizeHist(image,image)
//设置步长
divisor = 8
hi,wi = size
//设置扫描框的大小
minSize = (wi//divisor,hi//divisor)
//检测正面人脸
faceRects = classifier.detectMultiScale(image,1.2,2,cv2.CASCADE_SCALE_IMAGE,minSize)
//检测侧面人脸
faceRects1 = classifier1.detectMultiScale(image,1.2,2,cv2.CASCADE_SCALE_IMAGE,minSize)
//判断标识正面人脸的矩形框中心是否在视频窗体中心
//若不在则对舵机发送相应的控制信号
    if len(faceRects)> 0:
        for faceRect in faceRects:
            x,y,w,h = faceRect
            cv2.circle(frame,(x + w//2,y + h//2),min(w//2,h//2),(255,0,0))
            if((y + h//2)> hi * 2/3):
                ser.write("DJ_Xia\r\n")
            if((y + h//2)< hi * 1/3):
                ser.write("DJ_Shang\r\n")
            if((x + w//2)< wi * 1/3):
                ser.write("DJ_Zuo\r\n")
            if((x + w//2)> wi * 2/3):
                ser.write("DJ_You\r\n")
//在视频中用圆形标识出人脸
#cv2.circle(frame,int((x + w/4,y + h/4)),min(w//8,h//8),(255,0,0))
#cv2.circle(frame,int((x + 3 * w/4,y + h/4)),int(min(w/8,h/8)),(255,0,0))
#cv2.rectangle(frame,(x + 3 * w/4,y + 3 * h/4),(x + 5 * w/8,y + 7 * h/8),(255,0,0))
//判断标识侧面人脸的矩形框中心是否在视频窗体中心
//若不在则对舵机发送相应的控制信号
    if len(faceRects1)> 0:
        for faceRect1 in faceRects1:
            x,y,w,h = faceRect1
            cv2.circle(frame,(x + w//2,y + h//2),min(w//2,h//2),(255,0,0))
            if((y + h//2)> hi * 0.6):
                ser.write("DJ_Xia\r\n")
            if((y + h//2)< hi * 0.4):
                ser.write("DJ_Shang\r\n")
            if((x + w//2)< wi * 0.4):
                ser.write("DJ_Zuo\r\n")
```

```python
            if((x + w//2)> wi * 0.6):
                ser.write("DJ_You\r\n")
//在上位机中显示出视频与人脸检测结果
    cv2.imshow("CV", frame)
    key = cv2.waitKey(10)
    c = chr(key&255)
    if c in ['q','Q',chr(27)]:
        break
//释放视频窗体
    cv2.destroyWindow("CV")
ser.close()
```

2）舵机控制摄像头转动代码

```cpp
#include <Servo.h>
#include <Wire.h>
Servo servoX;
Servo servoY;
byte serialIn = 0;
byte commandAvailable = false;
String strReceived = "";
//两个舵机的居中角度
byte servoXCenterPoint = 94;
byte servoYCenterPoint = 88 ;
//两个舵机的最大角度
byte servoXmax = 170;
byte servoYmax = 130;
//两个舵机的最小角度
byte servoXmini = 10;
byte servoYmini = 10;
//两个舵机的当前角度,用于回传,不用再读取计算,节约资源
byte servoXPoint = 0;
byte servoYPoint = 0;
//舵机每转动一次的角度递增值
byte servoStep = 4;
//声明部分结束,注意,很多用 byte 类型,如果大于 255 用 int 类型
void setup()
{
    servoX.attach(10);                    //1 号舵机信号引脚
    servoY.attach(11);                    //2 号舵机信号引脚
    servo_test();                         //舵机测试
    Serial.begin(9600);
}
void loop()
{
    getSerialLine();
    if (commandAvailable) {
```

```
            processCommand(strReceived);
            strReceived = "";
            commandAvailable = false;
        }
    }
    void getSerialLine()
    {
        //使用\r字符作为两条命令间隔符,拼接收到的字符
        while (serialIn!= '\r')
        {
            if (!(Serial.available() > 0))
            {
                return;
            }
            serialIn = Serial.read();
            if (serialIn!= '\r') {
                //对于某些语言可能无法单独输出\r忽略后续的\n字符
                if (serialIn!= '\n'){
                    char a = char(serialIn);
                    strReceived += a;
                }
            }
        }
        //读取到分隔符,重新启动拼接
        if (serialIn == '\r') {
            commandAvailable = true;
            serialIn = 0;
        }
    }
    //命令处理过程,接收并处理命令,使舵机做出相应动作
    //所有的命令识别都在这里完成
    void processCommand(String input)
    {
        String command = getValue(input, ' ', 0);
        byte iscommand = true;
        int val;
        if (command == "DJ_CS")
        {
        servo_test();
        //Serial.println("ok");
        }
        else if (command == "DJ_Shang")
        {
        servo_up();
        //Serial.println("ok");
        }
        else if (command == "DJ_Xia")
```

```
        {
            servo_down();
            //Serial.println("ok");
        }
        else if (command == "DJ_Zuo")
        {
            servo_left();
        }
        else if (command == "DJ_You")
        {
            servo_right();
        }
        else if (command == "DJ_Zhong")
        {
            servo_center();
        }
        else if (command == "DJ_CZ_JD")                               //垂直旋转
        {
            val = getValue(input, ' ', 1).toInt();
        }
        else if (command == "DJ_SP_JD")                               //水平旋转
        {
            val = getValue(input, ' ', 1).toInt();
        }
        else
        {
            iscommand = false;
        }
        //收到的是不是已经定义的命令,如果不是则不回送状态,以免浪费带宽
        if (iscommand){
            SendMessage("cmd:" + input);
            SendStatus();
        }
}
//命令参数获取方法,支持一个命令多个参数,采用空格符作为分隔符号,注意是半角空格符,不是制
表符也不是全角空格
String getValue(String data, char separator, int index)
{
    int found = 0;
    int strIndex[] = {0, -1 };
    int maxIndex = data.length() - 1;
    for (int i = 0; i <= maxIndex && found <= index; i++){
        if (data.charAt(i) == separator||i == maxIndex){
            found++;
            strIndex[0] = strIndex[1] + 1;
            strIndex[1] = (i == maxIndex)?i + 1:i;
        }
```

```
        }
        return found > index?data.substring(strIndex[0], strIndex[1]) : "";
}
//舵机动作部分
//舵机测试函数
void servo_test(void) {
    int nowcornerY = servoY.read();
    int nowcornerX = servoX.read();
    servo_Vertical(servoYmini);
    delay(500);
    servo_Vertical(servoYmax);
    delay(500);
    servo_Vertical(servoYCenterPoint);
    delay(500);
    servo_Horizontal(servoXmini);
    delay(500);
    servo_Horizontal(servoXmax);
    delay(500);
    servo_Horizontal(servoXCenterPoint);
    delay(500);
    servo_center();
}
//舵机向右转动
void servo_right(void)
{
    int servotemp = servoX.read();
    servotemp -= servoStep;
    servo_Horizontal(servotemp);
}
//舵机向左转动
void servo_left(void)
{
    int servotemp = servoX.read();
    servotemp += servoStep;
    servo_Horizontal(servotemp);
}
//舵机向下转动
void servo_down(void)
{
    int servotemp = servoY.read();
    servotemp += servoStep;
    servo_Vertical(servotemp);
}
//舵机向上转动
void servo_up(void)
{
    int servotemp = servoY.read();
```

```
        servotemp -= servoStep;
        servo_Vertical(servotemp);
    }
    //舵机回到正中央
    void servo_center(void)
    {
        servo_Vertical(servoYCenterPoint);
        servo_Horizontal(servoXCenterPoint);
    }
    //舵机在垂直方向转动
    void servo_Vertical(int corner)
    {
        int cornerY = servoY.read();
        if (cornerY > corner) {
            for (int i = cornerY; i > corner; i = i - servoStep) {
                servoY.write(i);
                servoYPoint = i;
                delay(50);
            }
        }
        else {
            for (int i = cornerY; i < corner; i = i + servoStep) {
                servoY.write(i);
                servoYPoint = i;
                delay(50);
            }
        }
        servoY.write(corner);
        servoYPoint = corner;
    }
    //舵机在水平方向转动
    void servo_Horizontal(int corner)
    {
        int i = 0;
        byte cornerX = servoX.read();
        if (cornerX > corner) {
            for (i = cornerX; i > corner; i = i - servoStep) {
                servoX.write(i);
                servoXPoint = i;
                delay(50);
            }
        }
        else {
            for (i = cornerX; i < corner; i = i + servoStep) {
                servoX.write(i);
                servoXPoint = i;
                delay(50);
```

```cpp
            }
        }
        servoX.write(corner);
        servoXPoint = corner;
}
//拼接字符串并向串口发送当前舵机运动状态
void SendStatus(){
    String out = "";
    out += servoXPoint;
    out += ",";
    out += servoYPoint;
    out += ",";
    SendMessage(out);
}
//串口消息发送
void SendMessage(String data){
    Serial.println(data);
}
```

3) Android APP 代码

```java
package com.bluetoothtest;
import java.io.BufferedInputStream;
import java.io.DataInputStream;
import java.io.IOException;
import java.io.InputStream;
import java.io.OutputStream;
import java.util.ArrayList;
import java.util.List;
import java.util.Set;
import java.util.UUID;
import android.os.Bundle;
import android.os.Handler;
import android.os.Message;
import android.os.Vibrator;
import android.app.Activity;
import android.app.Service;
import android.bluetooth.BluetoothAdapter;
import android.bluetooth.BluetoothDevice;
import android.bluetooth.BluetoothServerSocket;
import android.bluetooth.BluetoothSocket;
import android.view.Menu;
import android.view.View;
import android.widget.ArrayAdapter;
import android.widget.Button;
import android.widget.Spinner;
import android.widget.TextView;
```

```java
import android.widget.Toast;
//蓝牙接收线程类
class bluetoothMsgThread extends Thread {
    private DataInputStream mmInStream;                    //in 数据流
    private Handler msgHandler;                            //Handler
    public bluetoothMsgThread(DataInputStream mmInStream,Handler msgHandler) {
//构造函数,获得 mmInStream 和 msgHandler 对象
        this.mmInStream = mmInStream;
        this.msgHandler = msgHandler;
    }
    public void run() {
        byte[] InBuffer = new byte[15];                    //创建缓冲区
        while (!Thread.interrupted()) {
            try {
                mmInStream.readFully(InBuffer, 0, 15);     //读取蓝牙数据流
                Message msg = new Message();               //定义一个消息,并填充数据
                msg.what = 0x1234;
                msg.obj = InBuffer;
                msg.arg1 = InBuffer.length;
                msgHandler.sendMessage(msg);               //通过 Handler 发送消息
            }catch(IOException e) {
                e.printStackTrace();
            }
        }
    }
}
public class MainActivity extends Activity {
    BluetoothAdapter mBluetoothAdapter;                    //蓝牙适配器
    BluetoothDevice device;                                //蓝牙设备
    BluetoothSocket clientSocket;                          //Socket 通信
    BluetoothServerSocket btserver;
    String address;                                        //蓝牙设备地址
    OutputStream mmOutStream;                              //out 数据流
    DataInputStream mmInStream;                            //in 数据流
    bluetoothMsgThread blue_tooth_msg_thread;
    UUID uuid = UUID.fromString("00001101-0000-1000-8000-00805F9B37FB");
    //蓝牙连接用 UUID 标识
    Vibrator vib;                                          //手机系统振动对象
    //显示从蓝牙设备接收到的数据
    public void show_result(byte[] buffer,int count)
    {
        StringBuffer msg = new StringBuffer();             //创建缓冲区
        StringBuffer msg2 = new StringBuffer();
        TextView tvInfo = (TextView)findViewById(R.id.textViewReceiveInfo);
        //创建文本显示对象
        tvInfo.setText("");
        //清空对象内容
```

```java
        for (int i = 0; i < count; i++) {
            //循环加入数据,十六进制格式
            msg.append(String.format("0x%x ", buffer[i]));
            msg2.append(String.format("%c", buffer[i]));
        }
        msg.append("\r\n");
        msg.append(msg2);
        tvInfo.setText(msg);                                        //显示到界面上
    }
    //设置按钮的状态,根据参数设置一批按钮的状态
    public void set_btn_status(boolean status)
    {
        Button ledonBtn = (Button)findViewById(R.id.ledonBtn);
        ledonBtn.setEnabled(status);
        Button ledoffBtn = (Button)findViewById(R.id.ledoffBtn);
        ledoffBtn.setEnabled(status);
        Button jdqonBtn = (Button)findViewById(R.id.jdqonBtn);
        jdqonBtn.setEnabled(status);
        Button jdqoffBtn = (Button)findViewById(R.id.jdqoffBtn);
        jdqoffBtn.setEnabled(status);
    }
    protected void onDestroy() {
        super.onDestroy();
        try {
            if (mmOutStream!= null)
                mmOutStream.close();                                //关闭 out 数据流
            if (mmInStream!= null)
                mmInStream.close();                                 //关闭 in 数据流
            if (clientSocket!= null)
                clientSocket.close();                               //关闭 Socket
            blue_tooth_msg_thread.interrupt();
            Toast.makeText(getApplicationContext(), "蓝牙应用程序退出", Toast.LENGTH_
LONG).show();                                                       //提示信息
        }catch (Exception e) {
            e.printStackTrace();
        }
    }
    @Override
    protected void onCreate(Bundle savedInstanceState) {
        super.onCreate(savedInstanceState);
        setContentView(R.layout.activity_main);
        set_btn_status(false);
        //蓝牙设备未连接,设置一些按钮不能操作
        vib = (Vibrator) getSystemService(Service.VIBRATOR_SERVICE);
        //获取手机振动对象
        Button searchDeviceBtn = (Button)findViewById(R.id.searchDeviceBtn);
        //创建搜索按键对象并监听 click 事件
```

```java
searchDeviceBtn.setOnClickListener(new View.OnClickListener() {
    @Override
    public void onClick(View arg0) {
        mBluetoothAdapter = BluetoothAdapter.getDefaultAdapter();
        //获取蓝牙适配器
        if (mBluetoothAdapter == null) {
            //手机无蓝牙功能,提示并退出
            Toast.makeText(getApplicationContext(), "bluetooth is no available",
                    Toast.LENGTH_LONG).show();
            finish();
            return;
        }
        mBluetoothAdapter.enable();
        //打开手机蓝牙功能
        if (!mBluetoothAdapter.isEnabled()) {
            //手机未打开蓝牙功能,提示并退出
            Toast.makeText(getApplicationContext(), "bluetooth function is no 
                    available",Toast.LENGTH_LONG).show();
            finish();
            return;
        }
        Set<BluetoothDevice> pairedDevices = mBluetoothAdapter.getBondedDevices();
                                            //获取已经配对的蓝牙设备列表
        if (pairedDevices.size() < 1) {
            //无配对蓝牙设备,则退出
            Toast.makeText(getApplicationContext(),"没有找到已经配对的蓝牙设备,
                    请配对后再操作",Toast.LENGTH_LONG).show();
            finish();
            return;
        }
        Spinner spinner = (Spinner)findViewById(R.id.spinner1);
        //获取下拉框控件对象
        List<String> list = new ArrayList<String>();
        //创建列表,用于保存蓝牙设备地址
        for (BluetoothDevice device:pairedDevices) {
        //myArrayAdapter.add(device.getName() + " " + device.getAddress());
        //list.add(device.getName() + " " + device.getAddress());
            list.add(device.getAddress());
            //将蓝牙地址进入到列表
        }                                           //创建数组适配器
        ArrayAdapter<String> adapter = new ArrayAdapter<String>(getApplicationContext(),
                android.R.layout.simple_spinner_item,list);
        adapter.setDropDownViewResource(android.R.layout.simple_spinner_dropdown_item);
                                                    //设置下拉显示方式
        spinner.setAdapter(adapter);
        //将适配器中数据给下拉框对象
        Button connectBtn = (Button)findViewById(R.id.connectBtn);
```

```java
            //创建连接按钮对象
            connectBtn.setEnabled(true);
            //允许连接对象按钮操作
        }
    }
);
Button connectBtn = (Button)findViewById(R.id.connectBtn);
//创建连接按钮对象,设置监听器
connectBtn.setEnabled(false);
//不允许连接对象按钮操作
connectBtn.setOnClickListener(new View.OnClickListener() {
    @Override
    public void onClick(View arg0) {
        Spinner spinner = (Spinner)findViewById(R.id.spinner1);
        //获取下拉框对象
        address = spinner.getSelectedItem().toString();
        //从下拉框中选择项目,并获得它的地址
        try {
            device = mBluetoothAdapter.getRemoteDevice(address);
            //根据蓝牙设备的地址连接单片机蓝牙设备
            clientSocket = device.createRfcommSocketToServiceRecord(uuid);
            //根据 uuid 创建 socket
            clientSocket.connect();
            //手机 socket 连接远端蓝牙设备
            mmOutStream = clientSocket.getOutputStream();
            //从 socket 获得数据流对象,实现读写操作
            mmInStream = new DataInputStream(new BufferedInputStream(clientSocket.getInputStream()));
            Toast.makeText(getApplicationContext(), "蓝牙设备连接成功", Toast.LENGTH_SHORT).show();
            vib.vibrate(100);
            //手机振动,时长 100ms
            set_btn_status(true);
            //允许按钮操作,定义多线程对象,并执行线程,用于接收蓝牙数据
            blue_tooth_msg_thread = new bluetoothMsgThread(mmInStream, bluetoothMessageHandle);
            blue_tooth_msg_thread.start();
        }catch (Exception e) {
            set_btn_status(false);                    //不允许按钮操作
            Toast.makeText(getApplicationContext(), "蓝牙设备连接失败!", Toast.LENGTH_SHORT).show();
            e.printStackTrace();
        }
    }
});
```

```java
Button ledonBtn = (Button)findViewById(R.id.ledonBtn);
//创建向上按钮对象,设置监听器
ledonBtn.setOnClickListener(new View.OnClickListener() {
    @Override
    public void onClick(View arg0) {
        byte[] InBuffer = new byte[64];
//输入缓存
        byte buffer[] = "DJ_Shang\r\n";
//字符串缓冲区写入将要发送的命令,向上转
        try {
            mmOutStream.write(buffer);
//数据流发送数组,发送给单片机蓝牙设备
//mmInStream.readFully(InBuffer, 0, 8);
//读取外部蓝牙设备发送回来的数据
//show_result(InBuffer,8);
//显示到界面上
            vib.vibrate(100);
//手机振动,时长100ms
        }catch (Exception e) {
            e.printStackTrace();
        }
    }
});
Button ledoffBtn = (Button)findViewById(R.id.ledoffBtn);
//创建向下按钮对象,设置监听器
ledoffBtn.setOnClickListener(new View.OnClickListener() {
    @Override
    public void onClick(View arg0) {
        byte[] InBuffer = new byte[64];
    //输入缓存
        byte buffer[] = "DJ_Xia\r\n";
//字符串缓冲区写入将要发送的命令,向下转
        try {
            mmOutStream.write(buffer);
//数据流发送数组,发送给单片机蓝牙设备
//mmInStream.readFully(InBuffer, 0, 8);
//读取外部蓝牙设备发送回来的数据
//show_result(InBuffer,8);
//显示到界面上
   vib.vibrate(100); //手机振动,时长100ms
        }catch (Exception e) {
            e.printStackTrace();
        }
    }
});
```

```java
        Button jdqonBtn = (Button)findViewById(R.id.jdqonBtn);
        //创建左转按钮对象,设置监听器
        jdqonBtn.setOnClickListener(new View.OnClickListener() {
            @Override
            public void onClick(View arg0) {
                byte[] InBuffer = new byte[64];
                //输入缓存
                byte buffer[] = "DJ_Zuo\r\n";
                //字符串缓冲区写入将要发送的命令,向左转
                try {
                    mmOutStream.write(buffer);
                    //数据流发送数组,发送给单片机蓝牙设备
                    //mmInStream.readFully(InBuffer, 0, 8);
                    //读取外部蓝牙设备发送回来的数据
                    //show_result(InBuffer,8);
                    //显示到界面上
                    vib.vibrate(100);
                    //手机振动,时长 100ms
                }catch (Exception e) {
                    e.printStackTrace();
                }
            }
        });
        Button jdqoffBtn = (Button)findViewById(R.id.jdqoffBtn);
        //创建右转按钮对象,设置监听器
        jdqoffBtn.setOnClickListener(new View.OnClickListener() {
            @Override
            public void onClick(View arg0) {
                byte[] InBuffer = new byte[64];              //输入缓存
                byte buffer[] = "DJ_You\r\n";                //字符串缓冲区写入将要发
                                                             //送的命令,向右转
                try {
                    mmOutStream.write(buffer);
                    //数据流发送数组,发送给单片机蓝牙设备
                    //mmInStream.readFully(InBuffer, 0, 8);
                    //读取外部蓝牙设备发送回来的数据
                    //show_result(InBuffer,8);
                    //显示到界面上
                    vib.vibrate(100);
                    //手机振动,时长 100ms
                }catch (Exception e) {
                    e.printStackTrace();
                }
```

```java
        });
        Button jdqoffBtn = (Button)findViewById(R.id.jdqoffBtn);
        //创建居中复位按钮对象,设置监听器
        jdqoffBtn.setOnClickListener(new View.OnClickListener() {
            @Override
            public void onClick(View arg0) {
                byte[] InBuffer = new byte[64];                    //输入缓存
                byte buffer[] = "DJ_Zhong\r\n";
                //字符串缓冲区写入将要发送的命令,复原到初始位置
                try {
                    mmOutStream.write(buffer);
//数据流发送数组,发送给单片机蓝牙设备
//mmInStream.readFully(InBuffer, 0, 8);
//读取外部蓝牙设备发送回来的数据
//show_result(InBuffer,8);
//显示到界面上
                    vib.vibrate(100);
//手机振动,时长 100ms
                }catch (Exception e) {
                    e.printStackTrace();
                }
            }
        });
    }
    Handler bluetoothMessageHandle = new Handler() {               //蓝牙消息 handler 对象
        public void handleMessage(Message msg) {
        if (msg.what == 0x1234) {
        //如果消息是 0x1234,则是从线程中传输的数据
        show_result((byte [])msg.obj,msg.arg1);
        //将缓冲区的数据显示到 UI
        }
        }
    };
    @Override
    public boolean onCreateOptionsMenu(Menu menu) {
    getMenuInflater().inflate(R.menu.main, menu);
    return true;
    }
}
```

3.3 产品展示

有线键盘无线化模块如图 3-12 所示,有线音箱无线化模块如图 3-13 所示,人脸跟踪无线化摄像头模块如图 3-14 所示,产品内部如图 3-15 所示,产品外观如图 3-16 所示。

图 3-12　有线键盘无线化模块

图 3-13　有线音箱无线化模块

图 3-14　人脸跟踪无线化摄像头模块

图 3-15　产品内部　　　　　　图 3-16　产品外观

3.4　元件清单

完成本项目所用到的元件及数量如表 3-2 所示。

表 3-2　元件清单

元件/测试仪表	数量	元件/测试仪表	数量
蓝牙 HID 模块	1个	开关	1个
USB HOUST 转接板	1个	云台底座	1个
导线	若干	面包板	1个
Arduino MEGA 2560 开发板	1个	摄像头	1个
XS3868 蓝牙立体声音频模块（主控 OVC3860）	1个	LM2596S 电源稳压模块	1个
3.5mm 音频母座接口	1个	3 节串联 18650 电池盒	1个
红外 IR Receiver	1个	WR703N 路由器	1个
红外遥控发射器	1个	舵机	2个
HC-05 蓝牙模块	1个	3.7V 18650 锂电池	3个

第 4 章 自动开锁项目设计

本项目基于 Arduino 平台设计一种识别卡片和手机 APP 命令的工具，实现自动打开门锁的功能。

4.1 功能及总体设计

本项目通过移动设备进行远程操控，使门自动打开以及使用移动端来管理开门权限，可以选择在移动端的 APP 进行设置来完成以上功能。创新点：利用 ESP8266 模块实现数据的传输，直接将手机端的操控指令上传到 Arduino 开发板控制舵机，实现自动开门和刷卡认证。

要实现上述功能需将作品分成四部分进行设计，即射频卡控制模块、报警系统模块、服务器模块和手机端控制模块。手机移动端发出指令后由 ESP8266 接收信息并将它传输到 Arduino 开发板上进行处理，Arduino 开发板控制舵机自动开启门锁。一种方案是手机和 ESP8266 通过服务器向彼此传递信息；另一种方案是将手机作为服务器向 ESP8266 收发信息。刷卡开门使用了 MFRC522 射频 IC 卡感应模块和舵机，当 MFRC522 检测到相匹配的 IC/ID 卡之后，将读取到的信息传输给 Arduino 开发板，并由 Arduino 开发板对舵机进行控制，使门锁自动打开。报警部分使用了压力传感器、蜂鸣器和 ESP8266，当门锁受到暴力打开时，自动报警，当传感器收到一个相当大的压力参数时，蜂鸣器开始工作，从而达到报警的效果，并将警报信息传输到手机。

1. 整体框架

整体框架如图 4-1 所示。

2. 系统流程

系统流程如图 4-2 所示。

本章根据杨晨、次仁央姬项目设计整理而成。

第4章 自动开锁项目设计

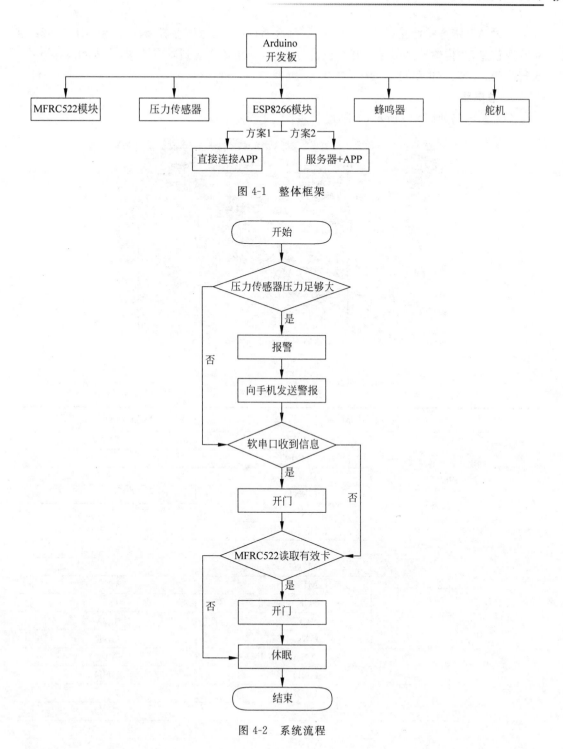

图 4-1 整体框架

图 4-2 系统流程

通过AT指令初始化设置ESP8266。每次循环中,压力传感器、软串口和MFRC522独立获取信息,并传输到Arduino开发板进行处理,判断是否达到对应要求,进入相应函数中,执行开门、报警、发送信息等操作。

3. 总电路

系统总电路如图4-3所示,引脚连线如表4-1所示。

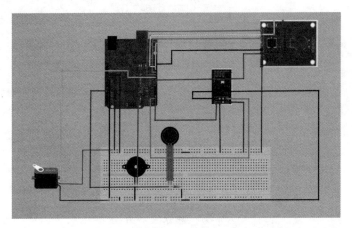

图4-3 总电路

表4-1 引脚连线

元件及引脚名		Arduino开发板引脚
ESP8266	UTXD	2
	CH_PD	3.3V
	VCC	3.3V
	URXD	3
	GND	GND
MFRC522	RST	8
	SDA	10
	MOSI	11
	MISO	12
	SCK	13
	VCC	3.3V
	GND	GND
压力传感器	ANALOG IN	A0
	GND	GND
蜂鸣器	URXD	7
	GND	GND
舵机	URXD	9
	VCC	5V
	GND	GND

4.2 模块介绍

本项目主要包括射频卡控制模块、报警系统模块、服务器模块和手机端控制模块。下面分别给出各模块的功能介绍及相关代码。

4.2.1 射频卡控制模块

本节包括射频卡控制模块的功能介绍及相关代码。

1. 功能介绍

射频卡控制模块主要是对 IC/ID 卡进行识别,并将接收到的信息传输给 Arduino 开发板,再由 Arduino 开发板对其进行认证,此部分编译环境为 Arduino IDE,在信息认证匹配后控制舵机开始工作,打开门锁,实现自动开门。在此已经设定好了相应的 IC/ID 卡,进行多次启动后,使舵机旋转一个适合的角度,恰好打开门锁。元件包括 MFRC522 模块、Arduino 开发板和舵机,电路如图 4-4 所示。

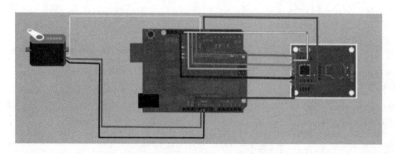

图 4-4 刷卡开门的电路原理

2. 相关代码

```
#include <SPI.h>
#include <RFID.h>
#include <Servo.h>
Servo myservo;
extern uint8_t SmallFont[];
RFID rfid(10,8);    /*此处引用了库文件 RFID,Arduino 开发板引脚 10 接 SDA、引脚 8 接 RST、引脚 13 接 SCK、引脚 11 接 MOSI、引脚 12 接 MISO,RQ 不接*/
unsigned char serNum[5];
void setup()                      //初始化
{
  Serial.begin(115200);           //串口用来读取需要添加的卡号,然后手动写到程序里
  myservo.attach(9);              //舵机引脚 9
  myservo.write(0);               //舵机初始化 0°
  SPI.begin();
```

```cpp
    rfid.init();
}
void loop()
{
    long randNumber = random(0, 20);        //定义变量
    unsigned char i,tmp;
    unsigned char status;
    unsigned char str[MAX_LEN];
    unsigned char RC_size;
    //找卡区域,此处引用了读取卡号的函数
    rfid.isCard();
    if (rfid.readCardSerial())
    {
        Serial.print("your card id is   :  ");//在串口上输出读取的卡号
        Serial.print(rfid.serNum[0]);
        Serial.print(" , ");
        Serial.print(rfid.serNum[1]);
        Serial.print(" , ");
        Serial.print(rfid.serNum[2],BIN);
        Serial.print(" , ");
        Serial.print(rfid.serNum[3],BIN);
        Serial.print(" , ");
        Serial.print(rfid.serNum[4],BIN);
        Serial.println(" ");
        //改卡号＋识别区域
if(rfid.serNum[0] == 242||rfid.serNum[0] == 67||rfid.serNum[0] == 1||rfid.serNum\[0] == 161
||rfid.serNum[0] == 68)                 //第一次筛选
{
        for(int i = 0;i < 100;i++)
        {
if(rfid.serNum[0] == 242||rfid.serNum[2] == 10100100||rfid.serNum[3] == 101110)
            //第二次筛选
            {
                Serial.println("Welcome test 1");
                myservo.write(180);
            }
            if(rfid.serNum[1] == 206||rfid.serNum[0] == 68||rfid.serNum[0] == 161)
            //将串口读取的卡号在此处写入
            {
                Serial.println("Welcome test 2");
                myservo.write(180);
            }
            if(rfid.serNum[0] == 136)        //判断是否为已录入的卡
            {
                Serial.println("Welcome test 3");
                myservo.write(180);
            }
```

```
        }
        delay(1000);
        myservo.write(0);
        Serial.println("closed");
      }
  }
  if (!rfid.readCardSerial()){
  }
  rfid.halt();                        /休眠
}
```

4.2.2 报警系统模块

本节包括报警系统模块的功能介绍及相关代码。

1. 功能介绍

在压力传感器接收到压力后,将数据传输给 Arduino 开发板进行信息处理,根据获得压力的数值,控制蜂鸣器是否工作,从而达到门锁受到暴力破坏时,开启报警系统的功能,此处加入了 ESP8266,在蜂鸣器报警的同时向手机端发送警告信息。元件包括蜂鸣器、压力传感器、150Ω 电阻、Arduino 开发板和导线若干,电路如图 4-5 所示。

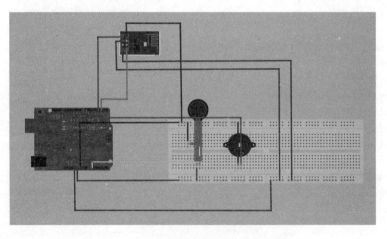

图 4-5 报警电路原理

2. 相关代码

```
//关于蜂鸣器的定义
//引脚
const int Buzzer = 7;
const int sensorPin = A0;
//变量
int value;
unsigned char KEY_NUM = 0;
```

```
void setup(){
  pinMode(Buzzer,OUTPUT);;                          //设置7为蜂鸣器引脚
  Serial.begin(115200);                             //串口波特率
}
void loop()
{
  Scan_KEY();                                       //压力扫描
  if(KEY_NUM == 1)                                  //假如压力足够
{
  Di();                                             //执行蜂鸣
  KEY_NUM = 0;                                      //清零标志位
}
}
//判断压力传感器的压力是否大于给定值的函数
Scan_KEY();                                         //压力扫描
if(KEY_NUM == 1)                                    //假如压力足够
{
    Di();                                           //执行蜂鸣
    KEY_NUM = 0;                                    //清零标志位
    mySerial.println("AT + CIPSTART = 0,\"TCP\",\"192.168.4.2 \",5000");
    //方案2将此部分注释
    echo();                                         //方案2将此部分注释
    delay(500);                                     //方案2将此部分注释
    mySerial.println("AT + CIPSEND = 0,7");
    echo();
    delay(500);
    mySerial.println("warning");
    echo();
    delay(500);
    while(mySerial.available() > 0)
    {
        mySerial.read();
    }
}
```

4.2.3 服务器模块

本节包括服务器模块的功能介绍及相关代码。

1. 功能介绍

本部分使用 MyEclipse+Tomcat 构建服务器,实现后台服务器的相关功能。

2. 相关代码

1) WiFiServerSocket.java

```
package com.itman.backstagesystem.service;
import java.io.DataInputStream;
```

```java
import java.io.DataOutputStream;
import java.io.IOException;
import java.io.InputStream;
import java.net.ServerSocket;
import java.net.Socket;
import java.util.Arrays;
import java.util.HashMap;
import java.util.Map;
import javax.servlet.ServletContext;
//硬件端与服务器的连接
public class WifiServerSocket extends Thread {
    private ServletContext servletContext;
    private ServerSocket serverSocket;
    private static Map<String, ProcessSocketData> socketMap = new HashMap<>();
    public WifiServerSocket(ServletContext servletContext) {
        this.servletContext = servletContext;
        //从 web.xml 中 context-param 节点获取端口
        String port = this.servletContext.getInitParameter("socketPort");
        if (serverSocket == null) {
            try {
                this.serverSocket = new ServerSocket(Integer.parseInt(port));
            } catch (IOException e) {
                e.printStackTrace();
            }
        }
    }
    public void run() {
        while (!this.isInterrupted()) {                    //线程未中断执行循环
            try {
                //开启服务器,线程阻塞,等待 ESP8266 的连接
                Socket socket = serverSocket.accept();
                ProcessSocketData psd = new ProcessSocketData(socket);
                new Thread(psd).start();
            } catch (IOException e) {
                e.printStackTrace();
            }
        }
    }
    public void closeServerSocket() {
        try {
            if (serverSocket != null && !serverSocket.isClosed())
                serverSocket.close();
        } catch (IOException e) {
            e.printStackTrace();
        }
    }
    //将 Socket 连接以静态集合变量的形式暴露出去
```

```java
    public static Map<String, ProcessSocketData> getSocketMap() {
        return socketMap;
    }
    public class ProcessSocketData extends Thread {
        private Socket socket;
        private InputStream in = null;
        private DataOutputStream out = null;
        private String mStrName = null;
        private boolean play = false;
        //构造方法,传入连接进来的Socket
        public ProcessSocketData(Socket socket) {
            this.socket = socket;
            try {
                in = new DataInputStream(socket.getInputStream());
                out = new DataOutputStream(socket.getOutputStream());
            } catch (IOException e) {
                e.printStackTrace();
            }
            play = true;
        }
        public void run() {
            try {
                //死循环,无线读取ESP8266发送过来的数据
                while (play) {
                    byte[] msg = new byte[10];
                    in.read(msg);                                    //读取数据
                    System.out.println("WiFi发送过来的数据:" + Arrays.toString(msg));
                    String str = new String(msg).trim();
                    System.out.println(str);
                    if (str.contains("CONN")) {
                        mStrName = str.trim();
                        /* 判断发过的是CONN_9527,那么就将此socket对象添加到这类的静态集合里面,以CONN_9527为
                        索引.APP与服务器的通信在AppControlServlet类中触发,想要实现APP与ESP8266通信,只能将
                        Socket对象通过类的静态变量暴露出去.等到AppControlServlet收到APP的信息,通过CONN_9527
                        作为索引取出Socket和ESP8266进行通信 */
                        WifiServerSocket.socketMap.put(mStrName, this);
                    } else {
                        sendToAPP(mStrName, msg);
                    }
                }
            } catch (IOException e) {
                e.printStackTrace();
            } finally {
                try {
                    in.close();
                    if (socket!= null &&! socket.isClosed()) {
                        socket.close();
```

```java
            }
        } catch (IOException e) {
            e.printStackTrace();
        }
    }
}
/* 发送数据到 APP 的方法 */
private void sendToAPP(String strName, byte[] msg) {
    System.out.println("sessionId:" + strName);
    if (AppServiceSocket.getAcceptorSessions().get(strName)!= null) {
        AppServiceSocket.getAcceptorSessions().get(strName)
                .write(new String(msg));
        System.out.println("已发送给客户端");
    } else {
        System.out.println("客户端没上线");
    }
}
//这是服务器发送数据到 ESP8266 的函数
public void send(byte[] bytes) {
    try {
        out.write(bytes);
    } catch (IOException e) {
        try {
            //移除集合里面的 socket
            WifiServerSocket.socketMap.remove(mStrName);
            out.close();
            play = false;
            in.close();
            if (socket!= null &&!socket.isClosed()) {
                socket.close();
            }
        } catch (IOException e1) {
            e1.printStackTrace();
        }
        System.out.println("该客户端已退出!");
    }
}
    }
}
```

2) WiFiServerSocketListener.java

```java
package com.itman.backstagesystem.service;
import javax.servlet.ServletContext;
import javax.servlet.ServletContextEvent;
import javax.servlet.ServletContextListener;
public class WifiServerSocketListener implements ServletContextListener {
```

```java
        private WifiServerSocket;
    public void contextDestroyed(ServletContextEvent e) {
        if (wifiServerSocket!= null && wifiServerSocket.isInterrupted()) {
            wifiServerSocket.closeServerSocket();
            wifiServerSocket.interrupt();
        }
    }
    public void contextInitialized(ServletContextEvent e) {
        ServletContext servletContext = e.getServletContext();
        if (wifiServerSocket == null) {
            wifiServerSocket = new WifiServerSocket(servletContext);
            wifiServerSocket.start();        //servlet 上下文初始化时启动 Socket 服务器线程
        }
    }
}
```

3) AppServiceSocket.java

```java
package com.itman.backstagesystem.service;
import java.net.InetSocketAddress;
import java.util.HashMap;
import java.util.Map;
import org.apache.mina.core.service.IoAcceptor;
import org.apache.mina.core.service.IoHandlerAdapter;
import org.apache.mina.core.session.IdleStatus;
import org.apache.mina.core.session.IoSession;
import org.apache.mina.filter.codec.ProtocolCodecFilter;
import org.apache.mina.filter.codec.serialization.ObjectSerializationCodecFactory;
import org.apache.mina.filter.logging.LoggingFilter;
import org.apache.mina.transport.socket.nio.NioSocketAcceptor;
public class AppServiceSocket extends Thread {
    private static IoAcceptor acceptor = null;
    private static Map<String, IoSession> IoSessionMap = new HashMap<>();
    @Override
    public void run() {
        acceptor = new NioSocketAcceptor();
        //添加日志过滤器
        acceptor.getFilterChain().addLast("logger", new LoggingFilter());
        acceptor.getFilterChain().addLast("codec",
                new ProtocolCodecFilter(new ObjectSerializationCodecFactory()));
        acceptor.setHandler(new DemoServerHandler());
        acceptor.getSessionConfig().setReadBufferSize(2048);
        acceptor.getSessionConfig().setIdleTime(IdleStatus.BOTH_IDLE, 10);
        try {
            acceptor.bind(new InetSocketAddress(10011));
        } catch (Exception e) {
```

```java
            e.printStackTrace();
        }
        System.out.println("启动服务");
    }
    public static Map<String, IoSession> getAcceptorSessions() {
        return IoSessionMap;
    }
    private static class DemoServerHandler extends IoHandlerAdapter {
        @Override
        public void sessionCreated(IoSession session) throws Exception {
            //服务器与客户端创建连接
            // System.out.println("服务器与客户端创建连接…");
            super.sessionCreated(session);
        }
        @Override
        public void sessionOpened(IoSession session) throws Exception {
            //服务器与客户端连接打开
            // System.out.println("服务器与客户端连接打开…");
            super.sessionOpened(session);
        }
        //消息的接收处理
        @Override
        public void messageReceived(IoSession session, Object message)
            throws Exception {
            super.messageReceived(session, message);
            String str = message.toString().trim();
            IoSessionMap.put(str, session);
            System.out.println("客户端发送的数据:" + str);
            acceptor.getManagedSessions().get(session.getId()).write("连接服务器成功");
        }
        @Override
        public void messageSent(IoSession session, Object message)
            throws Exception {
            super.messageSent(session, message);
        }
        @Override
        public void sessionClosed(IoSession session) throws Exception {
            super.sessionClosed(session);
        }
    }
}
```

4）AppControlServlet.java

```java
package com.itman.backstagesystem.servlet;
import java.io.IOException;
import java.io.PrintWriter;
```

```java
import javax.servlet.ServletException;
import javax.servlet.http.HttpServlet;
import javax.servlet.http.HttpServletRequest;
import javax.servlet.http.HttpServletResponse;
import org.json.JSONException;
import org.json.JSONObject;
import com.itman.backstagesystem.service.WifiServerSocket;
import com.itman.backstagesystem.service.WifiServerSocket.ProcessSocketData;
import com.itman.backstagesystem.util.ToolUtils;
public class AppControlServlet extends HttpServlet {
    private static final long serialVersionUID = -582634537189366787L;
    public void doGet(HttpServletRequest request, HttpServletResponse response)
            throws ServletException, IOException {
        //让 doGet 归类为 doPost 请求
        doPost(request, response);
    }
    public void doPost(HttpServletRequest request, HttpServletResponse response)
            throws ServletException, IOException {
        response.setContentType("text/html;charset=UTF-8");
        //获取 doPost 请求中传送过来的数据
        String username = request.getParameter("username");
        String sessionId = request.getParameter("sessionId");
        String data = request.getParameter("data");
        //将字符串的数据转化成 byte 数组
        byte[] msg = ToolUtils.stringToByte(data);
        JSONObject jObject = new JSONObject();
        if (sessionId!= null) {
            //将获取的数据打印出来
            System.out.println("username:" + username);
            System.out.println("sessionId:" + sessionId);
            System.out.println("data:" + data);
            /* 这里的 sessionId 是 CONN_9527,通过这个索引取出相对应的 Socket 对象,然后将
APP 发送过来的数据再发送到 ESP8266 */
            ProcessSocketData psd = WifiServerSocket.getSocketMap().get(
            new String(sessionId));
            if (psd!= null) {
                //ESP8266 在线状态
                psd.send(msg);
                System.out.println("数据已发送到 ESP8266");
                try {
                    JSONObject record = new JSONObject();
                    record.put("username", username);
```

```java
                    jObject.put("reason", "SUCCESSED");
                    jObject.put("resultCode", 200);
                    jObject.put("totalNum", 1);
                    jObject.put("data", record);
                } catch (JSONException e) {
                    e.printStackTrace();
                }
            } else {
                //继电器离线状态
                System.out.println("socket 连接为空,ESP8266 未连接服务器");
                try {
                    JSONObject record = new JSONObject();
                    record.put("username", username);
                    jObject.put("reason", "SUCCESSED");
                    jObject.put("resultCode", 202);
                    jObject.put("totalNum", 0);
                    jObject.put("data", record);
                } catch (JSONException e) {
                    e.printStackTrace();
                }
            }
        } else {
            //未接收到该设备的 ID
            try {
                jObject.put("resultCode", 204);
                jObject.put("reason", "NULL");
                jObject.put("data", "");
            } catch (JSONException e) {
                e.printStackTrace();
                try {
                    jObject.put("resultCode", 400);
                    jObject.put("reason", "ERROR");
                    jObject.put("data", "");
                } catch (JSONException ex) {
                    ex.printStackTrace();
                }
            }
        }
        PrintWriter out = response.getWriter();
        out.print(jObject);
        out.flush();
        out.close();
```

5）AppServerSocketListener.Java

```java
package com.itman.backstagesystem.service;
import javax.servlet.ServletContextEvent;
import javax.servlet.ServletContextListener;
public class AppServerSocketListener implements ServletContextListener {
    private AppServiceSocket appServiceSocket;
    public void contextDestroyed(ServletContextEvent e) {
    }
    public void contextInitialized(ServletContextEvent e) {
        if (appServiceSocket == null) {
            appServiceSocket = new AppServiceSocket();
            appServiceSocket.start();          //servlet 上下文初始化时启动 Socket 服务端线程
        }
    }
}
```

6）ToolUtils.java

```java
package com.itman.backstagesystem.util;
public class ToolUtils {
    public static byte[] stringToByte(String str) {
        byte[] bytes = null;
        if (str!= null) {
            //去掉头尾的中括号
            String str1 = str.replace("[", "").replace("]", "");
            //以逗号分隔每个字符,生成新的字符数组
            String[] str_msg = str1.split(",");
            bytes = new byte[str_msg.length];
            //强制转换并生成 byte 数组
            for (int i = 0; i < str_msg.length; i++) {
                int msg = Integer.valueOf(str_msg[i].trim());
                bytes[i] = (byte) msg;
            }
        }
        return bytes;
    }
    public int[] bytesToInt(byte[] src) {
        int value[] = new int[src.length];
        for (int i = 0; i < src.length; i++) {
            value[i] = src[i] & 0xFF;
```

```
            }
            return value;
        }
    }
```

7) web.xml

```xml
<?xml version = "1.0" encoding = "UTF-8"?>
<web-app version = "3.0" xmlns = "http://java.sun.com/xml/ns/javaee"
    xmlns:xsi = "http://www.w3.org/2001/XMLSchema-instance"
    xsi:schemaLocation = "http://java.sun.com/xml/ns/javaee
http://java.sun.com/xml/ns/javaee/web-app_3_0.xsd">
    <servlet>
        <description>This is the description of my J2EE component</description>
        <display-name>This is the display name of my J2EE component</display-name>
        <servlet-name>AppControlServlet</servlet-name>
     <servlet-class>com.itman.backstagesystem.servlet.AppControlServlet</servlet-class>
    </servlet>
    <servlet-mapping>
        <servlet-name>AppControlServlet</servlet-name>
        <url-pattern>/servlet/AppControlServlet</url-pattern>
    </servlet-mapping>
    <context-param>
        <param-name>socketPort</param-name>
        <param-value>10086</param-value>
    </context-param>
    <listener>
        <description>WifiServerSocket服务随web启动而启动</description>
      <listener-class>com.itman.backstagesystem.service.WifiServerSocketListener</listener-class>
    </listener>
    <listener>
        <description>AppServerSocket服务随web启动而启动</description>
       <listener-class>com.itman.backstagesystem.service.AppServerSocketListener</listener-class>
    </listener>
</web-app>
```

4.2.4 手机端控制模块

本节包括手机端控制模块的功能介绍及相关代码。

1. 功能介绍

手机端APP通过WiFi与ESP8266模块进行连接,并向其发送指令,再将指令传输到Arduino开发板的RX软串口。编译程序使开发板软串口收到指定字符后,输出指令,控制舵机运转至相应角度后,打开门锁,从而完成无线远程自动开门的操控。对应 APP 可通过 Android Studio 或 Eclipse 导入手机。元件包括 ESP8266 模块、舵机、Arduino 开发板和导线若干,电路如图 4-6 所示。

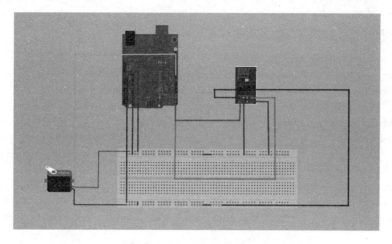

图 4-6　手机端控制模块电路

2. 相关代码

```
//Arduino 开发板代码
#include <Servo.h>
#include <SoftwareSerial.h>
//软串口
SoftwareSerial mySerial(3,2);                    //设置模拟串口引脚(RX,TX)
//定义舵机
Servo myservo;
extern uint8_t SmallFont[];
//显示软串口信息的函数
  void echo(){
  delay(50);
  while (mySerial.available()) {
    Serial.write(mySerial.read());
  }
}
void setup()                                     //初始化
{
  Serial.begin(9600);
  mySerial.begin(115200);
  myservo.attach(9);                             //舵机连接引脚 9
  myservo.write(0);                              //舵机初始化为 0°
  //AT 指令初始化 ESP8266,并将结果在串口显示
  mySerial.println("AT+CWMODE=2");               //设置 WiFi 模式
  echo();
```

```
    delay(500);
    mySerial.println("AT + RST");                    //初始化重启一次 ESP8266
    delay(1500);
    echo();
    mySerial.println("AT + CIPMUX = 1");             //多连接
    echo();
    delay(500);
    mySerial.println("AT + CIPSERVER = 1");          //建立 server
    echo();
    delay(500);
//当使用方案 2 时上段注释,下段取消注释
// AT 指令初始化 ESP8266,并将结果在串口显示
// mySerial.println("AT + CWMODE = 1");              //设置 WiFi 模式
// echo();
// delay(500);
// mySerial.println("AT + RST");                     //初始化重启一次 ESP8266
// delay(1500);
// echo();
// mySerial.println("AT + CWJAP = \"text\",\"56789123\"");
// delay(1000);
// echo();
// mySerial.println("AT + CIPMUX = 1");              //多连接
// echo();
// delay(500);
// mySerial.println("AT + CIPSERVER = 1,8800");      //建立服务器
// echo();
// delay(1000);
// mySerial.println("AT + CIPSTART = 0,\"TCP\",\"172.20.10.3 \",10086");
//与服务器进行 TCP 连接
// delay(10000);
// echo();
// mySerial.println("AT + CIPSEND = 0,9");
// delay(500);
// echo();
// mySerial.println("CONN_9527");
// delay(1000);
// echo();
//为了读取软串口信息,先将之前 AT 指令产生的信息读取
while(mySerial.available() > 0)
{
    mySerial.read();
}
}
void loop()
{
//手机开门部分
//delay(1000);
```

```
if(mySerial.read()>0 )
{
  Serial.println("open");
  myservo.write(90);
  delay(1000);
  myservo.write(0);
}
//将本次产生的软串口信息全部读完
while(mySerial.available() > 0)
{
  mySerial.read();
}
}
//方案 1:Android 代码
MainActivity.java
package com.example;
import android.support.v7.app.ActionBarActivity;
import android.annotation.SuppressLint;
import android.os.Bundle;
import android.os.Handler;
import android.os.Message;
import android.view.Menu;
import android.view.MenuItem;
import android.view.View;
import android.view.View.OnClickListener;
import android.widget.Button;
import android.widget.TextView;
import android.widget.Toast;
@SuppressLint("NewApi") public class MainActivity extends ActionBarActivity implements OnClickListener {
    private TextView tv_content, tv_send_text;
    private Button bt_send;
    @Override
    protected void onCreate(Bundle savedInstanceState) {
        super.onCreate(savedInstanceState);
        setContentView(R.layout.activity_main);
        InitView();
        //开启服务器
        MobileServer = new MobileServer();
        mobileServer.setHandler(handler);
        new Thread(mobileServer).start();
    }
    private void InitView() {
        tv_content = (TextView) findViewById(R.id.tv_content);
        tv_send_text = (TextView) findViewById(R.id.tv_send_text);
        bt_send = (Button) findViewById(R.id.bt_send);
        bt_send.setOnClickListener(this);
```

```java
    }
    //发送给 ESP8266 信息
    @Override
    public void onClick(View v) {
        switch (v.getId()) {
        case R.id.bt_send:
            String str = "8266";
            new SendAsyncTask().execute(str);
            tv_send_text.setText(str);
            break;
        }
    }
    //接收信息
    Handler = new Handler() {
        @Override
        public void handleMessage(Message msg) {
            switch (msg.what) {
            case 1:
                tv_content.setText("WiFi模块发送的:" + msg.obj);
                Toast.makeText(MainActivity.this, "接收到信息", Toast.LENGTH_LONG)
                        .show();
            }
        }
    };
}
MobileServer.java
package com.example;
import java.io.DataInputStream;
import java.io.IOException;
import java.net.ServerSocket;
import java.net.Socket;
import import android.os.Handler;
import android.os.Message;
public class MobileServer implements Runnable {
    private ServerSocket server;
    private DataInputStream in;
    private byte[] receice;
    private Handler handler = new Handler();        //线程和线程之间的通信
    public MobileServer() {
    }
    public void setHandler(Handler handler) {
        this.handler = handler;
    }
    @Override
    public void run() {
        try {
        /* 5000 是手机端开启的服务器口号,ESP8266 进行 TCP 连接时使用的端口,而 IP 也是通过指令
```

查询联入设备的 IP */
```
            server = new ServerSocket(5000);
            while (true) {
                Socket client = server.accept();
                in = new DataInputStream(client.getInputStream());
                receice = new byte[50];
                in.read(receice);
                in.close();
                Message message = new Message();
                message.what = 1;
                message.obj = new String(receice);
                handler.sendMessage(message);
            }
        } catch (IOException e) {
            e.printStackTrace();
        }
        try {
            server.close();
        } catch (IOException e) {
            e.printStackTrace();
        }
    }
}
```

SendAsyncTask.java
```
package com.example;
import java.io.IOException;
import java.io.PrintStream;
import java.net.Socket;
import android.os.AsyncTask;
public class SendAsyncTask extends AsyncTask<String, Void, Void> {
/* 这里是连接 ESP8266 的 IP 和端口号，IP 是通过指令在单片机开发板查询到，而端口号可以自行设
置，也可以使用 333 默认 */
    private static final String IP = "192.168.4.1";
    private static final int PORT = 333;
    private Socket client = null;              //双向通信
    private PrintStream out = null;            //输出的数据
    @Override
    protected Void doInBackground(String... params) {
        String str = params[0];
        try {
            client = new Socket(IP, PORT);
            client.setSoTimeout(5000);
            //获取 socket 的输出流，用来发送数据到服务器
            out = new PrintStream(client.getOutputStream());
                                               //发送给服务器的数据
            out.print(str);
            out.flush();
```

```java
            if (client == null) {
                return null;
            } else {
                out.close();
                client.close();
            }
        } catch (IOException e) {
            e.printStackTrace();
        }
        return null;
    }
}
```

//页面布局

```xml
<RelativeLayout xmlns:android = "http://schemas.android.com/apk/res/android"
    xmlns:tools = "http://schemas.android.com/tools"
    android:layout_width = "match_parent"
    android:layout_height = "match_parent"
    tools:context = "com.itman.connectesp8266.MainActivity" >
    <TextView
        android:id = "@+id/tv_content"
        android:layout_width = "match_parent"
        android:layout_height = "25dp"
        android:layout_centerHorizontal = "true"
        android:layout_marginTop = "10dp"
        android:background = "#fe9920"
        android:gravity = "center"
        android:text = "接收的内容" />
    <Button
        android:id = "@+id/bt_send"
        android:layout_width = "match_parent"
        android:layout_height = "wrap_content"
        android:layout_below = "@id/tv_content"
        android:layout_centerHorizontal = "true"
        android:layout_marginTop = "40dp"
        android:text = "发送" />
    <TextView
        android:id = "@+id/tv_send_text"
        android:layout_width = "wrap_content"
        android:layout_height = "wrap_content"
        android:layout_below = "@id/bt_send"
        android:layout_centerHorizontal = "true"
        android:layout_marginTop = "33dp"
        android:text = "发送的内容" />
</RelativeLayout>
```

//方案2:MainActivity.java

```java
package com.itman.smarthomedemo;
import android.content.BroadcastReceiver;
```

```java
import android.content.Context;
import android.content.Intent;
import android.content.IntentFilter;
import android.support.v4.content.LocalBroadcastManager;
import android.support.v7.app.AppCompatActivity;
import android.os.Bundle;
import android.view.View;
import android.widget.Button;
import android.widget.Toast;
import com.itman.smarthomedemo.dao.HttpAsyncTask;
import com.itman.smarthomedemo.service.MinaService;
import java.util.Arrays;
public class MainActivity extends AppCompatActivity implements View.OnClickListener {
    private Button btnSend;
    private Intent serviceIntent;
    private MessageBroadcastReceiver receiver;
    @Override
    protected void onCreate(Bundle savedInstanceState) {
        super.onCreate(savedInstanceState);          //调用父类 onCreate 的函数
        setContentView(R.layout.activity_main);      //设置当前 Activity 显示的内容按 main.xml
                                                     //布局
        btnSend = findViewById(R.id.btnSend);
        btnSend.setOnClickListener(this);
        //开启长连接服务
        serviceIntent = new Intent(this, MinaService.class);
        startService(serviceIntent);
        registerBroadcast();                         //注册广播接收器
    }
    @Override
    public void onClick(View view) {
        switch (view.getId()){
            case R.id.btnSend:
                byte[] msg = new byte[]{(byte) 0x01, (byte) 0x02, (byte) 0x03};
                String name = "layne";
                String sessionId = "CONN_9527";
                //发出请求
                serviceCONN(msg, name, sessionId);
                break;
        }
    }
    private void serviceCONN(byte[] bytes, String username, String sessionId) {
        //将 byte 数组转化成字符串
        String data_msg = Arrays.toString(bytesToInt(bytes));
        //服务器的 url
        String url = "http://172.20.10.3:8080/BackStageSystem/servlet/AppControlServlet";
        //将数据拼接起来
        String data = "username = " + username + "&sessionId = " + sessionId + "&data = " + data_
```

```java
                msg;
                String[] str = new String[]{url, data};
                //发出一个请求
                new HttpAsyncTask(MainActivity.this, new HttpAsyncTask.PriorityListener() {
                    @Override
                    public void setActivity(int code) {
                        switch (code) {
                            case 200:
                                //如果返回的 resultCode 是 200,那么说明 APP 的数据传送成功,并成功解析返回的 JSON 数据
                                Toast.makeText(MainActivity.this, "发送数据:[0x01,0x02,0x03]", Toast.LENGTH_SHORT).show();
                                break;
                            case 202:
                                //如果返回的 resultCode 是 202,则说明设备处于离线状态
                                Toast.makeText(MainActivity.this, "设备离线状态", Toast.LENGTH_SHORT).show();
                                break;
                            default:
                                //若没有 resultCode,则说明网络输出异常
                                Toast.makeText(MainActivity.this, "网络传输异常", Toast.LENGTH_SHORT).show();
                                break;
                        }
                    }
                }).execute(str);
    }
    //byte 转化为 int
    public static int[] bytesToInt(byte[] src) {
        int value[] = new int[src.length];
        for (int i = 0; i < src.length; i++) {
            value[i] = src[i] & 0xFF;
        }
        return value;
    }
    //动态注册广播
    private void registerBroadcast() {
        receiver = new MessageBroadcastReceiver();
        IntentFilter filter = new IntentFilter("com.ssy.mina.broadcast");
        LocalBroadcastManager.getInstance(this).registerReceiver(receiver, filter);
    }
    //接收发送的广播
    private class MessageBroadcastReceiver extends BroadcastReceiver {
        @Override
        public void onReceive(Context context, Intent intent) {
            String msg = intent.getStringExtra("message");
            Toast.makeText(MainActivity.this, "esp8266 发送过来的数据:" + msg, Toast.
```

```java
                LENGTH_SHORT).show();
            }
        }
        @Override
        protected void onDestroy() {
            super.onDestroy();
            //退出时关掉长连接服务
            stopService(serviceIntent);
        }
    }
```

MinaService.java

```java
package com.itman.smarthomedemo.service;
import android.app.Service;
import android.content.Context;
import android.content.Intent;
import android.os.HandlerThread;
import android.os.IBinder;
import android.support.annotation.Nullable;
import android.util.Log;
public class MinaService extends Service {
    private ConnectionThread thread;
    @Override
    public void onCreate() {
        super.onCreate();                          //调用父类的 onCreate 构造函数
        thread = new ConnectionThread("mina", getApplicationContext());
        thread.start();
        Log.e("tag", "启动线程尝试连接");
    }
    @Override
    public int onStartCommand(Intent intent, int flags, int startId) {
        return super.onStartCommand(intent, flags, startId);
    }
    @Override
    public void onDestroy() {
        super.onDestroy();
        thread.disConnect();
        thread = null;
    }
    @Nullable
    @Override
    public IBinder onBind(Intent intent) {
        return null;
    }
    class ConnectionThread extends HandlerThread {
        private Context;
        boolean isConnection;
        ConnectionManager mManager;
```

```java
        public ConnectionThread(String name, Context context) {
            super(name);
            this.context = context;
            ConnectionConfig config = new ConnectionConfig.Builder(context)
                    .setIp("172.20.10.3")
                    .setPort(10011)
                    .setReadBufferSize(10240)
                    .setConnectionTimeout(10000).builder();
            mManager = new ConnectionManager(config);
        }
        @Override
        protected void onLooperPrepared() {
            while (true) {
                isConnection = mManager.connect();
                if (isConnection) {
                    //连接成功情况
                    String macId = "CONN_9527";
                    Log.e("tag", "连接成功");
                    Log.e("SendAsyncTask", "设备 id:" + macId);
                    SessionManager.getInstance().writeToServer(macId);
                    break;
                }
                //连接不成功时
                try {
                    Log.e("tag", "尝试重新连接");
                    Thread.sleep(3000);
                } catch (InterruptedException e) {
                    e.printStackTrace();
                }
            }
        }
        public void disConnect() {
            mManager.disConnect();
        }
    }
}
ConnectionConfig.java
package com.itman.smarthomedemo.service;
import android.content.Context;
//连接的配置
public class ConnectionConfig {
    private Context;
    private String ip;
    private int port;
    private int readBufferSize;
    private long connectionTimeout;
    public Context getContext() {
```

```java
            return context;
        }
        public String getIp() {
            return ip;
        }
        public int getPort() {
            return port;
        }
        public int getReadBufferSize() {
            return readBufferSize;
        }
        public long getConnectionTimeout() {
            return connectionTimeout;
        }
        public static class Builder{
            private Context;
            private String ip = "172.20.10.3";
            private int port = 10011;
            private int readBufferSize = 10240;
            private long connectionTimeout = 10000;
            public Builder(Context context){
                this.context = context;
            }
            public Builder setIp(String ip){
                this.ip = ip;
                return this;
            }
            public Builder setPort(int port){
                this.port = port;
                return this;
            }
            public Builder setReadBufferSize(int readBufferSize){
                this.readBufferSize = readBufferSize;
                return this;
            }
            public Builder setConnectionTimeout(long connectionTimeout){
                this.connectionTimeout = connectionTimeout;
                return this;
            }
            private void applyConfig(ConnectionConfig config){
                config.context = this.context;
                config.ip = this.ip;
                config.port = this.port;
                config.readBufferSize = this.readBufferSize;
                config.connectionTimeout = this.connectionTimeout;
            }
            public ConnectionConfig builder(){
```

```java
            ConnectionConfig config = new ConnectionConfig();
            applyConfig(config);
            return config;
        }
    }
}
```

ConnectionManager.java

```java
package com.itman.smarthomedemo.service;
import android.content.Context;
import android.content.Intent;
import android.support.v4.content.LocalBroadcastManager;
import android.util.Log;
import org.apache.mina.core.future.ConnectFuture;
import org.apache.mina.core.service.IoHandlerAdapter;
import org.apache.mina.core.session.IoSession;
import org.apache.mina.filter.codec.ProtocolCodecFilter;
import org.apache.mina.filter.codec.serialization.ObjectSerializationCodecFactory;
import org.apache.mina.filter.logging.LoggingFilter;
import org.apache.mina.transport.socket.nio.NioSocketConnector;
import java.lang.ref.WeakReference;
import java.net.InetSocketAddress;
public class ConnectionManager {
    private static final String BROADCAST_ACTION = "com.ssy.mina.broadcast";
    private static final String MESSAGE = "message";
    private ConnectionConfig mConfig;
    private WeakReference<Context> mContext;
    private NioSocketConnector mConnection;
    private IoSession mSession;
    private InetSocketAddress mAddress;
    public ConnectionManager(ConnectionConfig config){
        this.mConfig = config;
        this.mContext = new WeakReference<Context>(config.getContext());
        init();
    }
    private void init() {
        mAddress = new InetSocketAddress(mConfig.getIp(), mConfig.getPort());
        mConnection = new NioSocketConnector( ); mConnection.getSessionConfig( ).setReadBufferSize(mConfig.getReadBufferSize());
        mConnection.getFilterChain().addLast("logging", new LoggingFilter());
        mConnection.getFilterChain( ).addLast( " codec", new ProtocolCodecFilter( new ObjectSerializationCodecFactory()));
        mConnection.setHandler(new DefaultHandler(mContext.get()));
        mConnection.setDefaultRemoteAddress(mAddress);
    }
    //与服务器连接
    public boolean connect(){
        Log.e("tag", "准备连接");
```

```java
            try{
                ConnectFuture future = mConnection.connect();
                future.awaitUninterruptibly();
                mSession = future.getSession();
                //将获取到的 Session 保存在 SessionManager 中
                SessionManager.getInstance().setSession(mSession);
            }catch (Exception e){
                e.printStackTrace();
                Log.e("tag","连接失败");
                return false;
            }
            return mSession == null?false : true;
    }
    //断开连接
    public void disConnect(){
        mConnection.dispose();
        mConnection = null;
        mSession = null;
        mAddress = null;
        mContext = null;
        Log.e("tag","断开连接");
    }
    private static class DefaultHandler extends IoHandlerAdapter {
        private Context mContext;
        private DefaultHandler(Context context){
            this.mContext = context;
        }
        @Override
        public void sessionOpened(IoSession session) throws Exception {
            super.sessionOpened(session);
            //将 session 保存在 session manager 中,从而可以向服务器发送消息
        }
        @Override
        public void messageReceived(IoSession session, Object message) throws Exception {
            Log.e("tag","接收到服务器消息:" + message.toString());
            if(mContext!= null){
                Intent intent = new Intent(BROADCAST_ACTION);
                intent.putExtra(MESSAGE, message.toString());
                LocalBroadcastManager.getInstance(mContext).sendBroadcast(intent);
            }
        }
    }
}
```

SessionManager.java
```java
package com.itman.smarthomedemo.service;
import android.util.Log;
import org.apache.mina.core.session.IoSession;
public class SessionManager {
```

```
    private static SessionManager mInstance = null;
    private IoSession mSession;                        //客户端与服务器之间的通信对象
    public static SessionManager getInstance(){
        if(mInstance == null){
            synchronized (SessionManager.class){
                if(mInstance == null){
                    mInstance = new SessionManager();
                }
            }
        }
        return mInstance;
    }
    private SessionManager(){}
    public void setSession(IoSession session){
        this.mSession = session;
    }
    public void writeToServer(Object msg){
        if(mSession!= null){
            Log.e("tag", "客户端准备发送消息");
            mSession.write(msg);
        }
    }
    public void closeSession(){
        if(mSession!= null) {
            mSession.getCloseFuture().setClosed();
        }
    }
    public void removeSession(){
        this.mSession = null;
    }
}
```

4.3 产品展示

整体外观如图 4-7 所示，内部结构如图 4-8 所示。

图 4-7　整体外观

图 4-8　内部结构

4.4 元件清单

完成本项目所用到的元件及数量如表 4-2 所示。

表 4-2 元件清单

元件/测试仪表	数　量	元件/测试仪表	数　量
Arduino UNO 开发板	1 个	蜂鸣器	1 个
MFRC522	1 个	电阻	1 个
舵机	1 个	面包板	1 个
ESP8266 模块	1 个	压力传感器	1 个
导线	若干		

第 5 章 谷歌眼镜项目设计

本项目基于 Arduino 开发板作为处理系统，安卓手机作为控制系统，头戴显示器作为显示系统，通过蓝牙安卓手机和 Arduino 开发板进行信息交互，实现显示时间、输入的文字、控制进度条以及画画轨迹。

5.1 功能及总体设计

本项目通过在 Android studio 开发 APP 实现 clock 显示时钟、texting 显示手机上输出的字符、slider 显示可控制的进度条和 painting 画画功能。

要实现上述功能需将作品分成三部分进行设计，即控制系统、处理系统和显示系统。选择安卓手机作为 DIY 谷歌眼镜的控制系统来实现功能；选择 Arduino 作为处理系统，用于处理并生成视频信号；安卓端和 Arduino 开发板用蓝牙进行数据交互；选用微型头戴显示器，做成谷歌眼镜的外置显示。

1. 整体框架

整体框架如图 5-1 所示。

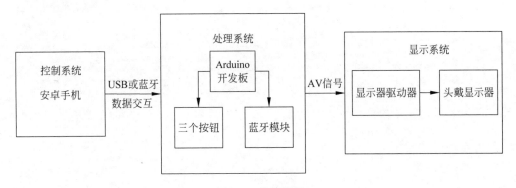

图 5-1 整体框架

本章根据马小娟、赵文静项目设计整理而成。

2. 系统流程

系统流程如图 5-2 所示。

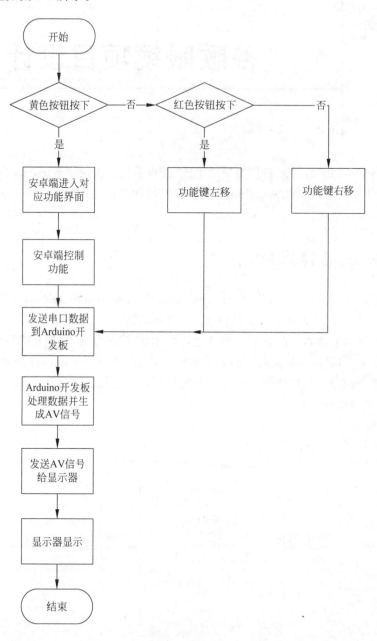

图 5-2 系统流程

Arduino 开发板连接三个按钮，按 1 时功能键左移；按 2 时功能键右移；按 3 时功能键确定，进入功能界面后可以实现相应的功能，安卓端会发送数据给 Arduino 开发板，Arduino

开发板串口读取数据、处理数据、调用 TV 库函数来生成 AV 信号,发送 AV 信号给显示器,显示器显示安卓端内容。

3. 总电路

系统总电路如图 5-3 所示,引脚连线如表 5-1 所示。

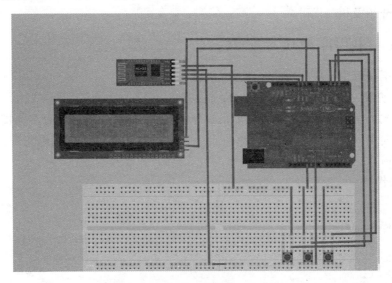

图 5-3 总电路

表 5-1 引脚连线

元件及引脚名		Arduino 开发板引脚
显示屏	Av+	9
	Av-	7
开关	1	2
	VCC	5V
	GND	GND
	2	3
	VCC	5V
	GND	GND
	3	4
	VCC	5V
	GND	GND
蓝牙	RXD	11
	TXD	10
	VCC	5V
	GND	GND

5.2 模块介绍

本项目主要包括主程序模块、手机 APP 模块、输出模块和蓝牙模块。下面分别给出各模块的功能介绍及相关代码。

5.2.1 主程序模块

本节包括主程序模块的功能介绍及相关代码。

1. 功能介绍

本部分主要实现显示名称以及功能的选择,有三个按钮分别代表向左、向右和确定,按下按键后会向串口发送数据,即可选择功能。此部分主要由 C 语言代码实现,编译环境为 Visual Studio。

2. 相关代码

```c
#include <TVout.h>
#include <fontALL.h>
TVout TV;
String rx = "";                              //初始化字符串
int f_num = 0;
int button1 = 2;                             //按钮 1 接引脚 2
int button2 = 3;                             //按钮 2 接引脚 3
int button3 = 4;                             //按钮 3 接引脚 4
boolean m = 1;
void setup()
{
  TV.begin(_PAL);                            //给驱动器提供 PAL 信号
  TV.clear_screen();                         //清屏
  TV.select_font(font8x8);                   //选择字体
  TV.print_char(64,48,'G');                  //打印字符
  TV.set_cursor(64,48);                      //设置光标
  TV.print("WELCOME");                       //输出 WELCOME
  pinMode(button1,INPUT);                    //将引脚设置为输入
  pinMode(button2,INPUT);
  pinMode(button3,INPUT);
  Serial.begin(9600);                        //使用 9600 波特率进行串口通信
}
void loop()
{
  //把串口接收到的所有数据赋值给 RX
  while(Serial.available())                  //接收串口数据
  {
    char c = (char) Serial.read();           //读取数据
    rx += c;                                 //把读到的数据赋给 RX
```

```
    delay(2);                                              //等待 2ms 控制刷新速度
  }
//按下按钮 1 就输出字符"T"到串口(此时安卓系统的功能界面会实现左移)
  if(digitalRead(button1) == HIGH & m)
  {
    Serial.print('l');
    delay(500);                                            //等待 500ms
  }
//按下按钮 2,实现显示"Loading"或功能名称
  else if(digitalRead(button2) == HIGH)
  {
    if(m)                                                  //如果 m = 1,输出字符"e"到串口并令
                                                           //m = 0,显示 Loading
    {
      Serial.print('e');
      m = 0;
      load_view();                                         //显示 Loading
      delay(500);
    }
    else                                                   //如果 m = 0,输出字符"b"到串口并
                                                           //令 m = 1,显示功能名称
    {
      Serial.print('b');
      m = 1;
      switch(f_num)
      {
          case 0:
          draw_f0_symbol();                                //f_num = 0 时显示 TIME
          break;
          case 1:
          draw_f1_symbol();                                //f_num = 1 时显示 Texting
          break;
          case 2:
          draw_f2_symbol();                                //f_num = 2 时显示 SEEKBAR
          break;
          case 3:
          draw_f3_symbol();                                //f_num = 3 时显示 PAINTING
          break;
      }
      delay(500);
    }
  }
//按下按钮 3 就输出字符"r"到串口(此时安卓系统的功能界面会实现右移)
  else if(digitalRead(button3) == HIGH & m)
  {
    Serial.print('r');
    delay(500);
```

```
        }
//如果接收到的数据不为空,则实现相应的功能
if(rx!="")
{
    char code = rx.charAt(0);                      //code 为 RX 的第一个字符
    /*TV.clear_screen();
    TV.select_font(font8x8);
    TV.set_cursor(64,48);
    TV.print(code);*/
    if(m)                                          //如果 m = 1,根据接收的数据 f_num
                                                   //赋值并显示名称
    {
      switch(code)
      {
        case '0':
          f_num = 0;
          draw_f0_symbol();                        //显示 TIME
          break;
        case '1':
          f_num = 1;
          draw_f1_symbol();                        //显示 Texting
          break;
        case '2':
          f_num = 2;
          draw_f2_symbol();                        //显示 SEEKBAR
          break;
        case '3':
          f_num = 3;
          draw_f3_symbol();                        //显示 PAINTING
          break;
        case 'g':
          f_num = 0;
          draw_f0_symbol();                        //显示 TIME
          break;
      }
    }
    else                                           //如果 m = 0,则根据 f_num 的值实现
                                                   //相应的功能
    {
      if(f_num == 0)                               //f_num = 0 时显示屏显示时间
      {
        TV.clear_screen();
        TV.select_font(font8x8);
        TV.set_cursor(34,48);
```

```
      for(int i = 0; i < rx.length(); i++){
         char a = rx.charAt(i);
         TV.print(a);
      }
    }
    else if(f_num == 1)                    //f_num = 1 时显示输入的文字
    {
      TV.clear_screen();
      TV.select_font(font8x8);
      TV.set_cursor(0,48);
      for(int i = 0; i < rx.length(); i++)
      {
         char a = rx.charAt(i);
         TV.print(a);
      }
    }
    else if(f_num == 2)                    // f_num = 2 时显示进度条
    {
      TV.clear_screen();
      TV.draw_rect(2,40,124,16,1,0);
      int p = rx.toInt();
      int x1 = p - 2;
      TV.draw_rect(x1,32,4,32,2,1);
    }
    else if(f_num == 3)                    // f_num = 3 时显示画画轨迹
    {
      int ko = rx.toInt();
      //Serial.println(ko);
      int x = (int) (ko/100);
      int y = ko % 100;
      //TV.set_pixel(x,y,1);
      TV.draw_circle(x,y,1,1,1);
    }
  }
  rx = "";
 }
}
```

5.2.2 手机 APP 模块

本节实现了两种不同通信方式的 APP。USB 通信方式的代码框架如图 5-4 所示,蓝牙通信方式的代码框架如图 5-5 所示。

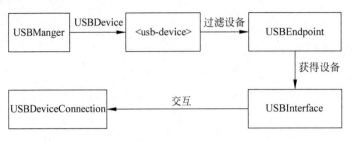

图 5-4　USB 通信框架

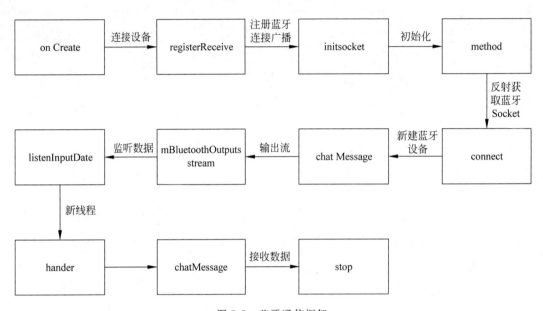

图 5-5　蓝牙通信框架

1．功能介绍

手机 APP 实现获取时间、输入的字母、可滑动进度条以及画画功能。用蓝牙通信监听串口数据，根据读到的数据功能键进行向左、向右或确定后进入功能界面，执行功能。

2．相关代码

1）USB 通信方式的 APP

```
package com.android.headglass;
import java.io.IOException;
import java.text.SimpleDateFormat;
import java.util.ArrayList;
import java.util.Calendar;
import java.util.HashMap;
import java.util.Iterator;
import java.util.List;
import android.graphics.Canvas;
```

```java
import android.graphics.Color;
import android.graphics.Paint;
import android.graphics.Path;
import android.graphics.Point;
import android.hardware.usb.UsbConstants;
import android.hardware.usb.UsbDevice;
import android.hardware.usb.UsbDeviceConnection;
import android.hardware.usb.UsbEndpoint;
import android.hardware.usb.UsbInterface;
import android.hardware.usb.UsbManager;
import android.os.Bundle;
import android.os.Handler;
import android.os.Message;
import android.app.Activity;
import android.app.AlertDialog;
import android.content.Context;
import android.content.DialogInterface;
import android.text.Editable;
import android.text.TextWatcher;
import android.util.AttributeSet;
import android.util.Log;
import android.view.KeyEvent;
import android.view.MotionEvent;
import android.view.View;
import android.view.View.OnClickListener;
import android.view.View.OnKeyListener;
import android.widget.Button;
import android.widget.EditText;
import android.widget.LinearLayout;
import android.widget.SeekBar;
import android.widget.SeekBar.OnSeekBarChangeListener;
import android.widget.Toast;
public class MainActivity extends Activity {
    private Button button[] = new Button[4];              //声明 4 个按钮
    //private Button button1;
    //private Button button2;
    //private Button button3;
    //private Button button4;
    private AlertDialog dialog;
    private int f_num;
    private boolean f_act;
    private UsbManager manager;
    private UsbDevice myDevice;
    private UsbDeviceConnection connection;
    private UsbInterface ui;
    private UsbEndpoint inEP;
    private UsbEndpoint outEP;
```

```java
        private boolean deviceConnectSuccess = false;
        private Handler handler = null;
        private Thread thread = null;
        private PaintView paintview;
        @Override
        protected void onCreate(Bundle savedInstanceState) {
            super.onCreate(savedInstanceState);
            setContentView(R.layout.activity_main);
            //dialog = new AlertDialog.Builder(this).create();
            button[0] = (Button) findViewById(R.id.button1);         //初始化 clock 按钮
            button[1] = (Button) findViewById(R.id.button2);         //初始化 Texting 按钮
            button[2] = (Button) findViewById(R.id.button3);         //初始化 Slide 按钮
            button[3] = (Button) findViewById(R.id.button4);         //初始化 Painting 按钮
            button[0].setBackgroundColor(Color.WHITE);               //设置 button 按钮的背景为白色
            button[1].setBackgroundColor(Color.WHITE);
            button[2].setBackgroundColor(Color.WHITE);
            button[3].setBackgroundColor(Color.WHITE);
            button[0].setClickable(false);                           //设置 button 按钮不能点击
            button[1].setClickable(false);
            button[2].setClickable(false);
            button[3].setClickable(false);
            /*  button1 = (Button) findViewById(R.id.button1);
            button2 = (Button) findViewById(R.id.button2);
            button3 = (Button) findViewById(R.id.button3);
            button4 = (Button) findViewById(R.id.button4);
            button1.setBackgroundColor(Color.WHITE);
            button2.setBackgroundColor(Color.WHITE);
            button3.setBackgroundColor(Color.WHITE);
            button4.setBackgroundColor(Color.WHITE);
            button1.setClickable(false);
            button2.setClickable(false);
            button3.setClickable(false);
            button4.setClickable(false); */
            manager = (UsbManager) getSystemService(Context.USB_SERVICE);
            //获取 UsbManager 类的对象
            HashMap<String, UsbDevice> deviceList = manager.getDeviceList();
            //获取设备列表,并把设备放入 hashMap 集合里
            Iterator<UsbDevice> deviceIterator = deviceList.values().iterator();
            //把设备列表迭代器的值赋值给 deviceIterator
            myDevice = null;                                         //初始化 myDevice
             while(deviceIterator.hasNext()){ /* 用 while 循环,遍历迭代器 deviceIterator, 当
deviceIterator 还有下一个值的时候,获取设备信息 */
                UsbDevice device = deviceIterator.next();            //获取 USB 设备对象
                int deviceID = device.getDeviceId();                 //获取 USB 对象的 ID
                //Toast.makeText(getApplicationContext(), "Device id:" + deviceID, Toast.LENGTH_
SHORT).show();
                if(deviceID!= 2002){                                 //当设备 ID 不等于 2002 的时候,
```

```
            myDevice = device;                              //把该对象赋值给 myDevice
        }
    }
    if(myDevice!= null){                                    //如果 myDevice 不是空的
        connection = manager.openDevice(myDevice);
        //初始化 connection,打开设备,建立通信连接
        ui = myDevice.getInterface(0);                      //初始化 UsbInterface,获取 USB
                                                            //接口信息
        if(ui.getEndpoint(0).getDirection() == UsbConstants.USB_DIR_IN){
            //判断数据方向
            //如果是数据输入,把 ui 的值复制给 inEP 和 outEP
            inEP = ui.getEndpoint(0);                       //读取数据节点
            outEP = ui.getEndpoint(1);                      //写数据节点
        }
        else{
            //如果是数据输出,就反过来
            inEP = ui.getEndpoint(1);
            outEP = ui.getEndpoint(0);
        }
        if(connection.claimInterface(ui, true)){
            //Toast.makeText(getApplicationContext(), "Device id:" +
                myDevice.getDeviceId(), Toast.LENGTH_SHORT).show();
            connection.controlTransfer(0x40, 0, 0, 0, null, 0, 0);    //重置,清缓存
                connection.controlTransfer(0x40, 0, 1, 0, null, 0, 0);
            connection.controlTransfer(0x40, 0, 2, 0, null, 0, 0);
            connection.controlTransfer(0x40, 0x03, 0x4138, 0, null, 0, 0);
            connection.controlTransfer(0x21, 34, 0, 0, null, 0, 0);
            connection.controlTransfer(0x21, 32, 0, 0, new byte[] { (byte)0x80,0x25, 0x00, 0x00, 0x00, 0x00, 0x08 }, 7, 0);
            button[0].setClickable(true);
                //USB 已经连接并且可以使用,所以让 button 按钮点击
            button[1].setClickable(true);
            button[2].setClickable(true);
            button[3].setClickable(true);
            /* button1.setClickable(true);
            button2.setClickable(true);
            button3.setClickable(true);
            button4.setClickable(true);
            button1.setBackgroundColor(Color.GREEN); */
            f_num = 0;
            f_act = false;
            button[f_num].setBackgroundColor(Color.GREEN);  //设置背景为绿色
            final byte buffer1[] = {'g'};
            connection.bulkTransfer(outEP, buffer1, 1, 0);
            //写数据给 USB、buffer、buffer1,数据大小为 1,超时为 0
            deviceConnectSuccess = true;                    //标记设备已经连接成功
```

```java
                /*final byte b_i = (byte) (f_num & 0xFF);
                final byte buffer_i[] = {b_i};
                connection.bulkTransfer(outEP, buffer_i, 1, 0);*/
                ListenForInputData();                        //注册数据监听器
            }
            else{
                button[0].setClickable(false);
                button[1].setClickable(false);
                button[2].setClickable(false);
                button[3].setClickable(false);
                /*button1.setClickable(false);
                button2.setClickable(false);
                button3.setClickable(false);
                button4.setClickable(false);*/
            }
        }
        button[0].setOnClickListener(new OnClickListener(){
            @Override
            public void onClick(View arg0) {
                /*final byte buffer1[] = {'c'};
                connection.bulkTransfer(outEP, buffer1, 1, 0);
                if(f_num!= 0){
                    button[f_num].setBackgroundColor(Color.WHITE);
                    f_num = 0;
                }
                button[0].setBackgroundColor(Color.BLUE);*/
            }
        });
        button[1].setOnClickListener(new OnClickListener(){
            @Override
            public void onClick(View arg0) {
                /*final byte buffer1[] = {'t'};
                connection.bulkTransfer(outEP, buffer1, 1, 0);
                if(f_num!= 1){
                    button[f_num].setBackgroundColor(Color.WHITE);
                    f_num = 1;
                }
                button[1].setBackgroundColor(Color.BLUE);*/
            }
        });
        button[2].setOnClickListener(new OnClickListener(){
            @Override
            public void onClick(View arg0) {
                /*final byte buffer1[] = {'s'};
                connection.bulkTransfer(outEP, buffer1, 1, 0);
                if(f_num!= 2){
                    button[f_num].setBackgroundColor(Color.WHITE);
```

```java
                f_num = 2;
            }
            button[2].setBackgroundColor(Color.BLUE); */
        }
    });
    button[3].setOnClickListener(new OnClickListener(){
        @Override
        public void onClick(View arg0) {
            /* final byte buffer1[] = {'p'};
            connection.bulkTransfer(outEP, buffer1, 1, 0);
            if(f_num!= 3){
                button[f_num].setBackgroundColor(Color.WHITE);
                f_num = 3;
            }
            button[3].setBackgroundColor(Color.BLUE); */
        }
    });
}                                                       //onCreate 是 Activity 的执行入口
public void f0_dialog(){
    dialog = new AlertDialog.Builder(this).create();    //创建一个对话框
    dialog.setTitle("CLOCK");                           //对话框主题为 CLOCK
    final Calendar calendar = Calendar.getInstance();   //获取日历的实例
    final SimpleDateFormat sdf = new SimpleDateFormat("dd:MM:yyyy HH:mm:ss");
    //设置日期格式
    final String time = sdf.format(calendar.getTime()); //获取时间
    final byte[] time_bytes = time.getBytes();
    connection.bulkTransfer(outEP, time_bytes, 19, 0);  //写时间给 USB
    dialog.setMessage(time);                            //设置主题为当前时间
    dialog.show();                                      //显示对话框
}
public void f1_dialog(){
    dialog = new AlertDialog.Builder(this).create();    //创建一个对话框
    dialog.setTitle("TEXTING");                         //对话框主题为 TEXTING
    final EditText input = new EditText(MainActivity.this);   //创建文本输入框
    LinearLayout.LayoutParams lp = new LinearLayout.LayoutParams(  //布局
        LinearLayout.LayoutParams.MATCH_PARENT,
        LinearLayout.LayoutParams.MATCH_PARENT);
    input.setLayoutParams(lp);                          //设置对话框的布局
    input.addTextChangedListener(new TextWatcher() {    //注册监听器
        @Override
        public void afterTextChanged(Editable s) {
            //当输入框输入文字后,会监听到 text 改变,则回调 Editable
            final String text = s.toString();           //获取输入框的字符串
//Toast.makeText(getApplicationContext(),text,Toast.LENGTH_SHORT).show();
            final byte[] text_bytes = text.getBytes();  //把字符串转换成字节数组
            connection.bulkTransfer(outEP, text_bytes, text.length(), 0);
            //写数据给 USB
```

```java
            }
            @Override
            public void beforeTextChanged(CharSequence arg0, int arg1,
                    int arg2, int arg3) {
            }
            @Override
            public void onTextChanged(CharSequence arg0, int arg1, int arg2,
                    int arg3) {
            }
        });
        dialog.setView(input);
        dialog.show();
    }
    public void f2_dialog(){
        dialog = new AlertDialog.Builder(this).create();        //创建一个对话框
        dialog.setTitle("SEEKBAR");                             //对话框主题为 SEEKBAR
        final SeekBar sb = new SeekBar(MainActivity.this);      //初始化进度条
        LinearLayout.LayoutParams lp = new LinearLayout.LayoutParams(
                //初始化布局
                LinearLayout.LayoutParams.MATCH_PARENT,
                LinearLayout.LayoutParams.MATCH_PARENT);
        sb.setLayoutParams(lp);                                 //设置布局
        sb.setMax(120);                                         //设置进度条最大为 120
        sb.setProgress(60);                                     //设置进度条 60
        sb.setOnSeekBarChangeListener(new OnSeekBarChangeListener(){
            @Override
            public void onProgressChanged(SeekBar seekbar, int progress, boolean fromUser) {
                //当进度条发生改变的时候
                final String position = String.valueOf(progress);    //获取进度条的数值
                //Toast.makeText(getApplicationContext()," Position:" + position, Toast.LENGTH_SHORT).show();
                final byte[] position_bytes = position.getBytes();   //把值转换成字节数组
                connection.bulkTransfer(outEP, position_bytes, position.length(), 0);
                //数据给 USB
            }
            @Override
            public void onStartTrackingTouch(SeekBar seekbar) {
            }
            @Override
            public void onStopTrackingTouch(SeekBar seekbar) {
            }});
        dialog.setView(sb);
        dialog.show();
    }
    public void f3_dialog(){
        dialog = new AlertDialog.Builder(this).create();
        dialog.setTitle("PAINTING");
```

```java
            paintview = new PaintView(MainActivity.this, null);
            dialog.setView(paintview);
            dialog.show();
        }
        public void ListenForInputData(){
            thread = new Thread(new Runnable(){
                @Override
                public void run() {
                    while(deviceConnectSuccess){                //无限循环读取数据
                        try{
                            final byte buffer[] = new byte[4];    //初始化4字节的缓存
                            int length = connection.bulkTransfer(inEP, buffer, 4, 30);
                            //读取输入数据,获取数据长度
                            if(length > 0 & buffer[2]!= 0){       //长度大于0,说明有数据
                                final String data = new String(buffer, "US - ASCII");
                                //以 US - ASCII 码保存数据给 data
                                final Message msg = handler.obtainMessage();
                                //obtainMessage 方法获取 Message 对象,可以减少内存开销
                                final Bundle b = new Bundle();    //声明 Bundle 对象
                                b.putString("message", data);     //把数据放入 Bundle 里
                                msg.setData(b);                    //设置 msg,把数据存入 Message 里
                                handler.sendMessage(msg);          //发送数据
                            }
                        } catch(IOException e){
                            Toast.makeText(getApplicationContext(),"Das Datalesen ist
                            durchgefallen.",Toast.LENGTH_SHORT).show();
                        }
                    }
                }
            });
            handler = new Handler(){
                public void handleMessage(Message msg){
                    final String dataFromMessage = msg.getData().getString("message");
                    //获取数据
                    final String subdata = dataFromMessage.substring(2);
                    //截取 0~2 字符串
                    Toast.makeText(getApplicationContext(),subdata,Toast.LENGTH_SHORT).show();
                    final char code = subdata.charAt(0);          //找到第一个字符
                    if(!f_act){
                    switch(code){
                    case 'l':                                      //左边的按钮
                        button[f_num].setBackgroundColor(Color.WHITE);
                                                                   //背景为白色
                        if(f_num == 0){
                            f_num = 3;
                        } else{
```

```java
                    f_num--;
                }
                button[f_num].setBackgroundColor(Color.GREEN);    //背景为绿色
                byte b_l = 0;
                if(f_num == 0){
                    b_l = '0';
                } else if(f_num == 1){
                    b_l = '1';
                } else if(f_num == 2){
                    b_l = '2';
                } else if(f_num == 3){
                    b_l = '3';
                }
                final byte buffer_l[] = {b_l};
            connection.bulkTransfer(outEP, buffer_l, 1, 0);
                break;
            case 'r':                                              //右边的按钮
                button[f_num].setBackgroundColor(Color.WHITE);    //背景为白色
                if(f_num == 3){
                    f_num = 0;
                } else{
                    f_num++;
                }
                button[f_num].setBackgroundColor(Color.GREEN);    //背景为绿色
                byte b_r = 0;
                if(f_num == 0){
                    b_r = '0';
                } else if(f_num == 1){
                    b_r = '1';
                } else if(f_num == 2){
                    b_r = '2';
                } else if(f_num == 3){
                    b_r = '3';
                }
                final byte buffer_r[] = {b_r};
            connection.bulkTransfer(outEP, buffer_r, 1, 0);       //写数据给USB
                break;
            case 'e':
                button[f_num].setBackgroundColor(Color.BLUE);
                f_act = true;
                if(f_num == 0){
                    f0_dialog();
                } else if(f_num == 1){
                    f1_dialog();
                } else if(f_num == 2){
                    f2_dialog();
                } else if(f_num == 3){
```

```java
                    f3_dialog();
                }
                //final byte buffer_e[ ] = {'e'};
                //connection.bulkTransfer(outEP, buffer_e, 1, 0);
                break;
            }
        } else if(code == 'b'){
            button[f_num].setBackgroundColor(Color.GREEN);
            f_act = false;
            dialog.cancel();                                //取消dialog对话框
            //final byte buffer_b[ ] = {'b'};
            //connection.bulkTransfer(outEP, buffer_b, 1, 0);
        }
    }
};
thread.start();
}
public class PaintView extends View {                       //自定义画布
    private Paint paint = new Paint();
    private Path path = new Path();
    private int x = 0;
    private int y = 0;
    private List<Point> points = new ArrayList<Point>();
    public PaintView(Context context, AttributeSet attrs) {
        super(context, attrs);
        paint.setAntiAlias(true);                           //防止边缘的锯齿
        paint.setStrokeWidth(6f);                           //圆环宽度
        paint.setColor(Color.BLACK);                        //设置背景为黑色
        paint.setStyle(Paint.Style.STROKE);                 //设置风格
        paint.setStrokeJoin(Paint.Join.ROUND);              //设置结合处为圆弧
    }
    @Override
    protected void onMeasure(int widthMeasureSpec, int heightMeasureSpec) {
        super.onMeasure(widthMeasureSpec, heightMeasureSpec);
    }
    @Override
    protected void onDraw(Canvas canvas) {
        //canvas.drawPath(path, paint);
        for (Point point : points) {
            canvas.drawCircle(point.x, point.y, 1, paint);
        }
        if(x!= 0 & y!= 0){
            final int x_hg = (int) ((x - 108)/3);
            final int y_hg = (int) ((y - 268)/3);
            String punkt = String.valueOf(x_hg);
            if(y_hg < 10){
                punkt = punkt + "0" + y_hg;
```

```
            } else{
                punkt = punkt + y_hg;
            }
            final byte[] punkt_bytes = punkt.getBytes();
            connection.bulkTransfer(outEP, punkt_bytes, punkt.length(), 0);
            //Log.d("","X1" + x + "Y" + y);
            //final String line = "" + x1 + y1 + x2 + y2;
            //Toast.makeText(getApplicationContext()," Position:" + position, Toast.LENGTH_SHORT).show();
            //final byte[] line_bytes = line.getBytes();
            //connection.bulkTransfer(outEP, line_bytes, line.length(), 0);
        }
    }
    @Override
    public boolean onTouchEvent(MotionEvent event) {
        float eventX = event.getX();
        float eventY = event.getY();
        //Log.d("","X" + eventX + "Y" + eventY);
        switch (event.getAction()) {
        case MotionEvent.ACTION_DOWN:
        if(eventX > 492){
            eventX = 492;
        } else if(eventX < 109){
            eventX = 109;
        }
        if(eventY > 556){
            eventY = 556;
        } else if(eventY < 269){
            eventY = 269;
        }
        x = (int) eventX;
        y = (int) eventY;
        final Point point1 = new Point();
        point1.x = x;
        point1.y = y;
        points.add(point1);
        path.moveTo(eventX, eventY);
        return true;
        case MotionEvent.ACTION_MOVE:
        if(eventX > 492){
            eventX = 492;
        } else if(eventX < 108){
            eventX = 108;
        }
        if(eventY > 547){
            eventY = 547;
        } else if(eventY < 268){
```

```
                    eventY = 268;
                }
                x = (int) eventX;
                y = (int) eventY;
                final Point point2 = new Point();
                    point2.x = x;
                    point2.y = y;
                    points.add(point2);
                    path.lineTo(eventX, eventY);
                    break;
                case MotionEvent.ACTION_UP:
                    break;
                default:
                    return false;
            }
            invalidate();
            return true;
        }
    }
}
```

2）蓝牙通信方式的 APP

```
//导入需要的库文件
package com.headglass.arduinoandroid;
import android.app.AlertDialog;
import android.bluetooth.BluetoothAdapter;
import android.bluetooth.BluetoothDevice;
import android.content.BroadcastReceiver;
import android.content.Context;
import android.content.Intent;
import android.content.IntentFilter;
import android.graphics.Canvas;
import android.graphics.Color;
import android.graphics.Paint;
import android.graphics.Path;
import android.graphics.Point;
import android.os.Bundle;
import android.os.Handler;
import android.os.Message;
import android.support.design.widget.CoordinatorLayout;
import android.support.design.widget.Snackbar;
import android.support.v4.app.NavUtils;
import android.support.v7.app.AppCompatActivity;
import android.support.v7.widget.Toolbar;
import android.text.Editable;
import android.text.TextWatcher;
```

```java
import android.util.AttributeSet;
import android.util.Log;
import android.view.KeyEvent;
import android.view.Menu;
import android.view.MenuItem;
import android.view.MotionEvent;
import android.view.View;
import android.view.WindowManager;
import android.view.inputmethod.EditorInfo;
import android.widget.Button;
import android.widget.EditText;
import android.widget.LinearLayout;
import android.widget.ListView;
import android.widget.ProgressBar;
import android.widget.SeekBar;
import android.widget.TextView;
import android.widget.Toast;
import java.io.IOException;
import java.lang.ref.WeakReference;
import java.text.SimpleDateFormat;
import java.util.ArrayList;
import java.util.Calendar;
import java.util.List;
import butterknife.Bind;
import butterknife.ButterKnife;
import butterknife.OnClick;
public class BluetoothActivity extends AppCompatActivity {            //蓝牙部分
    String charsetName = "GBK";
    // String charsetName = "UTF-8";
    // String charsetName = "ISO-8859-1";
    private Button button[] = new Button[4];                          //用数组定义四个按钮
    private AlertDialog dialog;                                       //对话框
    private int f_num;                                                //整数
    private boolean f_act;                                            //定义bool型变量确定事件
    private Handler handlerMsg = null;                                //定义handler
    private PaintView paintview;                                      //定义paintview
    BluetoothService bluetoothService;                                //蓝牙服务
    BluetoothDevice device;                                           //蓝牙设备
    @Bind(R.id.edit_text)
    EditText editText;                                                //文本框
    @Bind(R.id.send_button)
    Button sendButton;                                                //发送按钮
    @Bind(R.id.chat_list_view)
    ListView chatListView;                                            //聊天视图
    @Bind(R.id.toolbar)
    Toolbar toolbar;
    @Bind(R.id.empty_list_item)
```

```java
TextView emptyListTextView;                              //空的文本
@Bind(R.id.toolbar_progress_bar)
ProgressBar toolbalProgressBar;                          //进度
@Bind(R.id.coordinator_layout_bluetooth)
CoordinatorLayout coordinatorLayout;
MenuItem reconnectButton;
ChatAdapter chatAdapter;                                 //聊天
Snackbar snackTurnOn;
private boolean showMessagesIsChecked = true;            //展示的消息是对的
private boolean autoScrollIsChecked = true;
public static boolean showTimeIsChecked = true;          //时间检查
@OnClick(R.id.send_button)
void send() {
    // Send a item_message using content of the edit text widget
    String message = editText.getText().toString();      //发送字符串的文本框
    if (message.trim().length() == 0) {
        editText.setError("Enter text first");           //首先弹出来的内容
    } else {
        sendBTMessage(message);                          //发送消息
        editText.setText("");设置文本
    }
}
void initButton() {
    button[0] = (Button) findViewById(R.id.button1);     //获取按钮1
    button[1] = (Button) findViewById(R.id.button2);     //获取按钮2
    button[2] = (Button) findViewById(R.id.button3);     //获取按钮3
    button[3] = (Button) findViewById(R.id.button4);     //获取按钮4
    button[0].setBackgroundColor(Color.WHITE);           //设置按钮1的背景为白色
    button[1].setBackgroundColor(Color.WHITE);           //设置按钮2的背景为白色
    button[2].setBackgroundColor(Color.WHITE);           //设置按钮3的背景为白色
    button[3].setBackgroundColor(Color.WHITE);           //设置按钮4的背景为白色
    button[0].setClickable(true);                        //设置按钮1不可按
    button[1].setClickable(false);                       //设置按钮2不可按
    button[2].setClickable(false);                       //设置按钮3不可按
    button[3].setClickable(false);                       //设置按钮4不可按
    button[0].setOnClickListener(new View.OnClickListener() {
        @Override
        public void onClick(View arg0) {                 //设置监听
            final byte[] buffer1 = {'c'};
            button[0].setBackgroundColor(Color.BLUE);    //设置按钮2的背景为蓝色
            sendBTMessage(new String(buffer1));          //发送新字符串
            //connection.bulkTransfer(outEP, buffer1, 1, 0);
            if (f_num!= 0) {                             //f不为0
                button[f_num].setBackgroundColor(Color.WHITE);
                                                         //设置背景为白色
            f_num = 0;                                   //f为0
        }
```

```java
            button[0].setBackgroundColor(Color.BLUE);        //设置背景为蓝色
        }
    });
    button[1].setOnClickListener(new View.OnClickListener() {
                                                             //设置监听
        @Override
        public void onClick(View arg0) {                     //按钮1设置监听
            final byte buffer1[] = {'t'};
            sendBTMessage(new String(buffer1));              //发送新消息
            //connection.bulkTransfer(outEP, buffer1, 1, 0);
            if (f_num!= 1) {
                button[f_num].setBackgroundColor(Color.WHITE);
                                                             //设置背景为白色
                f_num = 1;
            }
            button[1].setBackgroundColor(Color.BLUE);        //设置背景为蓝色
        }
    });
    button[2].setOnClickListener(new View.OnClickListener() {
                                                             //按钮2的监听
        @Override
        public void onClick(View arg0) {
            final byte buffer1[] = {'s'};                    //发送字节s
            sendBTMessage(new String(buffer1));              //发送消息
            //connection.bulkTransfer(outEP, buffer1, 1, 0);
            if (f_num!= 2) {
                button[f_num].setBackgroundColor(Color.WHITE);
                                                             //不为2,设置背景为白色
                f_num = 2;
            }
            button[2].setBackgroundColor(Color.BLUE);        //是2,设置背景为蓝色
        }
    });
    button[3].setOnClickListener(new View.OnClickListener() {
                                                             //按钮3的监听
        @Override
        public void onClick(View arg0) {                     //按下去之后
            final byte buffer1[] = {'p'};                    //发送p
            sendBTMessage(new String(buffer1));              //可以在文本框内发送数据
            //connection.bulkTransfer(outEP, buffer1, 1, 0);
            if (f_num!= 3) {
                button[f_num].setBackgroundColor(Color.WHITE);
                        //如果按钮不为3,则背景为白色
                f_num = 3;
            }
            button[3].setBackgroundColor(Color.BLUE);
                    //如果是3则设置背景为蓝色
```

```java
            }
        });
    }
    void connected() {                                          //连接好之后
        button[0].setClickable(true);                           //按钮1可点击
        button[1].setClickable(true);                           //按钮2可点击
        button[2].setClickable(true);                           //按钮3可点击
        button[3].setClickable(true);                           //按钮4可点击
        f_num = 0;                                              //0时
        f_act = false;                                          //如果为false
        button[f_num].setBackgroundColor(Color.GREEN);          //设置背景为绿色
        final byte buffer1[] = {'g'};                           //发送字节g
        sendBTMessage(new String(buffer1));                     //发送文本框内容
        //connection.bulkTransfer(outEP, buffer1, 1, 0);
        final byte b_i = (byte) (f_num & 0xFF);
        final byte buffer_i[] = {b_i};
        sendBTMessage(new String(buffer_i));                    //发送信息
        //connection.bulkTransfer(outEP, buffer_i, 1, 0);
        //ListenForInputData();                                 //监听数据
        handlerMsg = new Handler() {                            //新线程
            public void handleMessage(Message msg) {            //新消息
                final String dataFromMessage =
msg.getData().getString("message");
                                                                //数据接收
                final String subdata = dataFromMessage.substring(2);
                final char code = subdata.charAt(0);
                if (!f_act) {
                    switch (code) {
                        case 'l':
                            button[f_num].setBackgroundColor(Color.WHITE);
                            //通过USB传来向左的信号时,设置背景为白色
                            if (f_num == 0) {
                                f_num = 3;                      //第一次从0按钮变为3按钮
                            } else {
                                f_num--;                        //按钮数递减,即实现向左功能
                            }
                            button[f_num].setBackgroundColor(Color.GREEN);
                            //设置背景为绿色
                            byte b_l = 0;                       //0字节
                            if (f_num == 0) {                   //0按钮
                                b_l = '0';                      //0字节
                            } else if (f_num == 1) {            //1按钮
                                b_l = '1';                      //1字节
                            } else if (f_num == 2) {            //2按钮
                                b_l = '2';                      //2字节
                            } else if (f_num == 3) {            //3按钮
                                b_l = '3';                      //3字节
```

```
            }
            final byte buffer_l[ ] = {b_l};        //收到b
            sendBTMessage(new String(buffer_l));
                                                   //发送信息
            //connection.bulkTransfer(outEP, buffer_l, 1, 0);
            break;
        case 'r':                                  //当按钮向右
            button[f_num].setBackgroundColor(Color.WHITE);
                //按钮设置背景为白色
            if (f_num == 3) {
                f_num = 0;                         //从第3个按钮转为0按钮
            } else {
                f_num++;                           //按钮数递增,即实现右移功能
            }
            button[f_num].setBackgroundColor(Color.GREEN);
                //设置按钮背景为绿色
            byte b_r = 0;                          //字节为0
            if (f_num == 0) {
                b_r = '0';                         //按钮0字节为0
            } else if (f_num == 1) {
                b_r = '1';                         //按钮1字节为1
            } else if (f_num == 2) {
                b_r = '2';                         //按钮2字节为2
            } else if (f_num == 3) {
                b_r = '3';                         //按钮3字节为3
            }
            final byte buffer_r[ ] = {b_r};
            sendBTMessage(new String(buffer_r));
            //connection.bulkTransfer(outEP, buffer_r, 1, 0);
                //将获得信息通过USB返回显示器
            break;
        case 'e':
            button[f_num].setBackgroundColor(Color.BLUE);
                //当按键为确定时,设置背景为蓝色
            f_act = true;                          //为true
            if (f_num == 0) {
                f0_dialog();                       //为0按钮时,弹出0的对话框
            } else if (f_num == 1) {
                f1_dialog();                       //为1按钮时,弹出1的对话框
            } else if (f_num == 2) {
                f2_dialog();                       //为2按钮时,弹出2的对话框
            } else if (f_num == 3) {
                f3_dialog();                       //为3按钮时,弹出3的对话框
            }
            final byte buffer_e[ ] = {'e'};
            sendBTMessage(new String(buffer_e));
            //connection.bulkTransfer(outEP, buffer_e, 1, 0);
```

```java
                            //将转换的字节通过USB传给显示屏
                            break;
                    }
                } else if (code == 'b') {
                    button[f_num].setBackgroundColor(Color.GREEN);
                                                                //背景为绿色
                    f_act = false;
                    dialog.cancel();                            //取消对话框
                    final byte buffer_b[] = {'b'};
                    sendBTMessage(new String(buffer_b));
                    //connection.bulkTransfer(outEP, buffer_b, 1, 0);
                            //通过USB传输给显示器
                }
            }
        };
    }
    @Override
    protected void onCreate(Bundle savedInstanceState) {        //创建
        super.onCreate(savedInstanceState);
        setContentView(R.layout.activity_bluetooth);            //设置蓝牙布局
        initButton();                                           //按钮
        ButterKnife.bind(this);
        editText.setError("Enter text first");                  //编辑文本设置为错误
        editText.setOnEditorActionListener(new
TextView.OnEditorActionListener() {
                                                                //文本数据监听
            @Override
            public boolean onEditorAction(TextView v, int actionId, KeyEvent event) {
                                                                //编辑动作
                if (actionId == EditorInfo.IME_ACTION_SEND) {
                    send();
                    return true;
                }
                return false;
            }
        });
        snackTurnOn = Snackbar.make(coordinatorLayout, "Bluetooth turned off", Snackbar.
LENGTH_INDEFINITE)
                .setAction("Turn On", new View.OnClickListener() {
                    @Override
                    public void onClick(View v) {
                        enableBluetooth();
                    }
                });
        chatAdapter = new ChatAdapter(this);                    //新的聊天
        chatListView.setEmptyView(emptyListTextView);           //设置空的视图
        chatListView.setAdapter(chatAdapter);                   //设置视图
```

```java
        getWindow().addFlags(WindowManager.LayoutParams.FLAG_KEEP_SCREEN_ON);
        setSupportActionBar(toolbar);                       //支持的动作
        assert getSupportActionBar()!= null;                //获取支持
        getSupportActionBar().setDisplayHomeAsUpEnabled(true);
        device = getIntent().getExtras().getParcelable(Constants.EXTRA_DEVICE);
                                                            //设备获取交互
          bluetoothService = new BluetoothService(new myHandler(BluetoothActivity.this),
device);                                                    //蓝牙服务
        setTitle(device.getName());                         //设备获取蓝牙 name
        initButton();
    }
    @Override
    protected void onStart() {                              //开始
        super.onStart();
        IntentFilter filter = new IntentFilter();           //筛选
        filter.addAction(BluetoothAdapter.ACTION_STATE_CHANGED); //添加蓝牙动作
        registerReceiver(mReceiver, filter);                //获取
        bluetoothService.connect();                         //连接蓝牙
        Log.d(Constants.TAG, "Connecting");                 //标签:Connecting
    }
    @Override
    protected void onStop() {                               //停止
        super.onStop();
        if (bluetoothService!= null) {                      //检测不到蓝牙设备
            bluetoothService.stop();                        //蓝牙服务停止
            Log.d(Constants.TAG, "Stopping");               //标签:Stopping
        }
        unregisterReceiver(mReceiver);
    }
    @Override
    protected void onActivityResult(int requestCode, int resultCode, Intent data) {
        super.onActivityResult(requestCode, resultCode, data);
        if (requestCode == Constants.REQUEST_ENABLE_BT) {
            if (resultCode == RESULT_OK) {                  //密码匹配成功
                setStatus("None");                          //设置初始状态
            } else {
                setStatus("Error");                         //设置 Error 状态
                Snackbar.make(coordinatorLayout, "Failed to enable bluetooth", Snackbar.
LENGTH_INDEFINITE)
                        .setAction("Try Again", new View.OnClickListener() {
                                                            //动作,重新监听数据
                            @Override
                            public void onClick(View v) {   //按下
                                enableBluetooth();          //蓝牙打开
                            }
                        }).show();                          //显示
        }
```

```java
        }
    }
    private void sendBTMessage(String message) {                //发送信息
        if (bluetoothService.getState()!= Constants.STATE_CONNECTED) {
                                                                //如果获取蓝牙
            return;                                             //返回
        } else {
            try {
                byte[] send = message.getBytes(charsetName);
                bluetoothService.write(send, message);
            } catch (Exception e) {
            }
        }
    }
    private class myHandler extends Handler {                   //线程
        private final WeakReference<BluetoothActivity> mActivity;
        public myHandler(BluetoothActivity activity) {
            mActivity = new WeakReference<>(activity);
        }
        @Override
        public void handleMessage(Message msg) {                //消息机制
            inal BluetoothActivity activity = mActivity.get();  //获取蓝牙
            switch (msg.what) {
                case Constants.MESSAGE_STATE_CHANGE:
                    switch (msg.arg1) {
                        case Constants.STATE_CONNECTED:         //成功连接
                            activity.setStatus("Connected");    //获取连接状态
                            activity.reconnectButton.setVisible(false);
                                                                //按钮可见
                            activity.toolbalProgressBar.setVisibility(View.GONE);
                            connected();                        //连接
                            break;                              //停止
                        case Constants.STATE_CONNECTING:        //连接状态
                            activity.setStatus("Connecting");
                            activity.toolbalProgressBar.setVisibility(View.VISIBLE);
                            break;
                        case Constants.STATE_NONE:              //无设备状态
                            activity.setStatus("Not Connected");
                            activity.toolbalProgressBar.setVisibility(View.GONE);
                            break;
                        case Constants.STATE_ERROR:             //错误状态
                            activity.setStatus("Error");
                            activity.reconnectButton.setVisible(true);
                            activity.toolbalProgressBar.setVisibility(View.GONE);
                            break;
                    }
                    break;
```

```java
            case Constants.MESSAGE_WRITE:
                try {
                    byte[] writeBuf = (byte[]) msg.obj;
                    String writeMessage = new String(writeBuf, charsetName);
                                                                //新连接
                    ChatMessage messageWrite = new ChatMessage("Me", writeMessage);
                    activity.addMessageToAdapter(messageWrite);
                } catch (Exception e) {
                }
                break;
            case Constants.MESSAGE_READ:
                try {
                    String readMessage = (String) msg.obj;
                    readMessage = new String(readMessage.getBytes(), charsetName);
                                                                //读数据
                    if (readMessage!= null && activity.showMessagesIsChecked) {
                                                                //不空而且核对正确
                        ChatMessage messageRead = new ChatMessage(activity.device.getName(), readMessage.trim());
                        activity.addMessageToAdapter(messageRead);
                    }
                    readBT(readMessage);
                } catch (Exception e) {
                }
                break;
            case Constants.MESSAGE_SNACKBAR:
                    Snackbar.make(activity.coordinatorLayout, msg.getData().getString(Constants.SNACKBAR), Snackbar.LENGTH_LONG)
                            .setAction("Connect", new View.OnClickListener() {
                                @Override
                                public void onClick(View v) { //按下去之后
                                    activity.reconnect();    //重新连接
                                }
                            }).show();                        //显示
                break;
        }
    }
}
private void readBT(String message) {                         //读 BT 内容
    final Message msg = handlerMsg.obtainMessage();
    final Bundle b = new Bundle();                            //新的线程
    b.putString("message", message);
    msg.setData(b);                                           //设置数据
    handlerMsg.sendMessage(msg);                              //发送数据
}
private void addMessageToAdapter(ChatMessage chatMessage) {
    chatAdapter.add(chatMessage);
```

```java
            if (autoScrollIsChecked) scrollChatListViewToBottom();  //核对
    }
    private void scrollChatListViewToBottom() {
        chatListView.post(new Runnable() {
            @Override
            public void run() {
                // Select the last row so it will scroll into view...
                chatListView.smoothScrollToPosition(chatAdapter.getCount() - 1);
                                                                        //聚焦
            }
        });
    }
    @Override
    public boolean onCreateOptionsMenu(Menu menu) {         //菜单
        getMenuInflater().inflate(R.menu.bluetooth_menu, menu);
        reconnectButton = menu.findItem(R.id.action_reconnect);
        return true;
    }
    @Override
    public boolean onOptionsItemSelected(MenuItem item) {
        switch (item.getItemId()) {
            case android.R.id.home:
                bluetoothService.stop();
                NavUtils.navigateUpFromSameTask(this);
                return true;
            case R.id.action_reconnect:                     //重新连接
                reconnect();
                return true;                                //返回true
            case R.id.action_clear:                         //清除
                chatAdapter.clear();
                return true;
            case R.id.checkable_auto_scroll:                //聚焦
                autoScrollIsChecked = !item.isChecked();    //检查
                item.setChecked(autoScrollIsChecked);       //自动检查
                return true;
            case R.id.checkable_show_messages:              //显示消息
                showMessagesIsChecked = !item.isChecked();
                item.setChecked(showMessagesIsChecked);
                return true;
            case R.id.checkable_show_time:                  //显示时间
                showTimeIsChecked = !item.isChecked();
                item.setChecked(showTimeIsChecked);
                chatAdapter.notifyDataSetChanged();         //数据设置
                return true;
        }
        return super.onOptionsItemSelected(item);
    }
```

```java
        private final BroadcastReceiver mReceiver = new BroadcastReceiver() {
                                                                //广播接收
            public void onReceive(Context context, Intent intent) {
                String action = intent.getAction();
                if (action.equals(BluetoothAdapter.ACTION_STATE_CHANGED)) {
                    int state = intent.getIntExtra(BluetoothAdapter.EXTRA_STATE, BluetoothAdapter.
ERROR);
                    switch (state) {
                        case BluetoothAdapter.STATE_OFF:
                            snackTurnOn.show();
                            break;
                        case BluetoothAdapter.STATE_TURNING_ON:
                            if (snackTurnOn.isShownOrQueued()) snackTurnOn.dismiss();
                            break;
                        case BluetoothAdapter.STATE_ON:
                            reconnect();
                    }
                }
            }
        };
        private void setStatus(String status) {
            toolbar.setSubtitle(status);
        }
        private void enableBluetooth() {                        //打开蓝牙
            setStatus("Enabling Bluetooth");
            Intent enableBtIntent = new Intent(BluetoothAdapter.ACTION_REQUEST_ENABLE);
            startActivityForResult(enableBtIntent, Constants.REQUEST_ENABLE_BT);
        }
        private void reconnect() {                              //连接
            reconnectButton.setVisible(false);                  //显示
            bluetoothService.stop();
            bluetoothService.connect();
        }
        public void f0_dialog() {                               //按钮 0 的对话框
            dialog = new AlertDialog.Builder(this).create();    //将自定义 this 文件中的控件
                                                                //显示在对话框中
            dialog.setTitle("CLOCK");                           //设置标题为"clock"
            final Calendar calendar = Calendar.getInstance();   //从日历获得实例
            final SimpleDateFormat sdf = new SimpleDateFormat("dd:MM:yyyy HH:mm:ss");
                                                                //显示当前日期对话框
            final String time = sdf.format(calendar.getTime()); //获取时间字符串
            final byte[] time_bytes = time.getBytes();          //将获得的时间变成字节
            sendBTMessage(new String(time_bytes));
            //connection.bulkTransfer(outEP, time_bytes, 19, 0); //将生成的字节传给显示器
            dialog.setMessage(time);                            //对话框,设置时间
            dialog.show();                                      //显示
        }
```

```java
public void f1_dialog() {                                    //按钮 1 的对话框
    dialog = new AlertDialog.Builder(this).create();         //创建一个新对话框
    dialog.setTitle("TEXTING");                              //设置标题为"TEXTING"
    final EditText input = new EditText(BluetoothActivity.this);
                                                             //编辑文本
    LinearLayout.LayoutParams lp = new LinearLayout.LayoutParams(
            LinearLayout.LayoutParams.MATCH_PARENT,
            LinearLayout.LayoutParams.MATCH_PARENT);
    input.setLayoutParams(lp);
    input.addTextChangedListener(new TextWatcher() {         //输入文本改变后的
        @Override
        public void afterTextChanged(Editable s) {           //文本改变后
            final String text = s.toString();                //字符串文本
            final byte[] text_bytes = text.getBytes();       //获取文本的字节
            sendBTMessage(new String(text_bytes));
            //connection.bulkTransfer(outEP, text_bytes, text.length(), 0);
                                                             //通过 USB 返回到显示器
        }
        @Override
        public void beforeTextChanged(CharSequence arg0, int arg1, int arg2, int arg3) {
        }
        @Override
        public void onTextChanged(CharSequence arg0, int arg1, int arg2, int arg3) {
        }
    });
    dialog.setView(input);                                   //设置视图
    dialog.show();                                           //显示结果
}
public void f2_dialog() {                                    //按钮 2 的对话框
    dialog = new AlertDialog.Builder(this).create();         //创建一个新的对话框
    dialog.setTitle("SEEKBAR");                              //设置标题为"SEEKBAR"
    final SeekBar sb = new SeekBar(BluetoothActivity.this);
    LinearLayout.LayoutParams lp = new LinearLayout.LayoutParams(
            LinearLayout.LayoutParams.MATCH_PARENT,
            LinearLayout.LayoutParams.MATCH_PARENT);
    sb.setLayoutParams(lp);
    sb.setMax(120);                                          //设置最大值 120
    sb.setProgress(60);                                      //设置进程 60
    sb.setOnSeekBarChangeListener(new SeekBar.OnSeekBarChangeListener() {
        @Override
        public void onProgressChanged(SeekBar seekbar, int progress, boolean fromUser){
            final String position = String.valueOf(progress);
            Toast.makeText(getApplicationContext(), " Position:" + position, Toast.LENGTH_SHORT).show();
            final byte[] position_bytes = position.getBytes();
            sendBTMessage(new String(position_bytes));
            //connection.bulkTransfer(outEP, position_bytes, position.length(), 0);
```

```java
        }
        @Override
        public void onStartTrackingTouch(SeekBar seekbar) {
        }
        @Override
        public void onStopTrackingTouch(SeekBar seekbar) {
        }
    });
    dialog.setView(sb);                                    //设置视图
    dialog.show();                                         //展示结果
}
public void f3_dialog() {                                  //按钮3的对话框
    dialog = new AlertDialog.Builder(this).create();       //创建一个新框
    dialog.setTitle("PAINTING");                           //设置标题为"PAINTING"
    paintview = new PaintView(BluetoothActivity.this, null); //PaintView 函数
    dialog.setView(paintview);                             //设置视图
    dialog.show();                                         //显示
}
public class PaintView extends View {                      //PaintView 的函数
    private Paint paint = new Paint();
    private Path path = new Path();
    private int x = 0;
    private int y = 0;
    private List<Point> points = new ArrayList<Point>();
    public PaintView(Context context, AttributeSet attrs) {
        super(context, attrs);
        paint.setAntiAlias(true);
        paint.setStrokeWidth(6f);
        paint.setColor(Color.BLACK);                       //设置文字为黑色
        paint.setStyle(Paint.Style.STROKE);
        paint.setStrokeJoin(Paint.Join.ROUND);
    }
    @Override
    protected void onMeasure(int widthMeasureSpec, int heightMeasureSpec) {
        super.onMeasure(widthMeasureSpec, heightMeasureSpec);
    }
    @Override
    protected void onDraw(Canvas canvas) {
        canvas.drawPath(path, paint);
        for (Point point : points) {
            canvas.drawCircle(point.x, point.y, 1, paint); //画圆
        }
        if (x!= 0 & y!= 0) {
            final int x_hg = (int) ((x - 108)/3);
            final int y_hg = (int) ((y - 268)/3);
            String punkt = String.valueOf(x_hg);
            if (y_hg < 10) {
```

```java
                punkt = punkt + "0" + y_hg;
            } else {
                punkt = punkt + y_hg;
            }
            final byte[] punkt_bytes = punkt.getBytes();
            sendBTMessage(new String(punkt_bytes));
            //connection.bulkTransfer(outEP, punkt_bytes, punkt.length(), 0);
        }
    }
    @Override
    public boolean onTouchEvent(MotionEvent event) {
        float eventX = event.getX();
        float eventY = event.getY();
        Log.d("", "X" + eventX + "Y" + eventY);
        switch (event.getAction()) {
            case MotionEvent.ACTION_DOWN:
                if (eventX > 492) {
                    eventX = 492;
                } else if (eventX < 109) {
                    eventX = 109;
                }
                if (eventY > 556) {
                    eventY = 556;
                } else if (eventY < 269) {
                    eventY = 269;
                }
                x = (int) eventX;
                y = (int) eventY;
                final Point point1 = new Point();
                point1.x = x;
                point1.y = y;
                points.add(point1);
                path.moveTo(eventX, eventY);
                return true;
            case MotionEvent.ACTION_MOVE:
                if (eventX > 492) {
                    eventX = 492;
                } else if (eventX < 108) {
                    eventX = 108;
                }
                if (eventY > 547) {
                    eventY = 547;
                } else if (eventY < 268) {
                    eventY = 268;
                }
                x = (int) eventX;
                y = (int) eventY;
```

```
                    final Point point2 = new Point();
                    point2.x = x;
                    point2.y = y;
                    points.add(point2);
                    path.lineTo(eventX, eventY);
                    break;
                case MotionEvent.ACTION_UP:
                    break;
                default:
                    return false;
            }
            invalidate();
            return true;
        }
    }
}
```

5.2.3 输出模块

本节包括输出模块的功能介绍及相关代码。

1. 功能介绍

调用 TV 库函数显示功能名称,给出其函数并显示安卓端传输的内容。

2. 相关代码

```
#include <TVout.h>
#include <fontALL.h>
//显示功能名称的代码
void draw_f0_symbol()                          //显示 TIME 的函数
{
  TV.clear_screen();                           //清屏
  TV.draw_circle(64,48,20,1,1);                //画圆
  TV.draw_line(64,48,64,30,2);                 //画线
  TV.draw_line(64,48,78,48,2);                 //画线
  TV.select_font(font8x8);                     //选择字体
  TV.set_cursor(48,70);                        //设置光标
  TV.print("TIME");                            //输出 TIME
}
void draw_f1_symbol()                          //显示 Texting 的函数
{
  TV.clear_screen();                           //清屏
  TV.draw_rect(49,28,30,10,1,0);               //画矩形
  TV.draw_rect(59,40,10,28,1,0);               //画矩形
  TV.select_font(font8x8);                     //选择字体
  TV.set_cursor(40,70);                        //设置光标
  TV.print("Texting");                         //输出 "Texting"
}
```

```
void draw_f2_symbol()                       //显示SEEKBAR的函数
{
  TV.clear_screen();                        //清屏
  TV.draw_rect(44,48,40,6,1,0);             //画矩形
  TV.draw_circle(64,51,5,1,1);              //画圆
  TV.select_font(font8x8);                  //选择字体
  TV.set_cursor(40,70);                     //设置光标
  TV.print("SEEKBAR");                      //输出"SEEKBAR"
}
void draw_f3_symbol()                       //显示"PAINTING"的函数
{
  TV.clear_screen();                        //清屏
  TV.draw_line(44,68,74,38,1);              //画线
  TV.draw_line(43,67,73,37,1);
  TV.draw_line(42,66,72,36,0);
  TV.draw_line(41,65,71,35,1);
  TV.draw_line(40,64,70,34,1);
  TV.draw_line(74,38,82,26,1);
  TV.draw_line(70,34,82,26,1);
  TV.draw_line(74,38,70,34,1);
  TV.draw_line(44,68,40,64,1);
  TV.select_font(font8x8);                  //设置字体
  TV.set_cursor(40,70);                     //设置光标
  TV.print("PAINTING");                     //输出"PAINTING"
}
void load_view()                            //加载视图,显示"Loading"
  {
  TV.clear_screen();                        //清屏
  TV.select_font(font8x8);                  //选择字体
  TV.set_cursor(40,48);                     //设置光标
  TV.print("Loading");                      //输出"Loading"
  delay(500);
  TV.clear_screen();                        //清屏
  }
}
```

5.2.4 蓝牙模块

本节包括蓝牙模块的功能介绍及相关代码。

1. 功能介绍

通过蓝牙实现Arduino开发板与手机的数据交互,进入AT模式设置参数。

2. 相关代码

```
#include<SoftwareSerial.h>
//Arduino开发板引脚10接HC-05的TXD
//Arduino开发板引脚11接HC-05的RXD
```

```
SoftwareSerial BT(10, 11);
char val;
void setup() {
  Serial.begin(38400);
  Serial.println("BT is ready!");
  //HC - 05 默认,38400
  BT.begin(9600);
}
void loop() {
  if (Serial.available()) {
    val = Serial.read();
    BT.print(val);
  } if (BT.available()) {
    val = BT.read();
    Serial.print(val);
  }
}
```

5.3 产品展示

产品内部结构如图 5-6 所示,左边为 Arduino 开发板,左上角是 5V 电池负责给 Arduino 开发板供电,左下角为 HC-05 蓝牙模块与 Arduino 开发板连接,中间有面包板连接的三个按键开关,右下连接电池用来给显示器供电,右上为蓝牙通信方式的 APP,显示器在眼镜前方和 Arduino 开发板连接。产品整体外观如图 5-7 所示。

图 5-6 产品内部结构

图 5-7 产品整体外观

5.4 元件清单

完成本项目所用到的元件及数量如表 5-2 所示。

表 5-2 元件清单

元件/测试仪表	数 量	元件/测试仪表	数 量
安卓手机	1个	导线	若干
Arduino UNO 开发板	1个	显示器驱动器	1个
按钮开关	3个	微型单目头戴显示器	1个
蓝牙模块	1个		

第 6 章 定位追踪器和电子围栏项目设计

本项目基于 Arduino 开发平台,通过按键和远程短信方式开启、关闭电子围栏,通过手机短信进行报警以及通过 APP 进行实时追踪。

6.1 功能及总体设计

本项目通过产品自带的按键直接或通过手机短信远程控制,由 Arduino 开发板、GPS/北斗双模定位模块和 GSM/GPRS 模块组成的产品,按下按键,向用户发送电子围栏中心坐标信息,电子围栏开启;使用手机发送短信指令 a,即可获得产品实时的位置信息;发送短信指令 b,与按键效果等同,开启电子围栏,当产品定位位置超过电子围栏设定范围时,通过短信向用户报警,用户获取定位信息或打开网页端查看地图;发送短信 c 和数字,可以更改电子围栏的精度;发送短信 d,可以控制蜂鸣器发声,辅助寻找产品;发送短信 e,可以关闭电子围栏。

要实现上述功能需将作品分成两部分进行设计,即位置信息的获取及传输至网页端。通过接收用户手机短信进行不同功能的选择及向用户手机发送不同信息。位置信息的获取使用北斗/GPS 双模定位模块,通过串口将数据发送至 Arduino 开发板进行处理,再由 Arduino 开发板传输至 SIM800C 模块和 OneNET 网页端。手机短信控制 SIM800C 模块,接收用户发送的指令,向用户发送定位信息和电子围栏报警信息。

1. 整体框架

整体框架如图 6-1 所示。

本章根据黄思江、王盛民项目设计整理而成。

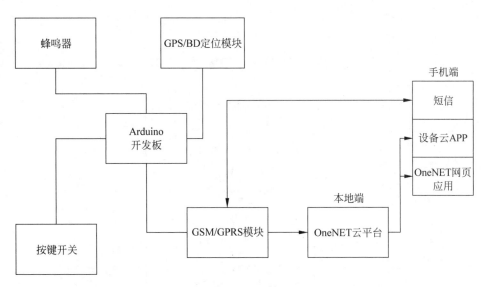

图 6-1 整体框架

2．系统流程

系统流程如图 6-2 所示。

启动产品之后，在 GPS/北斗进行搜寻卫星获取定位地址，当需要开启电子围栏时，发送 b 开头的短信至手机，若 GPS 模块解析地址成功，则返回当前地址并开启电子围栏模式；若未解析成功，则会返回相应提示。开启电子围栏之后，若超出范围，则返回信息至手机端进行提示。

3．总电路

系统总电路如图 6-3 所示，引脚连线如表 6-1 所示。

表 6-1　引脚连线

元件及引脚名		Arduino 开发板引脚
SIM800C	RX	TX3
	TX	RX3
	VCC	VIN
	GND	GND
GPS/北斗模块	VCC	5V
	GND	GND
	TX	RX2
JK002 按键开关	VCC	5V
	GND	GND
	OUT	12
有源蜂鸣器	正极	2
	负极	GND

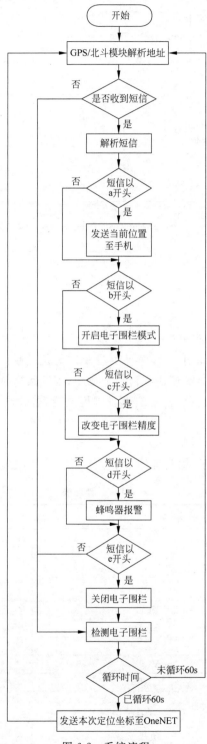

图 6-2 系统流程

第6章 定位追踪器和电子围栏项目设计

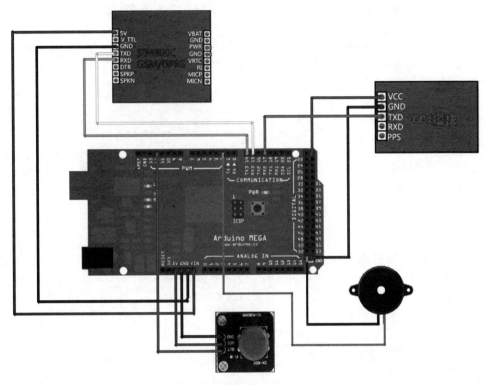

图 6-3 总电路

6.2 模块介绍

本节主要包括主程序模块、GPS/北斗模块、GSM 模块和 GPRS 模块。下面分别给出各模块的功能介绍及相关代码。

6.2.1 主程序模块

本节包括主程序模块的功能介绍及相关代码。

1. 功能介绍

主程序模块通过手机短信获得当前产品的位置；通过实体按键和手机短信开启/关闭电子围栏，手机短信更改电子围栏精度；产品超出电子围栏范围时发送报警短信；通过 OneNET 网页连接，在地图上实时查看产品位置；在寻找产品时，通过短信控制蜂鸣器发出声音，辅助寻找产品。

2. 相关代码

```
# include <TimerOne.h>          //定时器库文件
# include <math.h>              //数学计算库文件
```

```
#define DebugSerial Serial                    //调试用串口,连接计算机
#define GprsSerail Serial3                    //GPRS模块使用串口3
#define GpsSerial   Serial2                   //GPS模块使用串口2
char latitude_1[11];                          //电子围栏定位中心的纬度
char N_S_1[2];
char longitude_1[12];                         //电子围栏定位中心的经度
char E_W_2[2];
bool W = 0;                                   //电子围栏是否工作标志位
int pp = 0;                                   //定义计数,用于判断之前是否已经在区域之外
int accuracy = 50;                            //定义电子围栏精度,默认为50个单位
int distance = 0;                             //定义距离电子围栏中心的距离
struct
{
    char GPS_Buffer[80];
    bool isGetData;                           //是否获取到GPS数据
    bool isParseData;                         //是否解析完成
    char UTCTime[11];                         //UTC时间
    char latitude[11];                        //纬度
    char N_S[2];
    char longitude[12];                       //经度
    char E_W[2];
    bool isUsefull;                           //定位信息是否有效
} Save_Data;
const unsigned int gpsRxBufferLength = 300;
char gpsRxBuffer[gpsRxBufferLength];          //GPS原始数据数组
unsigned int gpsRxCount = 0;
const unsigned int gprsRxBufferLength = 1000;
char gprsRxBuffer[gprsRxBufferLength];        //网络数据传输数组
unsigned int gprsBufferCount = 0;
char OneNetServer[] = "api.heclouds.com";     //OneNET平台服务器地址
#define Success 1U
#define Failure 0U
int Button = 12;                              //实体按键引脚
int Buzzer = 2;                               //蜂鸣器引脚
int L = 13;                                   //LED指示灯引脚
unsigned long  Time_Cont = 0;                 //定时器计数器
char device_id[] = "30989677";                //OneNET平台分配的设备ID
char API_KEY[] = "6965x7PR1SsNxcD = wg9X3fKZRHg = ";
                                              //OneNET平台的API_KEY
char sensor_gps[] = "location";
char phoneNumber[] = "15210563599";           //用户电话号码
char msg[] = "waiting instruction";           //开机短信内容
```

```
char messageBuffer[100] = {};                    //短信缓存数组
void setup() {
    pinMode(Button, INPUT_PULLUP);               //上拉使按键为默认接高电平,这样功能更加稳定
    pinMode(Buzzer, OUTPUT);                     //设置蜂鸣器为输出
    pinMode(L, OUTPUT);                          //设置 LED 对应 I/O 引脚为输出状态
    digitalWrite(Buzzer, LOW);                   //正常状态下蜂鸣器不响
    digitalWrite(L, LOW);
    Save_Data.isGetData = false;                 //初始设置 GPS 数据状态均为 false
    Save_Data.isParseData = false;
    Save_Data.isUsefull = false;
    DebugSerial.begin(9600);
    GprsSerail.begin(9600);
    GpsSerial.begin(9600);
    Timer1.initialize(1000);
    Timer1.attachInterrupt(Timer1_handler);
    initGprs();                                  //SIM800C 模块初始化
    sendMessage(phoneNumber,msg);                //发送模块启动短信
    clrGprsRxBuffer();
}
void loop()
{
    Time_Cont = 0;
    while(Time_Cont < 60000)
    //60s 内不停读取 GPS 数据,检测是否收到短信、按键是否按下
    {
        int ButtonState = digitalRead(Button);   //设置变量存储读到的按键状态值
        gpsRead();                               //获取 GPS 数据
        parseGpsBuffer();                        //解析 GPS 数据
        if(getMessage() == Success)              //如果收到短信
        {
            parseMessage();                      //解析短信内容
            if (Save_Data.isParseData)
            {
                if(!Save_Data.isUsefull)         //如果此时没有有效的 GPS 数据
                    sendMessage(phoneNumber,"Location not available!");
                //向用户发送此时定位数据无效的信息
                if(Save_Data.isUsefull)          //如果此时有有效的 GPS 数据
                {
                    if(messageBuffer[0] == 'a')  //收到指令 a
                    {
                        DebugSerial.println("get command a!");
                        SendLocation();          //发送定位数据
```

```
                    if(messageBuffer[0] == 'b')         //收到指令 b
                    {
                        DebugSerial.println("get command b!");
                        pp = 0;                         //重置电子围栏
                        OpenFence();                    //开启电子围栏并发送中心定位数据
                    }
                    if(messageBuffer[0] == 'c')         //收到指令 c
                    {
                        DebugSerial.println("get command c!");
                        int accuracy = int((messageBuffer[1] - 48) * 10) + int(messageBuffer[2] - 48);
                                                        //转换为 int 类型
                        DebugSerial.println("change accuracy to");
                        DebugSerial.println(accuracy);
                        sendMessage(phoneNumber,"Accuracy changed!");
                    }
                    if(messageBuffer[0] == 'd')         //收到指令 d
                    {
                        DebugSerial.println("get command d!");
                        digitalWrite(Buzzer, HIGH);//蜂鸣器鸣响 0.5s
                        delay(500);
                        digitalWrite(Buzzer, LOW);
                    }
                    if(messageBuffer[0] == 'e')         //收到指令 e
                    {
                        DebugSerial.println("get command e!");
                        W = 0;                          //强制关闭电子围栏
                        sendMessage(phoneNumber,"Fence Closed!");
                    }
                }
            }
        }
        if(ButtonState == 0)                            //按下按键
        {
            delay(10);
            if(ButtonState == 0)                        //延时消抖处理
            {
                pp = 0;                                 //重置电子围栏
                OpenFence();                            //开启电子围栏并发送中心定位数据
            }
        }
```

```cpp
        Fence();                                    //电子围栏模块
    }
    printGpsBuffer();                               //输出解析后的数据,包括发送到 OneNET 服务器
}

void OpenFence()                                    //开启电子围栏并发送位置信息
{
    W = 1;                                          //电子围栏标志位置 1
    memcpy(latitude_1, Save_Data.latitude, sizeof(Save_Data.latitude));
    //取当前纬度
    memcpy(longitude_1,
    Save_Data.longitude, sizeof(Save_Data.longitude));      //取当前经度
    DebugSerial.print("center latitude:");
    DebugSerial.println(latitude_1);
    DebugSerial.print("center longtitude:");
    DebugSerial.println(longitude_1);
    char Location[150] = "Center Location Is:     ";   //向用户发送的短信内容
    strcat(Location," Latitude:     ");
    strcat(Location,latitude_1);
    strcat(Location," Longitude:    ");
    strcat(Location,longitude_1);
    strcat(Location,"
    map:https://open.iot.10086.cn/appview/p/a72474dc1d16486aec93529f3716dc91");
                                                    //网页端地图的网址,在短信中发送
    sendMessage(phoneNumber,Location);
}
void Fence()                                        //电子围栏
{
    if(W)                                           //如果电子围栏标识为有效
    {
        int a1 = ((int)(latitude_1[6]) - 48) * 10 + (int)(latitude_1[7] - 48);
        //取中心纬度有效的两位,由 char 类型转换为可计算的 int 类型
        int a2 = ((int)(longitude_1[7]) - 48) * 10 + (int)(longitude_1[8] - 48);
        //取中心经度有效的两位
        int
b1 = ((int)(Save_Data.latitude[6]) - 48) * 10 + (int)(Save_Data.latitude[7] - 48);
        //取实时纬度有效的两位
        int
b2 = ((int)(Save_Data.longitude[7]) - 48) * 10 + (int)(Save_Data.longitude[8] - 48);
        //取实时经度有效的两位
        distance = abs(a1 - b1) + abs(a2 - b2);       //给距离变量赋值
        DebugSerial.println(distance);
```

```cpp
        if(distance > accuracy)                         //距离大于预设值
        {
            delay(1000);                                //电子围栏防抖
            int
c1 = ((int)(Save_Data.latitude[6]) - 48) * 10 + (int)(Save_Data.latitude[7] - 48);
            //重新取得1s后的经纬度
            int
c2 = ((int)(Save_Data.longitude[7]) - 48) * 10 + (int)(Save_Data.longitude[8] - 48);
            if(abs(c1 - a1) + abs(c2 - a2) > accuracy)  //1s后距离仍大于预设值
            {
                pp = pp + 1;                            //只有第一次超出范围进行报警
                if(pp == 10)
                sendMessage(phoneNumber,"outside restricted area!");
                                                        //向用户发送报警短信
            }
        }
    }
}
void SendLocation()                                     //发送位置信息
{
            char latitude_0[11];
            char longitude_0[12];
            char Location[150] = "Current Location Is:      ";
            memcpy(latitude_0, Save_Data.latitude, sizeof(Save_Data.latitude));
            memcpy(longitude_0, Save_Data.longitude, sizeof(Save_Data.longitude));
            strcat(Location," Latitude:   ");
            strcat(Location,latitude_0);
            strcat(Location," Longitude:   ");
            strcat(Location,longitude_0);
            strcat(Location," map:https://open.iot.10086.cn/appview/p/a72474dc1d16486aec93529f3716dc91");
            sendMessage(phoneNumber,Location);          //发送短信
}
void printGpsBuffer()                                   //将解析后的定位数据输出
{
    if (Save_Data.isParseData)                          //如果数据解析成功
    {
        Save_Data.isParseData = false;
        DebugSerial.print("Save_Data.UTCTime = ");
        DebugSerial.println(Save_Data.UTCTime);
        if (Save_Data.isUsefull)                        //若解析后的数据是有效数据
        {
```

```
                Save_Data.isUsefull = false;
                DebugSerial.print("Save_Data.latitude = ");
                //测试时,串口监视GPS获得数据
                DebugSerial.println(Save_Data.latitude);
                DebugSerial.print("Save_Data.N_S = ");
                DebugSerial.println(Save_Data.N_S);
                DebugSerial.print("Save_Data.longitude = ");
                DebugSerial.println(Save_Data.longitude);
                DebugSerial.print("Save_Data.E_W = ");
                DebugSerial.println(Save_Data.E_W);
                postGpsDataToOneNet(API_KEY, device_id, sensor_gps, Save_Data.longitude,
Save_Data.latitude);                            //向OneNET服务器传输定位数据
            }
            else
            {
                DebugSerial.println("GPS DATA is not useful!");
                //串口显示此时定位数据无效
            }
        }
    }
}
void postGpsDataToOneNet(char * API_VALUE_temp, char * device_id_temp, char * sensor_id_temp,
char * lon_temp, char * lat_temp)               //将定位数据上传至OneNET
{
    char send_buf[400] = {0};
    char text[100] = {0};
    char tmp[25] = {0};
    char lon_str_end[15] = {0};
    char lat_str_end[15] = {0};
    dtostrf(longitudeToOnenetFormat(lon_temp), 3, 6, lon_str_end);
    //转换成字符串输出
    dtostrf(latitudeToOnenetFormat(lat_temp), 2, 6, lat_str_end);
    //转换成字符串输出
    //连接服务器
    memset(send_buf, 0, 400);                   //清空
    strcpy(send_buf, "AT + CIPSTART = \"TCP\",\"");
    strcat(send_buf, OneNetServer);
    strcat(send_buf, "\",80\r\n");
    if (sendCommand(send_buf, "CONNECT", 10000, 5) == Success);
    else errorLog(6);
    //发送数据
    if (sendCommand("AT + CIPSEND\r\n", ">", 3000, 1) == Success);
    else errorLog(7);
```

```c
    memset(send_buf, 0, 400);                                    //清空
//准备 JSON 字符串
    sprintf(text, "{\"datastreams\":[{\"id\":\"%s\",\"datapoints\":[{\"value\":{\"lon\":%s,\"lat\":%s}}]}]}", sensor_id_temp, lon_str_end, lat_str_end);
//准备 HTTP 报头
    send_buf[0] = 0;
    strcat(send_buf, "POST /devices/");
    strcat(send_buf, device_id_temp);
    strcat(send_buf, "/datapoints HTTP/1.1\r\n");                //此处数据后面的\r\n 非常关键
    strcat(send_buf, "api-key:");
    strcat(send_buf, API_VALUE_temp);
    strcat(send_buf, "\r\n");
    strcat(send_buf, "Host:");
    strcat(send_buf, OneNetServer);
    strcat(send_buf, "\r\n");
    sprintf(tmp, "Content-Length:%d\r\n\r\n", strlen(text));     //计算 JSON 串长度
    strcat(send_buf, tmp);
    strcat(send_buf, text);
    if (sendCommand(send_buf, send_buf, 3000, 1) == Success);
    else errorLog(8);
    char sendCom[2] = {0x1A};
    if (sendCommand(sendCom, "\"succ\"}", 3000, 1) == Success);
    else errorLog(9);
    if (sendCommand("AT+CIPCLOSE\r\n", "CLOSE OK", 3000, 1) == Success);
    else errorLog(10);
    if (sendCommand("AT+CIPSHUT\r\n", "SHUT OK", 3000, 1) == Success);
    else errorLog(11);
}
void initGprs()                                                  //GPRS 模块初始化
{
    if (sendCommand("AT\r\n", "OK", 3000, 10) == Success);
    else errorLog(12);
    if (sendCommand("AT+CREG?\r\n", "+CREG: 0,1", 3000, 10) == Success);
    else errorLog(13);
    if (sendCommand("AT+CGCLASS=\"B\"\r\n", "OK", 3000, 2) == Success);
    else errorLog(14);
    if (sendCommand("AT+CGDCONT=1,\"IP\",\"CMNET\"\r\n", "OK", 3000, 2) == Success);
    else errorLog(15);
    if (sendCommand("AT+CGATT=1\r\n", "OK", 3000, 2) == Success);
    else errorLog(16);
    if (sendCommand("AT+CLPORT=\"TCP\",\"2000\"\r\n", "OK", 3000, 2) == Success);
    else errorLog(17);
```

```
    if (sendCommandReceive2Keyword("AT + CPIN?\r\n", "READY", "OK\r\n", 3000, 10) == Success);
    else errorLog(18);
    if (sendCommand("AT + CMGF = 1\r\n", "OK\r\n", 3000, 10) == Success);
    else errorLog(19);
    if (sendCommand("AT + CSCS = \"GSM\"\r\n", "OK\r\n", 3000, 10) == Success);
    else errorLog(20);
    if (sendCommand("AT + CNMI = 2,2\r\n", "OK\r\n", 3000, 10) == Success);
    else errorLog(21);
}
void( * resetFunc) (void) = 0;                          //制造重启命令
void errorLog(int num)
{
    DebugSerial.print("ERROR");
    DebugSerial.println(num);
    while (1)
    {
        digitalWrite(L, HIGH);
        delay(300);
        digitalWrite(L, LOW);
        delay(300);
        if (sendCommand("AT\r\n", "OK", 100, 10) == Success)
        {
            DebugSerial.print("\r\nRESET!!!!!!\r\n");
            resetFunc();
        }
    }
}
void gpsRead()                                          //获取 GPS 数据
{
    while (GpsSerial.available())
    {
        gpsRxBuffer[gpsRxCount] = GpsSerial.read();
        if (gpsRxBuffer[gpsRxCount++] == '\n')
        {
            char * GPS_BufferHead;
            char * GPS_BufferTail;
            if ((GPS_BufferHead = strstr(gpsRxBuffer, "$GPRMC,"))!= NULL||(GPS_BufferHead = strstr(gpsRxBuffer, "$GNRMC,"))!= NULL )
            {
                if (((GPS_BufferTail = strstr(GPS_BufferHead, "\r\n"))!= NULL) && (GPS_BufferTail > GPS_BufferHead))
```

```cpp
      {
        memcpy(Save_Data.GPS_Buffer, GPS_BufferHead, GPS_BufferTail - GPS_BufferHead);
        Save_Data.isGetData = true;
        clrGpsRxBuffer();
      }
    }
    clrGpsRxBuffer();
  }
  if (gpsRxCount == gpsRxBufferLength)clrGpsRxBuffer();
 }
}
void parseGpsBuffer()                   //解析定位地址信息
{
    char * subString;
    char * subStringNext;
    if (Save_Data.isGetData)
    {
        Save_Data.isGetData = false;
        DebugSerial.println(" ** ** ** ** ** ** ** ");
        DebugSerial.println(Save_Data.GPS_Buffer);
        for (int i = 0 ; i <= 6 ; i++)
        {
            if (i == 0)
            {
                if ((subString = strstr(Save_Data.GPS_Buffer, ",")) == NULL)
                //第一次循环将指针位置移动至获取的 GNRMC 数据帧的第一个","处
                    errorLog(1);           //解析错误
            }
            else
            {
                subString++;    //此时首位应为",",主串字符串后移一位,产生新的主串,即此
                                //时,主串的首位至下一个","的字符串为有效数据
                if ((subStringNext = strstr(subString, ","))!= NULL)
                {
                    char usefullBuffer[2];
                    switch (i)
                    {
                    case 1: memcpy(Save_Data.UTCTime, subString, subStringNext - subString);
                            break;           //获取 UTC 时间,复制主串首位至子串首位
                                             //以下类似
                    case 2: memcpy(usefullBuffer, subString, subStringNext - subString);
                            break;           //获取 UTC 时间
```

```c
                    case 3: memcpy(Save_Data.latitude, subString, subStringNext - subString);
                        break;                  //获取纬度信息
                    case 4: memcpy(Save_Data.N_S, subString, subStringNext - subString);
                        break;                  //获取南北信息
                    case 5: memcpy(Save_Data.longitude, subString, subStringNext - subString);
                        break;                  //获取纬度信息
                    case 6: memcpy(Save_Data.E_W, subString, subStringNext - subString);
                        break;                  //获取东西信息
                    default: break;
                }
            subString = subStringNext;          //更新主串指向为子串首位,以便获取下一段有效
                                                //数据集
        }
        Save_Data.isParseData = true;           //解析成功,置位真值
        if (usefullBuffer[0] == 'A')            //判断解析之后的数据点是否有效
            Save_Data.isUsefull = true;
        else if (usefullBuffer[0] == 'V')
            Save_Data.isUsefull = false;
    }
    else
    {
        errorLog(2);                            //解析错误
    }
}
void clrGpsRxBuffer(void)
{
    memset(gpsRxBuffer, 0, gpsRxBufferLength);  //清空
    gpsRxCount = 0;
}
double longitudeToOnenetFormat(char * lon_str_temp)
                                                //将经度信息转换为OneNET可识别格式
{
    double lon_temp = 0;
    long lon_Onenet = 0;
    int dd_int = 0;
    long mm_int = 0;
    double lon_Onenet_double = 0;
    lon_temp = atof(lon_str_temp);
    lon_Onenet = lon_temp * 100000;             //转换为整数
```

```cpp
        dd_int = lon_Onenet/10000000;              //取出dd部分
        mm_int = lon_Onenet % 10000000;            //取出mm部分
        lon_Onenet_double = dd_int + (double)mm_int/60/100000;   //转换格式
        return lon_Onenet_double;
}
double latitudeToOnenetFormat(char * lat_str_temp)
                                                 //纬度信息转换为可识别的格式
{
        double lat_temp = 0;
        long lat_Onenet = 0;
        int dd_int = 0;
        long mm_int = 0;
        double lat_Onenet_double = 0;
        lat_temp = atof(lat_str_temp);
        lat_Onenet = lat_temp * 100000;            //转换为整数
        dd_int = lat_Onenet/10000000;              //取出dd部分
        mm_int = lat_Onenet % 10000000;            //取出mm部分
        lat_Onenet_double = dd_int + (double)mm_int/60/100000;   //换算格式
        return lat_Onenet_double;
}
void parseMessage()                              //解析短信信息
{
    char * messageHead = NULL;
    char * messageEnd1 = NULL;
    char * messageEnd2 = NULL;
    memset(messageBuffer, 0, sizeof(messageBuffer) - 1);   //清空短信内容缓冲区
    messageHead = strstr(gprsRxBuffer, "CMT");
    if (messageHead != NULL)
    {
        messageEnd1 = strstr(messageHead, "\n");
        if (messageEnd1 != NULL)
        {
            messageEnd1++;
            messageEnd2 = strstr(messageEnd1, "\n");
            if (messageEnd2 != NULL)
            {
                memcpy(messageBuffer, messageEnd1, messageEnd2 - messageEnd1);
            }
        }
    }
    clrGprsRxBuffer();
}
```

```c
int getMessage()                              //获取短信信息
{
  while (GprsSerail.available())
  {
    gprsRxBuffer[gprsBufferCount] = GprsSerail.read();
    if (gprsBufferCount == gprsRxBufferLength)clrGprsRxBuffer();
    DebugSerial.print(gprsRxBuffer[gprsBufferCount]);
    if(gprsRxBuffer[gprsBufferCount] == '+')
    {
      Time_Cont = 0;
      while (Time_Cont < 500)
      {
        while (GprsSerail.available())
        {
          gprsRxBuffer[gprsBufferCount] = (char)GprsSerail.read();
          DebugSerial.print(gprsRxBuffer[gprsBufferCount]);
          gprsBufferCount++;
          if (gprsBufferCount == gprsRxBufferLength)clrGprsRxBuffer();
        }
      }
      gprsRxBuffer[gprsBufferCount] = '\0';
      return Success;
    }
  }
  return Failure;
}
void sendMessage(char * number,char * msg)    //发送短信
{
  char send_buf[40] = {0};
  memset(send_buf, 0, 40);                    //清空
  strcpy(send_buf, "AT + CMGS = \"");         //发送短信对应的 AT 指令"AT + CMGS"
  strcat(send_buf, number);
  strcat(send_buf, "\"\r\n");
  if (sendCommand(send_buf, ">", 3000, 10) == Success);
  else errorLog(3);
  if (sendCommand(msg, msg, 3000, 10) == Success);
  else errorLog(4);
  memset(send_buf, 0, 40);                    //清空
  send_buf[0] = 0x1a;
  send_buf[1] = '\0';
  if (sendCommand(send_buf, "OK\r\n", 10000, 5) == Success);
  else errorLog(5);
```

```cpp
}
unsigned int sendCommand(char * Command, char * Response, unsigned long Timeout, unsigned char
Retry)
{
    clrGprsRxBuffer();
    for (unsigned char n = 0; n < Retry; n++)
    {
        DebugSerial.print("\r\n-------- send AT Command: --------\r\n");
        DebugSerial.write(Command);
        GprsSerail.write(Command);
        Time_Cont = 0;
        while (Time_Cont < Timeout)
        {
            gprsReadBuffer();
            if (strstr(gprsRxBuffer, Response)!= NULL)
            {
                DebugSerial.print("\r\n===== receive AT Command: =====\r\n");
                DebugSerial.print(gprsRxBuffer);   //串口输出接收到的信息
                clrGprsRxBuffer();
                return Success;
            }
        }
        Time_Cont = 0;
    }
    DebugSerial.print("\r\n========== receive AT Command: ==========\r\n");
    DebugSerial.print(gprsRxBuffer);        //串口输出接收到的信息
    clrGprsRxBuffer();
    return Failure;
}
unsigned int sendCommandReceive2Keyword(char * Command, char * Response, char * Response2,
unsigned long Timeout, unsigned char Retry)
{
  clrGprsRxBuffer();
  for (unsigned char n = 0; n < Retry; n++)
  {
    GprsSerail.write(Command);
    Time_Cont = 0;
    while (Time_Cont < Timeout)
    {
      gprsReadBuffer();
      if (strstr(gprsRxBuffer, Response)!= NULL && strstr(gprsRxBuffer, Response2)!= NULL)
      {
```

```
        clrGprsRxBuffer();
        return Success;
      }
    }
    Time_Cont = 0;
  }
  clrGprsRxBuffer();
  return Failure;
}
void Timer1_handler(void)
{
    Time_Cont++;
}
void gprsReadBuffer() {
    while (GprsSerail.available())
    {
        gprsRxBuffer[gprsBufferCount++] = GprsSerail.read();
        if (gprsBufferCount == gprsRxBufferLength)clrGprsRxBuffer();
    }
}
void clrGprsRxBuffer(void)
{
    memset(gprsRxBuffer, 0, gprsRxBufferLength);    //清空
    gprsBufferCount = 0;
}
```

6.2.2 GPS/北斗模块

本节包括 GPS/北斗模块的功能介绍及相关代码。

1. 功能介绍

GPS/北斗模块具体型号为 ATGM332D-5N,支持 GPS/北斗双模卫星系统,连接天线之后,可在室外获得较为准确的定位地址。代码为单独测试 GPS/北斗模块的定位功能代码,未包含短信与数据流量功能。

2. 相关代码

```
#define GpsSerial Serial
#define DebugSerial Serial
int L = 13; //LED 指示灯引脚
struct
{
    char GPS_Buffer[80];
```

```cpp
    bool isGetData;                     //是否获取到 GPS 数据
    bool isParseData;                   //是否解析完成
    char UTCTime[11];                   //UTC 时间
    char latitude[11];                  //纬度
    char N_S[2];                        //南北信息
    char longitude[12];                 //经度
    char E_W[2];                        //东西信息
    bool isUsefull;                     //定位信息是否有效
} Save_Data;                            //定义 GPS 位置信息结构
const unsigned int gpsRxBufferLength = 600;
char gpsRxBuffer[gpsRxBufferLength];
unsigned int ii = 0;
void setup()                            //初始化内容
{
    GpsSerial.begin(9600);              //定义波特率 9600
    DebugSerial.begin(9600);
    DebugSerial.println("Wating...");
    Save_Data.isGetData = false;
    Save_Data.isParseData = false;
    Save_Data.isUsefull = false;
}
void loop()                             //主循环
{
    gpsRead();                          //获取 GPS 数据
    parseGpsBuffer();                   //解析 GPS 数据
    printGpsBuffer();                   //输出解析后的数据
    Fence();                            //测试版电子围栏模块
}
void errorLog(int num)
{
    DebugSerial.print("ERROR");
    DebugSerial.println(num);
    while (1)
    {
        digitalWrite(L, HIGH);
        delay(300);
        digitalWrite(L, LOW);
        delay(300);
    }
}
void printGpsBuffer()
{
```

```cpp
        if (Save_Data.isParseData)
        {
            Save_Data.isParseData = false;
            DebugSerial.print("Save_Data.UTCTime = ");
            DebugSerial.println(Save_Data.UTCTime);
            if(Save_Data.isUsefull)                    //判断获取的定位地址信息是否有效
            {
                Save_Data.isUsefull = false;
                DebugSerial.print("Save_Data.latitude = ");
                DebugSerial.println(Save_Data.latitude);
                DebugSerial.print("Save_Data.N_S = ");
                DebugSerial.println(Save_Data.N_S);
                DebugSerial.print("Save_Data.longitude = ");
                DebugSerial.println(Save_Data.longitude);
                DebugSerial.print("Save_Data.E_W = ");
                DebugSerial.println(Save_Data.E_W);
            }
            else
            {
                DebugSerial.println("GPS DATA is not usefull!");
            }
        }
}
void parseGpsBuffer()                                  //解析定位地址信息
{
    char * subString;
    char * subStringNext;
    if (Save_Data.isGetData)
    {
        Save_Data.isGetData = false;
        DebugSerial.println("**  **  **  **  **  **  **");
        DebugSerial.println(Save_Data.GPS_Buffer);
        for (int i = 0 ; i <= 6 ; i++)
        {
            if (i == 0)
            {
                if ((subString = strstr(Save_Data.GPS_Buffer, ",")) == NULL)
                //第一次循环将指针位置移动至获取 GNRMC 数据帧的第一个","处
                    errorLog(1);                       //解析错误
            }
            else
            {
```

```cpp
                    subString++; /*此时首位应为",",主串字符串后移一位,产生新的主串,即主串
的首位至下一个","的字符串为有效数据*/
                    if ((subStringNext = strstr(subString, ","))!= NULL)
            //移动子串的指针至最新主串的第一个","处
                    {
                        char usefullBuffer[2];
                        switch(i)
                        {
                        case 1:memcpy(Save_Data.UTCTime, subString, subStringNext - subString);
                            break;                   //获取 UTC 时间,复制主串首位至子串首位
                                                     //的部,以下类似
                        case 2:memcpy(usefullBuffer, subString, subStringNext - subString);
                            break;                   //获取 UTC 时间
                        case 3:memcpy(Save_Data.latitude, subString, subStringNext - subString);
                            break;                   //获取纬度信息
                        case 4:memcpy(Save_Data.N_S, subString, subStringNext - subString);
                            break;                   //获取南北信息
                        case 5:memcpy(Save_Data.longitude, subString, subStringNext - subString);
                            break;                   //获取纬度信息
                        case 6:memcpy(Save_Data.E_W, subString, subStringNext - subString);
                            break;                   //获取东西信息
                        default:break;
                        }
                        subString = subStringNext;
            //更新主串指向为子串首位,以便获取下一段有效数据集
                        Save_Data.isParseData = true;   //解析成功,置位为真值
                        if(usefullBuffer[0] == 'A')     //判断解析之后的数据点是否有效
                            Save_Data.isUsefull = true;
                        else if(usefullBuffer[0] == 'V')
                            Save_Data.isUsefull = false;
                    }
                    else
                    {
                        errorLog(2);                    //解析错误
                    }
                }
            }
        }
    }
}
void gpsRead() {
    while (GpsSerial.available())
    {
```

```
            gpsRxBuffer[ii++] = GpsSerial.read();
            if (ii == gpsRxBufferLength)clrGpsRxBuffer();
        }
        char * GPS_BufferHead;
        char * GPS_BufferTail;
        if ((GPS_BufferHead = strstr(gpsRxBuffer, "$GPRMC,"))!= NULL||(GPS_BufferHead = strstr
(gpsRxBuffer, "$GNRMC,"))!= NULL )
//记录的是 GPRMC 数据帧
        {
            if (((GPS_BufferTail = strstr(GPS_BufferHead, "\r\n"))!= NULL) && (GPS_BufferTail >
GPS_BufferHead))
            {
                memcpy(Save_Data.GPS_Buffer, GPS_BufferHead, GPS_BufferTail - GPS_BufferHead);
                Save_Data.isGetData = true;
                clrGpsRxBuffer();
            }
        }
}
void clrGpsRxBuffer(void)
{
    memset(gpsRxBuffer, 0, gpsRxBufferLength);           //清空
    ii = 0;
}
void Fence()                                             //电子围栏
{
    int a1 = ((int)(latitude_1[6]) - 48) * 10 + (int)(latitude_1[7] - 48);
    //取经纬度中有效的两位,将字符型转换为整型便于计算
    int a2 = ((int)(longitude_1[7]) - 48) * 10 + (int)(longitude_1[8] - 48);
    int b1 = ((int)(Save_Data.latitude[6]) - 48) * 10 + (int)(Save_Data.latitude[7] - 48);
    int b2 = ((int)(Save_Data.longitude[7]) - 48) * 10 + (int)(Save_Data.longitude[8] - 48);
    DebugSerial.println(abs(a1 - b1) + abs(a2 - b2));//串口监视位置偏移量
    if(abs(a1 - b1) + abs(a2 - b2)> 50)                  //判断偏移量是否超过阈值
    {
        DebugSerial.println("outside restricted area!");  //串口报警
        digitalWrite(L, HIGH);                           //点亮 Arduino 开发板上的 LED
    }
}
```

6.2.3 GSM 模块

本节包括 GSM 模块的功能介绍及相关代码。

1. 功能介绍

GSM 模块的具体型号为 SIM800C,在插入 SIM 卡之后,可以实现短信收发功能。本项目中通过串口与 Arduino 开发板的 RX3 和 TX3 相连,用于与手机指令的交互。该模块能够在收到手机指令之后,将定位地址数据以短信形式发送给手机,或者在超出电子围墙范围之后,提示用户。此外,该模块还用于发送接收用户指令,开启蜂鸣器报警模式。

2. 相关代码

```
#include <TimerOne.h>
#define GprsSerail Serial
#define DebugSerial Serial
#define Success 1U
#define Failure 0U
unsigned long    Time_Cont = 0;                          //定时器计数器
const unsigned int gprsRxBufferLength = 1000;
char gprsRxBuffer[gprsRxBufferLength];
unsigned int gprsBufferCount = 0;
char phoneNumber[] = "15611091366";                      //用户电话号码
char msg[] = "model started";                            //模块启动标志短信
char messageBuffer[100] = {};                            //短信缓存数组
void setup() {
    GprsSerail.begin(9600);
    Timer1.initialize(1000);
    Timer1.attachInterrupt(Timer1_handler);
    initGprs();                                          //初始化模块
    sendMessage(phoneNumber,msg);                        //发送模块启动短信
    DebugSerial.println("message sent");                 //串口监视短信是否发送成功
    clrGprsRxBuffer();
}
void loop() {
    if(getMessage() == Success)                          //当接收到短信时进入
    {
        parseMessage();                                  //解析短信内容
    DebugSerial.println("getMessage:");                  //串口显示收到短信
        DebugSerial.println(messageBuffer);
    if(messageBuffer[0] == 'a')                          //若收到的命令以"a"开头
    {
            DebugSerial.println("correct command");      //串口显示收到正确指令
            sendMessage(phoneNumber,"correct command");  //向用户回复短信
    }
    else                                                 //若收到其他形式的命令
    {
```

```
            DebugSerial.println("get wrong command");           //串口显示收到错误指令
            sendMessage(phoneNumber,"wrong command!");          //发送短信告知用户指令错误
        }
    }
}
void parseMessage()                                             //解析短信内容功能模块
{
    char * messageHead = NULL;
    char * messageEnd1 = NULL;
    char * messageEnd2 = NULL;
    memset(messageBuffer, 0, sizeof(messageBuffer) - 1);         //清空短信内容缓冲区
    messageHead = strstr(gprsRxBuffer, "CMT");
    if (messageHead!= NULL)
    {
        messageEnd1 = strstr(messageHead, "\n");
        if (messageEnd1!= NULL)
        {
            messageEnd1++;
            messageEnd2 = strstr(messageEnd1, "\n");
            if (messageEnd2!= NULL)
            {
                memcpy(messageBuffer, messageEnd1, messageEnd2 - messageEnd1)
            }
        }
    }
    clrGprsRxBuffer();
}
int getMessage() {                                              //判断是否接收到短信
    while (GprsSerail.available())
    {
        gprsRxBuffer[gprsBufferCount] = GprsSerail.read();
        if (gprsBufferCount == gprsRxBufferLength)clrGprsRxBuffer();
        if( gprsRxBuffer[gprsBufferCount] == '+')
        {
            Time_Cont = 0;
            while (Time_Cont < 500)
            {
                while (GprsSerail.available())
                {
                    gprsRxBuffer[gprsBufferCount] = (char)GprsSerail.read();
                    gprsBufferCount++;
                    if (gprsBufferCount == gprsRxBufferLength)clrGprsRxBuffer();
                }
            }
            gprsRxBuffer[gprsBufferCount] = '\0';
            return Success;
```

```
            }
        }
        return Failure;
    }
    void phone(char * number)                       //使用 AT 指令发送包含电话号码的数据包
    {
        char send_buf[20] = {0};
        memset(send_buf, 0, 20);                    //清空
        strcpy(send_buf, "ATD");
        strcat(send_buf, number);
        strcat(send_buf, ";\r\n");
        if (sendCommand(send_buf, "OK\r\n", 10000, 10) == Success);
        else errorLog(4);
    }
    void sendMessage(char * number,char * msg)      //发送指定信息
    {
        char send_buf[40] = {0};
        memset(send_buf, 0, 40);                    //清空
        strcpy(send_buf, "AT + CMGS = \"");
        strcat(send_buf, number);
        strcat(send_buf, "\"\r\n");
        if (sendCommand(send_buf, ">", 3000, 10) == Success);
        else errorLog(7);
        if (sendCommand(msg, msg, 3000, 10) == Success);
        else errorLog(8);
        memset(send_buf, 0, 40);                    //清空
        send_buf[0] = 0x1a;
        send_buf[1] = '\0';
        if (sendCommand(send_buf, "OK\r\n", 10000, 5) == Success);
        else errorLog(9);
    }
    void initGprs()                                 //初始化 GSM 模块
    {
        if (sendCommand("AT\r\n", "OK\r\n", 100, 10) == Success);
        else errorLog(2);
        delay(10);
        if (sendCommandReceive2Keyword( "AT + CPIN?\r\n", "READY", "OK\r\n", 3000, 10) == Success);
        else errorLog(3);
        delay(10);
        if (sendCommand("AT + CMGF = 1\r\n", "OK\r\n", 3000, 10) == Success);
        else errorLog(5);
        delay(10);
        if (sendCommand("AT + CSCS = \"GSM\"\r\n", "OK\r\n", 3000, 10) == Success);
        else errorLog(6);
        delay(10);
        if (sendCommand("AT + CNMI = 2,2\r\n", "OK\r\n", 3000, 10) == Success);
```

```c
        else errorLog(7);
        delay(10);
}
void( * resetFunc) (void) = 0;                          //重启命令
void errorLog(int num)
{
    while (1)
    {
        if (sendCommand("AT\r\n", "OK\r\n", 100, 10) == Success)
        {
            resetFunc();
        }
    }
}
unsigned int sendCommand(char * Command, char * Response, unsigned long Timeout, unsigned char
Retry)                                                  //发送指令
{
    clrGprsRxBuffer();
    for (unsigned char n = 0; n < Retry; n++)
    {
        GprsSerail.write(Command);
        Time_Cont = 0;
        while (Time_Cont < Timeout)
        {
            gprsReadBuffer();
            if (strstr(gprsRxBuffer, Response)!= NULL)
            {
                clrGprsRxBuffer();
                return Success;
            }
        }
        Time_Cont = 0;
    }
    clrGprsRxBuffer();
    return Failure;
}
unsigned int sendCommandReceive2Keyword(char * Command, char * Response, char * Response2,
unsigned long Timeout, unsigned char Retry)
{
    clrGprsRxBuffer();
    for (unsigned char n = 0; n < Retry; n++)
    {
        GprsSerail.write(Command);
        Time_Cont = 0;
        while (Time_Cont < Timeout)
        {
            gprsReadBuffer();
```

```
            if (strstr(gprsRxBuffer, Response)!= NULL && strstr(gprsRxBuffer, Response2)!=
NULL)
            {
                clrGprsRxBuffer();
                return Success;
            }
        }
        Time_Cont = 0;
    }
    clrGprsRxBuffer();
    return Failure;
}
void Timer1_handler(void)                              //控制延时
{
    Time_Cont++;
}
void gprsReadBuffer() {
    while (GprsSerail.available())
    {
        gprsRxBuffer[gprsBufferCount++] = GprsSerail.read();
        if (gprsBufferCount == gprsRxBufferLength)clrGprsRxBuffer();
    }
}
void clrGprsRxBuffer(void)
{
    memset(gprsRxBuffer, 0, gprsRxBufferLength);       //清空
    gprsBufferCount = 0;
}
```

6.2.4　GPRS 模块

本节包括 GPRS 模块的功能介绍及相关代码。

1. 功能介绍

GPRS 具体型号为 SIM800C，在插入 SIM 卡之后，实现数据流量上网的功能。本项目中通过 RX3 和 TX3 串口连接，将定位地址数据以数据流量的形式，通过 HTTP 协议发送给 OneNET 云平台，云平台以地图的形式展现定位位置。代码仅展示数据流量功能，实现将单一数据传输到 OneNET 平台进行显示。

2. 相关代码

```
#include <TimerOne.h>
#define DebugSerial Serial
#define GprsSerail Serial3
#define Success 1U
#define Failure 0U
int L = 13; //LED 指示灯引脚
```

```c
unsigned long Time_Cont = 0;                              //定时器计数器
const unsigned int gprsRxBufferLength = 600;
char gprsRxBuffer[gprsRxBufferLength];
unsigned int gprsBufferCount = 0;
char OneNetServer[] = "api.heclouds.com";
char device_id[] = "31029699";                            //OneNET 端自己设备的 ID
char API_KEY[] = "gGA = 1nrZNNTr = swd5HuvQLzPfro = ";    //OneNET 云平台设备的 API_KEY
char sensor_temp[] = "TEMP";
void setup() {
    pinMode(L, OUTPUT);
    digitalWrite(L, LOW);
    DebugSerial.begin(9600);
    GprsSerail.begin(9600);
    Timer1.initialize(1000);
    Timer1.attachInterrupt(Timer1_handler);
    initGprs();
    postDataToOneNet(API_KEY,device_id, sensor_temp, 21);
                                                          //发送数据 21 至 OneNET
}
void loop() { }
void postDataToOneNet(char * API_VALUE_temp, char * device_id_temp, char * sensor_id_temp,
float data_value)                                         //采用 HTTP 协议,发送数据至 OneNET
                                                          //的指定设备
{
    char send_buf[400] = {0};
    char text[100] = {0};
    char tmp[25] = {0};
    char value_str[15] = {0};
    dtostrf(data_value, 3, 2, value_str);                 //转换成字符串输出
    //连接服务器
    memset(send_buf, 0, 400);                             //清空
    strcpy(send_buf, "AT + CIPSTART = \"TCP\",\"");
    strcat(send_buf, OneNetServer);
    strcat(send_buf, "\",80\r\n");
    if (sendCommand(send_buf, "CONNECT", 10000, 5) == Success);
    else errorLog(7);
    //发送数据
    if (sendCommand("AT + CIPSEND\r\n", ">", 3000, 1) == Success);
    else errorLog(8);
    memset(send_buf, 0, 400);                             //清空
    //准备 JSON 字符串
    sprintf(text,
"{\"datastreams\":[{\"id\":\"% s\",\"datapoints\":[{\"value\":% s}]}]}", sensor_id_temp,
value_str);
    //准备 HTTP 报头
    send_buf[0] = 0;
    strcat(send_buf, "POST /devices/");
```

```
        strcat(send_buf, device_id_temp);
        strcat(send_buf, "/datapoints HTTP/1.1\r\n");
        strcat(send_buf, "api-key:");
        strcat(send_buf, API_VALUE_temp);
        strcat(send_buf, "\r\n");
        strcat(send_buf, "Host:");
        strcat(send_buf, OneNetServer);
        strcat(send_buf, "\r\n");
        sprintf(tmp, "Content-Length: %d\r\n\r\n", strlen(text));
                                                          //计算JSON串长度
        strcat(send_buf, tmp);
        strcat(send_buf, text);
        if (sendCommand(send_buf, send_buf, 3000, 1) == Success);
        else errorLog(9);
        char sendCom[2] = {0x1A};
        if (sendCommand(sendCom, "\"succ\"}", 3000, 1) == Success);
        else errorLog(10);
        if (sendCommand("AT+CIPCLOSE\r\n", "CLOSE OK", 3000, 1) == Success);
        else errorLog(11);
        if (sendCommand("AT+CIPSHUT\r\n", "SHUT OK", 3000, 1) == Success);
        else errorLog(11);
}
void initGprs()                                           //初始化GPRS模块
{
        if (sendCommand("AT\r\n", "OK", 3000, 10) == Success);
        else errorLog(1);
        if (sendCommand("AT+CREG?\r\n", "+CREG: 0,1", 3000, 10) == Success);
        else errorLog(2);
        if (sendCommand("AT+CGCLASS=\"B\"\r\n", "OK", 3000, 2) == Success);
        else errorLog(3);
        if (sendCommand("AT+CGDCONT=1,\"IP\",\"CMNET\"\r\n", "OK", 3000, 2) == Success);
        else errorLog(4);
        if (sendCommand("AT+CGATT=1\r\n", "OK", 3000, 2) == Success);
        else errorLog(5);
        if (sendCommand("AT+CLPORT=\"TCP\",\"2000\"\r\n", "OK", 3000, 2) == Success);
        else errorLog(6);
}
void(* resetFunc)(void) = 0;                              //重启命令
void errorLog(int num)
{
        DebugSerial.print("ERROR");
        DebugSerial.println(num);
        while (1)
        {
                digitalWrite(L, HIGH);
```

```cpp
        delay(300);
        digitalWrite(L, LOW);
        delay(300);
        if (sendCommand("AT\r\n", "OK", 100, 10) == Success)
        {
            DebugSerial.print("\r\nRESET!!!!!!\r\n");
            resetFunc();
        }
    }
}
unsigned int sendCommand(char * Command, char * Response, unsigned long Timeout, unsigned char
Retry)                                      //使用 AT 指令,发送控制命令
{
    clrGprsRxBuffer();
    for (unsigned char n = 0; n < Retry; n++)
    {
        DebugSerial.print("\r\n--------- send AT Command: --------- \r\n");
        DebugSerial.write(Command);
        GprsSerail.write(Command);
        Time_Cont = 0;
        while (Time_Cont < Timeout)
        {
            gprsReadBuffer();
            if (strstr(gprsRxBuffer, Response)!= NULL)
            {
                DebugSerial.print("\r\n====== receive AT Command: ====== \r\n");
                DebugSerial.print(gprsRxBuffer);      //输出接收到的信息
                clrGprsRxBuffer();
                return Success;
            }
        }
        Time_Cont = 0;
    }
    DebugSerial.print("\r\n========== receive AT Command: ========== \r\n");
    DebugSerial.print(gprsRxBuffer);                  //输出接收到的信息
    clrGprsRxBuffer();
    return Failure;
}
void Timer1_handler(void)                             //控制延时
{
    Time_Cont++;
}
void gprsReadBuffer() {
    while (GprsSerail.available())
    {
```

```
            gprsRxBuffer[gprsBufferCount++] = GprsSerail.read();
            if(gprsBufferCount == gprsRxBufferLength)clrGprsRxBuffer();
        }
    }
    void clrGprsRxBuffer(void)
    {
        memset(gprsRxBuffer, 0, gprsRxBufferLength);        //清空
        gprsBufferCount = 0;
    }
```

6.3 产品展示

产品整体外观如图 6-4 所示，内部连接实物如图 6-5 所示，OneNET 云平台轨迹如图 6-6 所示，短信指令收发界面如图 6-7 所示，OneNET 应用界面如图 6-8 所示，设备云 APP 手机页面如图 6-9 所示。

图 6-4　产品整体外观　　　　　　　　图 6-5　内部连接实物

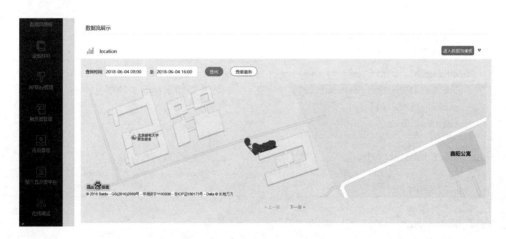

图 6-6　OneNET 云平台轨迹

第6章　定位追踪器和电子围栏项目设计

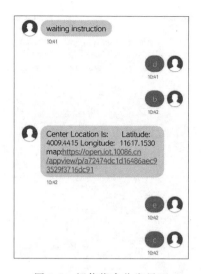

图 6-7　短信指令收发界面

图 6-8　OneNET 应用界面

图 6-9　设备云 APP 手机页面

6.4　元件清单

完成本项目所用到的元件及数量如表 6-2 所示。

表 6-2　元件清单

元件/测试仪表	数　量	元件/测试仪表	数　量
SIM800C	1个	有源蜂鸣器	1个
GPS/北斗模块	1个	Arduino MEGA 2560 开发板	1个
JK002 按键开关	1个		

第 7 章 智能生活环境监测项目设计

本项目基于 Arduino 开发板,针对安全防范设计一款具有火灾报警和夜间防盗功能的室内环境质量检测系统。

7.1 功能及总体设计

本项目设计实现火灾的及时预警、信息告知、空气质量检测、数据输出显示以及夜间防盗功能。

要实现上述功能需将作品分成两部分进行设计,即传输部分和输出部分。传输部分包括环境监测部分、人体红外监测部分和火灾预警部分,选用火焰传感器、MQ2 烟雾传感器、GP2Y1014AU 粉尘传感器、DHT22 温湿度传感器、MQ135 有害气体传感器、DS1302 时钟模块以及人体红外配合 Arduino 开发板实现;输出部分使用蜂鸣器、2 个 LED 和 OLED 屏幕实现。

1. 整体框架

整体框架如图 7-1 所示。

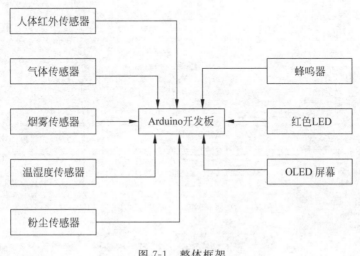

图 7-1 整体框架

本章根据李永康、邓邦兴项目设计整理而成。

2. 系统流程

系统流程如图 7-2 所示。

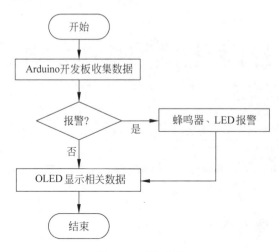

图 7-2　系统流程

各传感器采集空气环境、火焰环境等数据,通过 Arduino 开发板中程序设置的参数判断是否疑似火灾发生,人体红外在深夜工作,检测是否有人非法闯入。若是疑似火灾发生或人员闯入,则蜂鸣器报警,LED 闪烁,在任何情况下相应数据都在 OLED 屏幕上输出显示。

3. 总电路

系统总电路如图 7-3 所示。

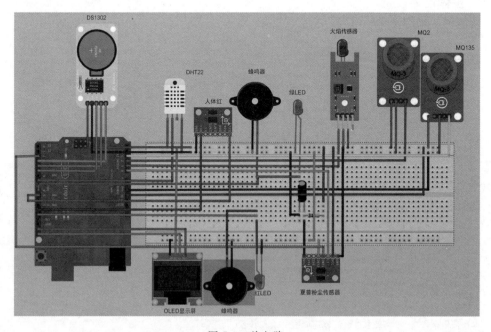

图 7-3　总电路

引脚连线如表 7-1 所示。

表 7-1 引脚连线

元件及引脚名		Arduino 开发板引脚
火焰传感器	VCC	5V
	GND	GND
	A0	A1
MQ2 烟雾传感器	VCC	5V
	GND	GND
	A0	A2
GP2Y1014AU 粉尘传感器	V-LED	面包板
	LED-GEN	GND
	LED	面包板
	S-GND	GND
	V0	A0
	VCC	5V
MQ135 有害气体传感器	VCC	5V
	GND	GND
	A0	A3
12864 0.96 英寸 OLED 屏幕	VCC	5V
	GND	GND
	SCL	SCL
	SDA	SDA
蜂鸣器	VCC	8
	GND	GND
DHT22	VCC	5V
	GND	GND
	OUT	7
绿色 LED	VCC	8
	GND	GND
红色 LED	VCC	13
	GND	GND
人体红外传感器	VCC	12
	GND	GND
	OUT	9
DS1302 时钟模块	VCC	5V
	GND	GND
	ReI	3
	DAI	4
	CLK	5

7.2 模块介绍

本项目主要包括空气质量检测模块、火灾报警模块、人体红外模块和输出模块。下面分别给出各模块的功能介绍及相关代码。

7.2.1 空气质量检测模块

本节包括空气质量检测模块的功能介绍及相关代码。

1. 功能介绍

空气质量检测模块包括 DHT22 温湿度传感器、MQ135 有害气体传感器、GP2Y1014AU 粉尘传感器、12864OLED 屏幕、导线若干。主要是对空气质量检测，采集生成实时数据，并传输到 OLED 屏幕上实时显示。电路如图 7-4 所示。

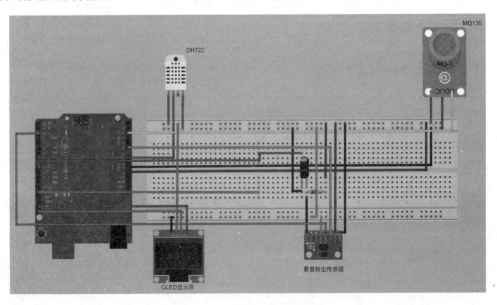

图 7-4 空气质量检测模块电路

2. 相关代码

```
#include<DHT22.h>
#include<stdio.h>
#include "U8glib.h"
//OLED 库
U8GLIB_SSD1306_128X64 u8g(U8G_I2C_OPT_NONE);          // I²C
#define DHT22_PIN 7
int measurePin = 0;                                    //A0 引脚
int ledPower = 2;                                      //LED 引脚
int samplingTime = 280;
```

```
int deltaTime = 40;
int sleepTime = 9680;
float voMeasured = 0;
float calcVoltage = 0;
float dustDensity = 0;
DHT22 myDHT22(DHT22_PIN);
void draw(void)
{
  u8g.setFont(u8g_font_8x13);                           //使用 8×13 的字符
  u8g.setPrintPos(0, 20);                               //对应位置值
  u8g.print("Tem( * C) :");
  u8g.setPrintPos(73,20);
  u8g.print(myDHT22.getTemperatureC());
  u8g.setPrintPos(0,40) ;
  u8g.print("Hum(RH%):");
  u8g.setPrintPos(73,40);
  u8g.print(myDHT22.getHumidity());                     //输出湿度、温度
}
void drawPage2(){
  u8g.setPrintPos(0,50);
  u8g.print("air pollution index: ");
  u8g.setPrintPos(95,60);
  u8g.print(analogRead(3));
}
void setup(void)
{
  Serial.begin(9600);
  Serial.println("DHT22 Library Demo");
  Serial.begin(9600);
  pinMode(ledPower,OUTPUT);
  pinMode(LED,OUTPUT);
  pinMode(led,OUTPUT);                                  //设置变量 LED 为数字输出
  pinMode(PIR, INPUT);                                  //设置变量 PIR 为数字输入
}
void loop(void)
{
  DHT22_ERROR_t errorCode;
  delay(2000);
  Serial.print("Requesting data...");
  errorCode = myDHT22.readData();
  int Tem;
  Tem = myDHT22.getTemperatureC();
  int Hum;
  Hum = myDHT22.getHumidity();
  switch(errorCode)
  {
    case DHT_ERROR_NONE:
```

```
          Serial.print("Got Data ");
          Serial.print(myDHT22.getTemperatureC());
          Serial.print("C ");
          Serial.print(myDHT22.getHumidity());
          Serial.println(" % ");
          char buf[128];
          sprintf(buf, "Integer - only reading: Temperature % hi. % 01hi C, Humidity % i. % 01i
% % RH", myDHT22.getTemperatureCInt()/10, abs(myDHT22.getTemperatureCInt() % 10), myDHT22.
getHumidityInt()/10, myDHT22.getHumidityInt() % 10);
          Serial.println(buf);
          break;
      case DHT_ERROR_CHECKSUM:
          Serial.print("check sum error ");
          Serial.print(myDHT22.getTemperatureC());
          Serial.print("C ");
          Serial.print(myDHT22.getHumidity());
          Serial.println(" % ");
          break;
      case DHT_BUS_HUNG:
          Serial.println("BUS Hung ");
          break;
      case DHT_ERROR_NOT_PRESENT:
          Serial.println("Not Present ");
          break;
      case DHT_ERROR_ACK_TOO_LONG:
          Serial.println("ACK time out ");
          break;
      case DHT_ERROR_SYNC_TIMEOUT:
          Serial.println("Sync Timeout ");
          break;
      case DHT_ERROR_DATA_TIMEOUT:
          Serial.println("Data Timeout ");
          break;
      case DHT_ERROR_TOOQUICK:
          Serial.println("Polled to quick ");
          break;
    }
    u8g.firstPage();
    do {
      draw();
    } while( u8g.nextPage() );
    delay(3500);
    u8g.firstPage();
    do {
      drawPage2();
```

```
    } while( u8g.nextPage() );
    int c;                                        //有害气体,氨气、硫化物、苯系蒸气
    c = analogRead(3);                            //MQ135 引脚
    Serial.print(" air pollution index:");        //串口打印
    Serial.println(c,DEC);                        //串口打印读取的模拟值
    delay(10);                                    //延时 10ms
}
```

7.2.2 火灾报警模块

本节包括 LED、火焰传感器模块、MQ2 烟雾传感器模块和蜂鸣器模块。

1. 功能介绍

当火焰传感器和烟雾传感器检测到烟雾时,装置蜂鸣器报警,点亮 LED。元件包括 MQ2 烟雾传感器、火焰传感器、蜂鸣器、红色 LED、Arduino 开发板和导线若干。

蜂鸣器接 Arduino 开发板引脚 7,LED 正极接引脚 3,负极接 GND。烟雾传感器(实物元件已经封装好与图中元件不同)GND 引脚连接 Arduino 开发板 GND 引脚,B1 引脚连接 Arduino 开发板模拟引脚 A0,A1 引脚与 H1 引脚同火焰传感器正极引脚串联连接在 Arduino 开发板 5V 电源。电路如图 7-5 所示。

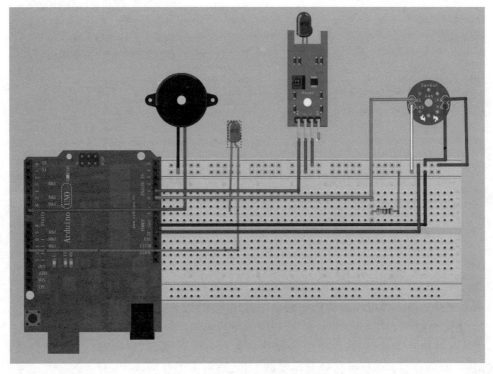

图 7-5 火灾报警系统电路连线

2. 相关代码

```
int LED = 7;
int Buzzer = 12;
void setup()
{
Serial.begin(9600);
pinMode(LED,OUTPUT);
}
void loop()
{
int val;
val = analogRead(0);
Serial.print("Smog index:");                    //串口打印烟雾传感器的模拟值
Serial.println(val,DEC);                        //串口打印 A0 口读取的模拟值
delay(100);                                     //延时 100ms
Serial.print("Flame Sensor Value:");            //串口打印
int m;
m = analogRead(1);
Serial.println(m);                              //串口打印 A1 口读取的模拟值
delay(100);                                     //延时 100ms
if(m<200)                                       //如果火灾传感器发现有火灾并且烟雾
                                                //传感器感受到大量烟雾
    {
    digitalWrite(LED,HIGH);                     //引脚 7 输出高电平,灯亮
    digitalWrite(Buzzer,HIGH);                  //引脚 12 输出高电平,蜂鸣器响
    }
else
    {
    digitalWrite(LED,LOW);                      //否则输出低电平,灯灭
    digitalWrite(Buzzer,LOW);                   //否则输出低电平,蜂鸣器不响
    }
}
```

7.2.3 人体红外模块

本节主要包括人体红外模块的功能介绍及相关代码。

1. 功能介绍

人体红外模块主要由 DS1302 时钟模块与人体红外传感器、蜂鸣器、红色 LED 及若干导线组成,时钟控制人体红外传感器在深夜工作,当有人非法闯入时,时钟产生高电平启动红外传感器,红色 LED 亮起,蜂鸣器报警。电路如图 7-6 所示。

第7章 智能生活环境监测项目设计

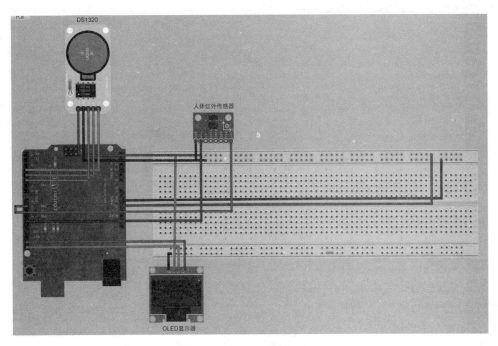

图 7-6　人体红外模块电路

2．相关代码

```
#include <Wire.h>
#include <DS1302.h>
int PIR   = 9;                              //定义引脚9为PIR(红外热释电传感器)
int led   = 13;                             //定义引脚13为LED(发光模块)
int time = 0;
DS1302 rtc(3, 4, 5);                        //RST, DAT, CLK
void getdatetime()
{
  Serial.println(rtc.getDateStr(FORMAT_LONG, FORMAT_LITTLEENDIAN, '/'));
  Serial.print(rtc.getDOWStr());
  Serial.print("    ");
  Serial.println(rtc.getTimeStr());
}
void setup()
{
  Serial.begin(9600);
  //设置时间后,需要注释掉代码,并重新烧录,以免掉电重新执行setup中的时间设置函数
  rtc.halt(false);
  rtc.writeProtect(false);
  rtc.setDOW(SATURDAY);
  rtc.setTime(17, 22, 30);
  rtc.setDate(31, 20, 2018);
  rtc.writeProtect(true);
```

```
}
void loop()
{
  getdatetime();
  delay(1000);
  if(digitalRead(PIR))                //夜间防偷盗
    digitalWrite(led,HIGH);           //发光模块点亮
  else
    digitalWrite(led,LOW);            /发光模块熄灭
}
```

7.2.4 输出模块

本节主要包括12864 OLED屏幕模块的功能介绍及相关代码。

1. 功能介绍

输出模块是将传感器检测到的数据通过 Arduino 开发板传输到 OLED 屏幕上显示，显示数据是温湿度有害气体指标，当检测到可能发生火灾的烟雾以及火焰数据之后，蜂鸣器发生报警，红色 LED 闪烁。元件包括 0.96 英寸 12864 OLED 屏幕、Arduino 开发板、导线若干，电路如图 7-7 所示。

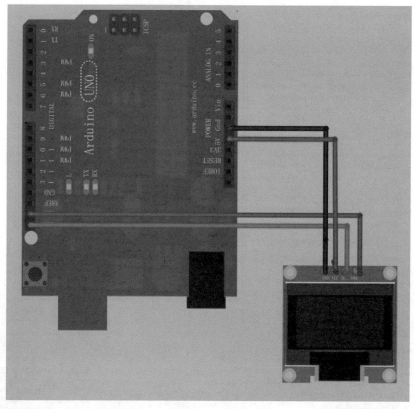

图 7-7 输出电路原理

2. 相关代码

```c
#include <DHT22.h>
#include <stdio.h>
#include "U8glib.h"
U8GLIB_SSD1306_128X64 u8g(U8G_I2C_OPT_NONE);            //I²C
#define DHT22_PIN 7
DHT22 myDHT22(DHT22_PIN);
void draw(void)
{
  u8g.setFont(u8g_font_8x13);                           //使用 8×13 的字符
  u8g.setPrintPos(0, 20);                               //对应 x、y 轴值
  u8g.print("Tem( * C) :");
  u8g.setPrintPos(73,20);
  u8g.print(myDHT22.getTemperatureC());
  u8g.setPrintPos(0,40);
  u8g.print("Hum(RH%):");
  u8g.setPrintPos(73,40);
  u8g.print(myDHT22.getHumidity());                     //输出湿度、温度
}
void drawPage2(){
  u8g.setFont(u8g_font_8x13);
  u8g.setPrintPos(0,15);
  u8g.print("DustDensity: ");
  u8g.setPrintPos(95,15);
  u8g.print(dustDensity);
  u8g.setPrintPos(0,35);
  u8g.print("Smog index: ");
  u8g.setPrintPos(90,35);
  u8g.print(analogRead(2));
  u8g.setPrintPos(0,50);
  u8g.print("air pollution index: ");
  u8g.setPrintPos(95,60);
  u8g.print(analogRead(3));
}
u8g.firstPage();
  do {
    draw();
  } while( u8g.nextPage() );
  delay(3500);
  u8g.firstPage();
  do {
    drawPage2();
  } while( u8g.nextPage() );
  delay(500);
```

7.3 产品展示

产品整体外观如图 7-8 所示,程序上传至 Arduino 开发板,脱离计算机直接工作。采用充电宝进行供电,OLED 显示屏不断刷新最新采集到的传感器数据。

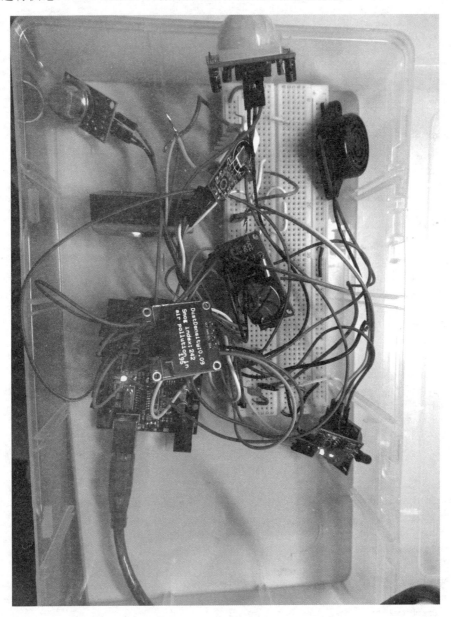

图 7-8 产品整体外观

7.4 元件清单

完成本项目所用到的元件及数量如表 7-2 所示。

表 7-2 元件清单

元件/测试仪表	数 量	元件/测试仪表	数 量
Arduino UNO 开发板	1 个	DS1302 时钟模块	1 个
火焰传感器	1 个	人体红外	1 个
MQ2 烟雾传感器	1 个	红 LED	1 个
DHT22 温湿度传感器	1 个	绿 LED	1 个
GP2Y1014AU 粉尘传感器	1 个	0.96 寸 OLED 屏幕	1 个
MQ135 有害气体传感器	1 个	蜂鸣器	2 个

第 8 章 智能垃圾桶项目设计

本项目基于 Arduino 平台运用 HC-06 蓝牙模块,实现垃圾桶的开关及报警等功能。

8.1 功能及总体设计

本项目利用手机 APP 控制垃圾桶的移动。投入垃圾时,将手或物体靠近感应窗口(垂直方向)上方 25~35cm 处,约 0.5s 后,桶盖自动打开,待垃圾投入 3~4s 后桶盖关闭。若手或物体不离开感应区,桶盖将一直处于开启状态,垃圾桶装满后将自动发出报警。

要实现上述功能需将作品分成三部分进行设计,即输入部分、处理部分和输出部分。输入部分选用人体红外模块 HC-SR051、超声波测距模块 HC-SR04;处理部分主要由 Arduino 开发板实现;输出部分使用两个直流电机、LED、直流舵机 SG-90 和蜂鸣器。

1. 整体框架

整体框架如图 8-1 所示。

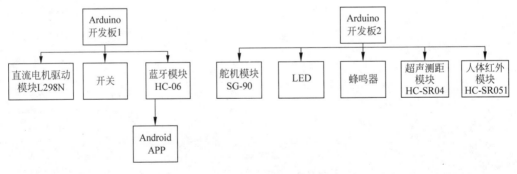

图 8-1 整体框架

2. 系统流程

系统流程如图 8-2 所示。

本章根据鲍捷、胡炯辰项目设计整理而成。

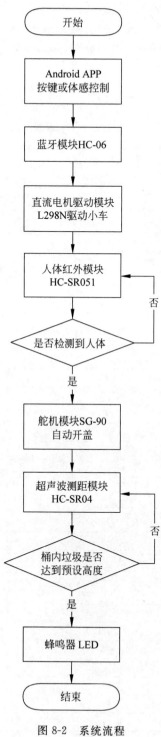

图 8-2 系统流程

第一部分,按 APP 对应的按键,通过蓝牙接收输出相应的按键值,经过处理后,完成一次控制移动;第二部分,人体红外检测到一次信号输入,通过舵机输出;第三部分,超声波测距检测到距离小于一定值时,通过开发板处理,蜂鸣器发出警报。

3. 总电路

系统总电路如图 8-3 所示,引脚连线如表 8-1 所示。

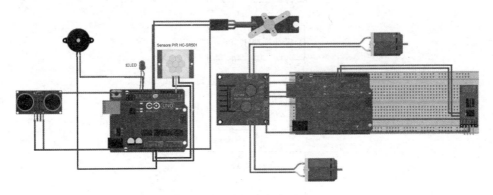

图 8-3 总电路

表 8-1 引脚连线

元件及引脚名		Arduino 开发板引脚
HC-06	VCC	VCC
	GND	GND
	Txd	Txd
	Rxd	Rxd
HC-SR04	VCC	VCC
	GND	GND
	Trig	5
	Echo	6
L298N	OUT1	电源 IN 红+
	OUT2	电源 IN 黑-
HC-SR051	VCC	VCC
	OUT	2
	GND	GND
SG-90	VCC	VCC
	GND	GND
	PWM	4
LED	正极	3
	负极	GND
蜂鸣器	正极	7
	负极	GND

8.2 模块介绍

本项目主要包括蓝牙 APP 模块、直流电机驱动模块和主程序模块。下面分别给出各模块的功能介绍及相关代码。

8.2.1 蓝牙 APP 模块

本节包括蓝牙 APP 模块的功能介绍及相关代码。

1. 功能介绍

手机通过蓝牙 APP 发出相应的命令,以 Java 语言实现,编译环境为 Android Studio,Arduino 开发板通过蓝牙模块接收信号,检测相应的按键值,控制直流电机运转。

2. 相关代码

以下是蓝牙控制的 APP 源文件,文件类型为 Java,通过 Android studio 打包即可生成 apk 文件,安装到手机即可控制。

1) BlueToothCActivity

```
package qrx.bt.c;
import android.app.Activity;
import android.hardware.SensorEventListener;
import android.bluetooth.BluetoothDevice;
import android.widget.Button;
import android.view.View;
import android.widget.ImageButton;
import android.os.Handler;
import android.bluetooth.BluetoothAdapter;
import android.hardware.SensorManager;
import android.widget.CheckBox;
import android.hardware.Sensor;
import android.content.Intent;
import android.widget.Toast;
import android.os.Bundle;
import android.view.Window;
import android.widget.CompoundButton;
import android.view.Menu;
import android.view.KeyEvent;
import android.app.AlertDialog;
import android.content.DialogInterface;
import android.view.MenuItem;
import android.hardware.SensorEvent;
public class BlueToothCActivity extends Activity implements
```

```java
SensorEventListener {
    public static final int MESSAGE_TOAST = 0x5;
    private static final int REQUEST_CONNECT_DEVICE = 0x1;
    private static final int REQUEST_ENABLE_BT = 0x0;
    public static final String TOAST = "toast";
    private Button bluetoothbtn;
    private Button button1;
    private Button button2;
    private Button button3;
    private Button button4;
    private Button button5;
    private Button button6;
    private Button button7;
    private Button button8;
    private Button button9;
    private byte[] byte1;
    private byte[] byte2;
    private byte[] byte3;
    private byte[] byte4;
    private byte[] byte5;
    private byte[] byte6;
    private byte[] byte7;
    private byte[] byte8;
    private byte[] byte9;
    private byte[] bytedown;
    private byte[] bytef;
    private byte[] byteleft;
    private byte[] byteright;
    private byte[] byteup;
    private View.OnTouchListener clickListener;
    public static BluetoothDevice device;
    private ImageButton downbtn;
    private final Handler handler;
    private ImageButton leftbtn;
    BluetoothAdapter mBluetoothAdapter;
    private BluetoothService mBluetoothService;
    private ImageButton rightbtn;
    private SensorManager sensorManager;
    static float sensorValueX;
    static float sensorValueY;
    private CheckBox sensorbtn;
    private ImageButton stopbtn;
```

```java
private ImageButton upbtn;
static Boolean Isconnect = Boolean.valueOf(false);
static {
}
public void onCreate(Bundle savedInstanceState) {
    super.onCreate(savedInstanceState);
    setContentView(0x7f030004);
    getWindow().setFeatureInt(0x7, 0x7f030001);
    sensorManager = (SensorManager)getSystemService("sensor");
    button1 = (Button)findViewById(0x7f050017);
    button2 = (Button)findViewById(0x7f050018);
    button3 = (Button)findViewById(0x7f050019);
    button4 = (Button)findViewById(0x7f05001a);
    button5 = (Button)findViewById(0x7f05001b);
    button6 = (Button)findViewById(0x7f05001c);
    button7 = (Button)findViewById(0x7f05001d);
    button8 = (Button)findViewById(0x7f05001e);
    button9 = (Button)findViewById(0x7f05001f);
    leftbtn = (ImageButton)findViewById(0x7f05000d);
    rightbtn = (ImageButton)findViewById(0x7f05000f);
    upbtn = (ImageButton)findViewById(0x7f05000b);
    downbtn = (ImageButton)findViewById(0x7f050012);
    stopbtn = (ImageButton)findViewById(0x7f05000e);
    sensorbtn = (CheckBox)findViewById(0x7f050015);
    bluetoothbtn = (Button)findViewById(0x7f050016);
    button1.setOnTouchListener(clickListener);
    button2.setOnTouchListener(clickListener);
    button3.setOnTouchListener(clickListener);
    button4.setOnTouchListener(clickListener);
    button5.setOnTouchListener(clickListener);
    button6.setOnTouchListener(clickListener);
    button7.setOnTouchListener(clickListener);
    button8.setOnTouchListener(clickListener);
    button9.setOnTouchListener(clickListener);
    rightbtn.setOnTouchListener(clickListener);
    leftbtn.setOnTouchListener(clickListener);
    upbtn.setOnTouchListener(clickListener);
    downbtn.setOnTouchListener(clickListener);
    stopbtn.setOnTouchListener(clickListener);
    sensorbtn.setOnCheckedChangeListener(new CompoundButton.
    OnCheckedChangeListener(this) {
        3(BlueToothCActivity p1) {
```

```java
        }
    public void onCheckedChanged(CompoundButton buttonView, boolean isChecked) {
        }
    });
    sensorbtn.setClickable(false);
    bluetoothbtn.setOnClickListener(new View.OnClickListener(this) {
        4(BlueToothCActivity p1) {
        }
        public void onClick(View v) {
            Intent serverIntent = new Intent(this$0, DeviceListActivity.class);
            startActivityForResult(serverIntent, 0x1);
        }
    });
    mBluetoothAdapter = BluetoothAdapter.getDefaultAdapter();
    if(mBluetoothAdapter == null) {
        Toast.makeText(this, "\u60a8\u7684\u624b\u673a\u4e0d\u652f\u6301\u84dd\u7259", 0x1).show();
    }
    if(!mBluetoothAdapter.isEnabled()) {
        Intent enableBtIntent = new Intent("android.bluetooth.adapter.action.REQUEST_ENABLE");
        startActivityForResult(enableBtIntent, 0x0);
        return;
    }
    mBluetoothService = new BluetoothService(this, handler);
}
    protected void onActivityResult(int requestCode, int resultCode, Intent data) {
    }
    public void onSensorChanged(SensorEvent e) {
        sensorValueX = e.values[0x0];
        sensorValueY = e.values[0x1];
    }
    public boolean onCreateOptionsMenu(Menu menu) {
        menu.add(0x1, 0x1, 0x1, "\u5173\u4e8e");
        return super.onCreateOptionsMenu(menu);
    }
    public boolean onOptionsItemSelected(MenuItem item) {
        Intent intent = new Intent();
        intent.setClass(this, About.class);
        startActivity(intent);
        return super.onOptionsItemSelected(item);
```

```java
    }
    public void onAccuracyChanged(Sensor sensor, int accuracy) {
    }
    public boolean onKeyDown(int keyCode, KeyEvent event) {
        if((keyCode == 0x4) && (event.getRepeatCount() == 0)) {
            AlertDialog isExit = new AlertDialog.Builder(this).create();
            isExit.setTitle("\u7cfb\u7edf\u63d0\u793a");
            isExit.setMessage("\u786e\u5b9a\u8981\u9000\u51fa\u5417\uff1f");
            isExit.setIcon(0x108008a);
            BlueToothCActivity.5 listener = new DialogInterface.
            OnClickListener(this, isExit) {
                5(BlueToothCActivity p1, AlertDialog p2) {
                }
                public void onClick(DialogInterface dialog, int which) {
                    switch(which) {
                        case - 1:
                        {
                            mBluetoothAdapter.disable();
                            System.exit(0x0);
                            finish();
                            return;
                        }
                        case - 2:
                        {
                            isExit.cancel();
                            break;
                        }
                    }
                }
            };
            isExit.setButton("\u786e\u5b9a", listener);
            isExit.setButton2("\u53d6\u6d88", listener);
            isExit.show();
        }
        return false;
    }
    protected void onDestroy() {
        super.onDestroy();
        Isconnect = Boolean.valueOf(false);
        if(sensorManager!= null) {
            sensorManager.unregisterListener(this);
        }
```

}
}

2）BluetoothService

```java
package qrx.bt.c;
import java.io.InputStream;
import java.io.OutputStream;
import android.bluetooth.BluetoothSocket;
import java.io.IOException;
import android.bluetooth.BluetoothDevice;
import java.util.UUID;
import java.io.PrintStream;
import android.os.Handler;
import android.os.Message;
import android.os.Bundle;
import android.bluetooth.BluetoothAdapter;
import android.content.Context;
public class BluetoothService {
    private BluetoothService.ConnectThread connectThread;
    public static BluetoothService.ConnectedThread connectedThread;
    private final BluetoothAdapter mAdapter;
    private final Handler mHandler;
    private static final UUID MY_UUID = UUID.fromString("00001101 - 0000 - 1000 - 8000 - 00805F9B34FB");
    static {
    }
    public static String ReadMsg = "00";
    private static String BufferRead = "00";
    public BluetoothService(Context context, Handler handler) {
        mAdapter = BluetoothAdapter.getDefaultAdapter();
        mHandler = handler;
    }
    public void connect(BluetoothDevice device) {
        if(connectedThread!= null) {
            connectedThread.cancel();
            connectedThread = 0x0;
        }
        connectThread = new BluetoothService.ConnectThread(this, device);
        connectThread.start();
    }
    public void cancelThread() {
        if(connectedThread!= null) {
```

```java
                    connectedThread.cancel();
                    connectedThread = 0x0;
                }
            }
            class ConnectThread extends Thread {
                private final BluetoothDevice mmDevice;
                private final BluetoothSocket mmSocket;
                public ConnectThread(BluetoothService p1, BluetoothDevice device) {
                    BluetoothSocket tmp = 0x0;
                    mmDevice = device;
                    try {
                        tmp = device.createRfcommSocketToServiceRecord(access $ 0());
                    } catch(IOException localIOException1) {
                    }
                    mmSocket = tmp;
                }
                public void run() {
                    System.out.println("ConnectThread\u7ebf\u7a0b\u542f\u52a8");
                    try {
                        mmSocket.connect();
                        System.out.println("mmSocket.connect()");
                        Message msg = mHandler.obtainMessage(0x5);
                        Bundle bundle = new Bundle();
                        bundle.putString("toast", "\u8fde\u63a5\u6210\u529f");
                        msg.setData(bundle);
                        mHandler.sendMessage(msg);
                    } catch(IOException connectException) {
                        try {
                            mmSocket.close();
                            return;
                        } catch(IOException localIOException1) {
                            return;
                        }
                    }
                    BluetoothService.connectedThread = new BluetoothService.
                    ConnectedThread(this $ 0, mmSocket);
                    BluetoothService.connectedThread.start();
                }
            }
        }
    }
}
```

3）DeviceListActivity

```java
package qrx.bt.c;
import android.app.Activity;
import android.bluetooth.BluetoothAdapter;
import android.widget.AdapterView;
import android.widget.ArrayAdapter;
import android.content.BroadcastReceiver;
import java.util.List;
import android.util.Log;
import android.view.View;
import android.os.Bundle;
import android.widget.Button;
import android.widget.ListView;
import android.widget.ListAdapter;
import android.content.IntentFilter;
import java.util.Set;
import android.bluetooth.BluetoothDevice;
import java.util.Iterator;
import android.content.res.Resources;
public class DeviceListActivity extends Activity {
    private static final boolean D = true;
    private static final String TAG = "DeviceListActivity";
    private BluetoothAdapter mBtAdapter;
    private AdapterView.OnItemClickListener mDeviceClickListener;
    private ArrayAdapter<String> mNewDevicesArrayAdapter<String>;
    private ArrayAdapter<String> mPairedDevicesArrayAdapter<String>;
    private final BroadcastReceiver mReceiver;
    List<String> newlstDevices;
    public static String EXTRA_DEVICE_ADDRESS = "device_address";
    static {
    }
    protected void onCreate(Bundle savedInstanceState) {
        super.onCreate(savedInstanceState);
        requestWindowFeature(0x5);
        setContentView(0x7f030002);
        setResult(0x0);
        Button scanButton = (Button)findViewById(0x7f050008);
        scanButton.setOnClickListener(new View.OnClickListener(this) {
            3(DeviceListActivity p1) {
            }
            public void onClick(View v) {
```

```java
                v.setVisibility(0x8);
            }
        });
        newlstDevices.clear();
        mPairedDevicesArrayAdapter = new ArrayAdapter(this, 0x7f030003);
        mNewDevicesArrayAdapter = new ArrayAdapter(this, 0x7f030003, newlstDevices);
        ListView pairedListView = (ListView)findViewById(0x7f050005);
        pairedListView.setAdapter(mPairedDevicesArrayAdapter);
        pairedListView.setOnItemClickListener(mDeviceClickListener);
        ListView newDevicesListView = (ListView)findViewById(0x7f050007);
        newDevicesListView.setAdapter(mNewDevicesArrayAdapter);
        newDevicesListView.setOnItemClickListener(mDeviceClickListener);
        IntentFilter filter = new IntentFilter("android.bluetooth.device.action.FOUND");
        registerReceiver(mReceiver, filter);
        IntentFilter filter = new IntentFilter("android.bluetooth.adapter.action.DISCOVERY_FINISHED");
        registerReceiver(mReceiver, filter);
        mBtAdapter = BluetoothAdapter.getDefaultAdapter();
        Set<BluetoothDevice> pairedDevices = mBtAdapter.getBondedDevices();
        if(pairedDevices.size() > 0) {
            findViewById(0x7f050004).setVisibility(0x0);
            if(!pairedDevices.iterator().hasNext()) {
            }
            BluetoothDevice device = (BluetoothDevice)pairedDevices.iterator().next();
            return;
            mPairedDevicesArrayAdapter.add("\n" + device.getAddress());
        }
        String noDevices = getResources().getText(0x7f040002).toString();
        mPairedDevicesArrayAdapter.add(noDevices);
    }
    protected void onDestroy() {
        super.onDestroy();
        if(mBtAdapter!= null) {
            mBtAdapter.cancelDiscovery();
        }
        unregisterReceiver(mReceiver);
    }
    private void doDiscovery() {
        Log.d("DeviceListActivity", "doDiscovery()");
        setProgressBarIndeterminateVisibility(true);
        setTitle(0x7f040004);
        findViewById(0x7f050006).setVisibility(0x0);
```

```java
        if(mBtAdapter.isDiscovering()) {
            mBtAdapter.cancelDiscovery();
        }
        mBtAdapter.startDiscovery();
    }
}
```

4）About

```java
package qrx.bt.c;
import android.app.Activity;
import android.os.Bundle;
public class About extends Activity {
    protected void onCreate(Bundle savedInstanceState) {
        super.onCreate(savedInstanceState);
        setContentView(0x7f030000);
    }
}
```

5）BuildConfig

```java
package qrx.bt.c;
public final class BuildConfig {
    public static final boolean DEBUG = true;
}
```

6）R

```java
package qrx.bt.c;
public final class R {
}
```

7）SuppressLint

```java
package android.annotation;
import java.lang.annotation.Annotation;
public interface abstract annotation class SuppressLint implements Annotation {
    public abstract String[] value();

}
```

8）TargetApi

```java
package android.annotation;
import java.lang.annotation.Annotation;
public interface abstract annotation class TargetApi implements Annotation {
```

```
        public abstract int value();
}
```

以上程序分别写入格式为 Java 的文件中,通过 Android studio 打包后生成 apk 文件下载到手机上,作为控制垃圾桶的 APP。

8.2.2　直流电机驱动模块

本节包括直流电机驱动模块的功能介绍及相关代码。

1. 功能介绍

Arduino 开发板通过蓝牙模块接收信号之后,检测相应的按键值,驱动直流电机运转,如图 8-4 所示。

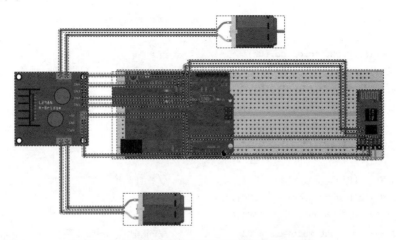

图 8-4　蓝牙控制直流电机驱动模块电路连接

2. 相关代码

```
char getstr;
int Left_motor_go = 8;                    //左直流电机前进(IN1)
int Left_motor_back = 9;                  //左直流电机后退(IN2)
int Right_motor_go = 10;                  //右直流电机前进(IN3)
int Right_motor_back = 11;                //右直流电机后退(IN4)
void setup()
{
    //初始化直流电机驱动 I/O 为输出方式
    Serial.begin(9600);
    pinMode(Left_motor_go,OUTPUT);        //PIN 8 (PWM)
    pinMode(Left_motor_back,OUTPUT);      //PIN 9 (PWM)
    pinMode(Right_motor_go,OUTPUT);       //PIN 10 (PWM)
    pinMode(Right_motor_back,OUTPUT);     //PIN 11 (PWM)
}
```

```cpp
void run()
{
  digitalWrite(Right_motor_go,HIGH);              //右直流电机前进
  digitalWrite(Right_motor_back,LOW);
  //analogWrite(Right_motor_go,150);              //PWM 比例 0～255 调速,左右轮差异略增减
  //analogWrite(Right_motor_back,0);
  digitalWrite(Left_motor_go,LOW);                //左直流电机前进
  digitalWrite(Left_motor_back,HIGH);
  //analogWrite(Left_motor_go,0);                 //PWM 比例 0～255 调速,左右轮差异略增减
  //analogWrite(Left_motor_back,150);
  //delay(time * 100);                            //执行时间,可以调整
}
void brake()                                      //刹车,停车
{
  digitalWrite(Right_motor_go,LOW);
  digitalWrite(Right_motor_back,LOW);
  digitalWrite(Left_motor_go,LOW);
  digitalWrite(Left_motor_back,LOW);
}
void left()
{
  digitalWrite(Right_motor_go,HIGH);              //右直流电机前进
  digitalWrite(Right_motor_back,LOW);
  //analogWrite(Right_motor_go,150);
  //analogWrite(Right_motor_back,0);              //PWM 比例 0～255 调速
  digitalWrite(Left_motor_go,LOW);                //左轮后退
  digitalWrite(Left_motor_back,LOW);
  //analogWrite(Left_motor_go,0);
  //analogWrite(Left_motor_back,0);               //PWM 比例 0～255 调速
  //delay(time * 100);                            //执行时间,可以调整
}
void spin_left(int time)                          //左转(左轮后退,右轮前进)
{
  digitalWrite(Right_motor_go,HIGH);              //右直流电机前进
  digitalWrite(Right_motor_back,LOW);
  //analogWrite(Right_motor_go,200);
  //analogWrite(Right_motor_back,0);              //PWM 比例 0～255 调速
  digitalWrite(Left_motor_go,HIGH);               //左轮后退
  digitalWrite(Left_motor_back,LOW);
  //analogWrite(Left_motor_go,200);
  //analogWrite(Left_motor_back,0);               //PWM 比例 0～255 调速
  //delay(time * 100);                            //执行时间,可以调整
```

```
}
void right()
{
  digitalWrite(Right_motor_go,LOW);              //右直流电机后退
  digitalWrite(Right_motor_back,LOW);
  //analogWrite(Right_motor_go,0);
  //analogWrite(Right_motor_back,0);             //PWM 比例 0~255 调速
  digitalWrite(Left_motor_go,LOW);               //左直流电机前进
  digitalWrite(Left_motor_back,HIGH);
  //analogWrite(Left_motor_go,0);
  //analogWrite(Left_motor_back,150);            //PWM 比例 0~255 调速
  //delay(time * 100);                           //执行时间,可以调整
}
void spin_right(int time)                        //右转(右轮后退,左轮前进)
{
  digitalWrite(Right_motor_go,LOW);              //右直流电机后退
  digitalWrite(Right_motor_back,HIGH);
  //analogWrite(Right_motor_go,0);
  //analogWrite(Right_motor_back,200);           //PWM 比例 0~255 调速
  digitalWrite(Left_motor_go,LOW);               //左直流电机前进
  digitalWrite(Left_motor_back,HIGH);
  //analogWrite(Left_motor_go,0);
  //analogWrite(Left_motor_back,200);            //PWM 比例 0~255 调速
  //delay(time * 100);                           //执行时间,可以调整
}
void back()
{
  digitalWrite(Right_motor_go,LOW);              //右轮后退
  digitalWrite(Right_motor_back,HIGH);
  //analogWrite(Right_motor_go,0);
  //analogWrite(Right_motor_back,150);           //PWM 比例 0~255 调速
  digitalWrite(Left_motor_go,HIGH);              //左轮后退
  digitalWrite(Left_motor_back,LOW);
  //analogWrite(Left_motor_go,150);
  //analogWrite(Left_motor_back,0);              //PWM 比例 0~255 调速
  //delay(time * 100);                           //执行时间,可以调整
}
void loop()
{
  getstr = Serial.read();
  if(getstr == 'A')
  {
    Serial.println("go forward!");
    run();
  }
  else if(getstr == 'B'){
```

```
      Serial.println("go back!");
      back();
    }
    else if(getstr == 'C'){
      Serial.println("go left!");
      left();
    }
    else if(getstr == 'D'){
      Serial.println("go right!");
      right();
    }
    else if(getstr == 'F'){
      Serial.println("Stop!");
      brake();
    }
    else if(getstr == 'E'){
      Serial.println("Stop!");
      brake();
    }
}
```

8.2.3 主程序模块

本节包括主程序模块的功能介绍及相关代码。

1. 功能介绍

通过检测人体红外输出到舵机,超声波测距检测桶盖到桶内物体高度,输出到蜂鸣器。元件包括人体红外模块 HC-SR051、超声波测距模块 HC-SR04、直流舵机 SG-90、有源蜂鸣器、LED、Arduino 开发板和导线若干,电路如图 8-5 所示。

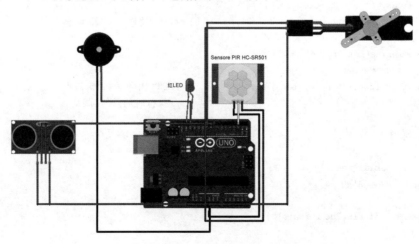

图 8-5　Arduino 开发板 2 与相关模块电路连线

2. 相关代码

```
#include <Servo.h>
Servo myservo;
int pos = 0;
int ledpin = 2;                              //人体红外接引脚 2
int led = 3;                                 //LED 指示灯接引脚 3
const int TrigPin = 5;                       //超声波测距输出
const int EchoPin = 6;                       //超声波测距输入
int alarm = 7;                               //蜂鸣器输入
float cm;
void setup()                                 //初始化
{
  pinMode(ledpin, INPUT);
  pinMode(led,OUTPUT);
  pinMode(TrigPin, OUTPUT);
  pinMode(EchoPin, INPUT);
  pinMode(alarm, OUTPUT);
  myservo.attach(4);
  Serial.begin(9600);                        //打开串口,设置波特率为 9600
}

void loop()
{
  int value = digitalRead(ledpin);           //定义传感器检测到的值为 value
  Serial.print(value);
  if(value == 1)                             //如果值为高电平,即检测到有人通过
    {
      digitalWrite(led, 1);
         for(pos ; pos >= 1; pos -= 1)
      {//舵机从 180°转回到 0°,每次减小 1°
         myservo.write(pos);                 //写角度到舵机
         delay(15);                          //延时 15ms 让舵机转到指定位置
      }
      delay(5000);
    }
    else
  {
      digitalWrite(led, 0);
      for(pos = 0; pos < 180; pos += 1)
      {//舵机从 0°转到 180°,每次增加 1°
          myservo.write(pos);                //给舵机写入角度
          delay(15);                         //延时 15ms 让舵机转到指定位置
      }
  }
          digitalWrite(TrigPin, LOW);
          delayMicroseconds(2);
```

```
            digitalWrite(TrigPin, HIGH);
            delayMicroseconds(10);
            digitalWrite(TrigPin, LOW);
            cm = pulseIn(EchoPin, HIGH)/58.0;        //算成厘米
            cm = (int(cm * 100.0))/100.0;            //保留两位小数
            if(cm <= 5.0)
            {
                digitalWrite(alarm,HIGH);
                delay(1000);
            }
            else
                {
                digitalWrite(alarm,LOW);
                }
            Serial.print(cm);
            Serial.print("cm");
            Serial.println();
            delay(1000);
        }
```

8.3 产品展示

产品整体外观如图 8-6 所示。底部如图 8-7 所示,采用 6 节 1.5V 电池提供 9V 直流电源,直流电机驱动左右轮,采用后驱三轮控制垃圾桶的移动。顶部如图 8-8 所示,超声波测距置于顶部,检测桶内垃圾高度,桶盖通过舵机驱动,人体红外检测移动。

图 8-6　产品整体外观

图 8-7 底部

图 8-8 顶部

8.4 元件清单

完成本项目所用到的元件及数量如表 8-2 所示。

表 8-2 元件清单

元件/测试仪表	数 量	元件/测试仪表	数 量
HC-06 模块	1 个	电池盒转接板	1 个
ZYV6 转接板	1 个	导线	若干
Arduino 开发板	2 个	SG-90 舵机	1 个
L298N 模块	1 个	HC-SR04 模块	1 个
65mm 橡胶	2 个	HC-SR051 模块	1 个
通孔铜柱	若干	有源蜂鸣器	1 个
杜邦线	若干	1kΩ 电阻	1 个
3mm 底盘	1 个	LED 彩灯	1 个
直流电机	2 个	面包板	1 个

第 9 章 非接触式鼠标项目设计

本项目基于 Arduino 平台设计非接触式鼠标,利用手势传感器 APDS-9960 得到手掌移动的方向以及超声波模块得到的移动距离,传输到 Arduino 开发板,进而控制鼠标移动。

9.1 功能及总体设计

本项目通过检测使用者的手势,进而产生对应的指令来控制鼠标移动。

要实现上述功能需将作品分成三部分进行设计,即识别部分、处理部分和控制部分。识别部分由手势传感器 APDS-9960 和超声波模块实现,读取手掌移动方向与距离;处理部分由 C++ 程序与 Arduino 开发板实现;控制部分由 Arduino Leonardo 开发板实现。

1. 整体框架

整体框架如图 9-1 所示。

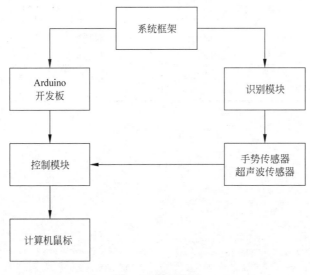

图 9-1 整体框架

本章根据杨畅、张咏天项目设计整理而成。

2. 系统流程

系统流程如图 9-2 所示。

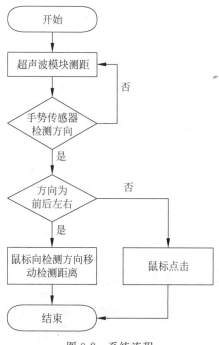

图 9-2　系统流程

3. 总电路

系统总电路如图 9-3 所示,引脚连线如表 9-1 所示。

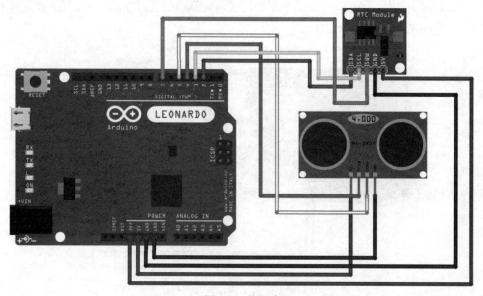

图 9-3　总电路

表 9-1 引脚连线

元件及引脚名		Arduino 开发板引脚
APDS-9960	SDA	2
	SCL	3
	GND	GND
	VCC	3.3V
	INT	7
HC-SR04	VCC	5V
	TRIG	4
	ECHO	5
	GND	GND

9.2 模块介绍

本项目主要包括 APDS-9960 手势识别模块和超声波模块。下面分别给出各模块的功能介绍及相关代码。

9.2.1 APDS-9960 手势识别模块

本节包括 APDS-9960 手势识别模块的功能介绍及相关代码。

1. 功能介绍

手势检测利用前、后、左、右四个方向的红外接收通道,由集成 LED 产生、经过反射的 IR 能量,通过数据的计算判断手势方向,然后将物体的运动信息(速度、方向及距离)转化为数字信息,传输到物体,实现控制本模块用手势识别加 Arduino 开发板控制 PC 上的鼠标移动以及左、右键的功能。元件包括 APDS-9960 手势传感器、Arduino Leonardo 开发板和导线若干,电路如图 9-4 所示。

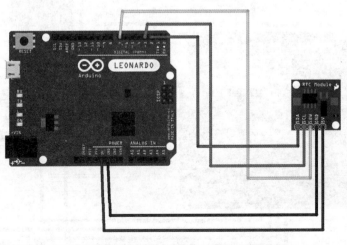

图 9-4 APDS-9960 与 Arduino 开发板电路连接

2. 相关代码

由于使用的是 Arduino Leonardo 开发板,所以在定义引脚和中断时与 Arduino 开发板的定义有一定区别,需做出如下更改:

```
/* #define APDS9960_INT    0                        //引脚为 0
#define APDS9960_INT    1                           //引脚为 1
attachInterrupt(2, interruptRoutine, FALLING);      //如果引脚是 0
attachInterrupt(3, interruptRoutine, FALLING);      //如果引脚是 1
#ifndef SparkFun_APDS9960_H
#define SparkFun_APDS9960_H
*/
#include <Arduino.h>
//调试
#define DEBUG 0
//APDS-9960 I2C 地址
#define APDS9960_I2C_ADDR 0x39
//手势参数
#define GESTURE_THRESHOLD_OUT 10
#define GESTURE_SENSITIVITY_1 50
#define GESTURE_SENSITIVITY_2 20
//错误码返回值
#define ERROR 0xFF
//可接收 ID
#define APDS9960_ID_1 0xAB
#define APDS9960_ID_2 0x9C
#define FIFO_PAUSE_TIME 30                          //在先入先出序列之间的等待期(ms)
//APDS-9960 注册地址
#define APDS9960_ENABLE 0x80
#define APDS9960_ATIME 0x81
#define APDS9960_WTIME 0x83
#define APDS9960_AILTL 0x84
#define APDS9960_AILTH 0x85
#define APDS9960_AIHTL 0x86
#define APDS9960_AIHTH 0x87
#define APDS9960_PILT 0x89
#define APDS9960_PIHT 0x8B
#define APDS9960_PERS 0x8C
#define APDS9960_CONFIG1 0x8D
#define APDS9960_PPULSE 0x8E
#define APDS9960_CONTROL 0x8F
#define APDS9960_CONFIG2 0x90
#define APDS9960_ID 0x92
```

```c
#define APDS9960_STATUS 0x93
#define APDS9960_CDATAL 0x94
#define APDS9960_CDATAH 0x95
#define APDS9960_RDATAL 0x96
#define APDS9960_RDATAH 0x97
#define APDS9960_GDATAL 0x98
#define APDS9960_GDATAH 0x99
#define APDS9960_BDATAL 0x9A
#define APDS9960_BDATAH 0x9B
#define APDS9960_PDATA 0x9C
#define APDS9960_POFFSET_UR 0x9D
#define APDS9960_POFFSET_DL 0x9E
#define APDS9960_CONFIG3 0x9F
#define APDS9960_GPENTH 0xA0
#define APDS9960_GEXTH 0xA1
#define APDS9960_GCONF1 0xA2
#define APDS9960_GCONF2 0xA3
#define APDS9960_GOFFSET_U 0xA4
#define APDS9960_GOFFSET_D 0xA5
#define APDS9960_GOFFSET_L 0xA7
#define APDS9960_GOFFSET_R 0xA9
#define APDS9960_GPULSE 0xA6
#define APDS9960_GCONF3 0xAA
#define APDS9960_GCONF4 0xAB
#define APDS9960_GFLVL 0xAE
#define APDS9960_GSTATUS 0xAF
#define APDS9960_IFORCE 0xE4
#define APDS9960_PICLEAR 0xE5
#define APDS9960_CICLEAR 0xE6
#define APDS9960_AICLEAR 0xE7
#define APDS9960_GFIFO_U 0xFC
#define APDS9960_GFIFO_D 0xFD
#define APDS9960_GFIFO_L 0xFE
#define APDS9960_GFIFO_R 0xFF
#define APDS9960_PON 0b00000001
#define APDS9960_AEN 0b00000010
#define APDS9960_PEN 0b00000100
#define APDS9960_WEN 0b00001000
#define APSD9960_AIEN 0b00010000
#define APDS9960_PIEN 0b00100000
#define APDS9960_GEN 0b01000000
#define APDS9960_GVALID 0b00000001
```

```c
//开关定义
#define OFF 0
#define ON 1
//设置模式的可接收参数
#define POWER 0
#define AMBIENT_LIGHT 1
#define PROXIMITY 2
#define WAIT 3
#define AMBIENT_LIGHT_INT 4
#define PROXIMITY_INT 5
#define GESTURE 6
#define ALL 7
//LED 驱动值
#define LED_DRIVE_100MA 0
#define LED_DRIVE_50MA 1
#define LED_DRIVE_25MA 2
#define LED_DRIVE_12_5MA 3
//接近增益值(PGAIN)
#define PGAIN_1X 0
#define PGAIN_2X 1
#define PGAIN_4X 2
#define PGAIN_8X 3
//ALS 增益值(AGAIN)
#define AGAIN_1X 0
#define AGAIN_4X 1
#define AGAIN_16X 2
#define AGAIN_64X 3
//手势增益值(GGAIN)
#define GGAIN_1X 0
#define GGAIN_2X 1
#define GGAIN_4X 2
#define GGAIN_8X 3
//LED 升压值
#define LED_BOOST_100 0
#define LED_BOOST_150 1
#define LED_BOOST_200 2
#define LED_BOOST_300 3
//手势等待时间值
#define GWTIME_0MS 0
#define GWTIME_2_8MS 1
#define GWTIME_5_6MS 2
#define GWTIME_8_4MS 3
```

```c
#define GWTIME_14_0MS 4
#define GWTIME_22_4MS 5
#define GWTIME_30_8MS 6
#define GWTIME_39_2MS 7
//默认值
#define DEFAULT_ATIME 219
#define DEFAULT_WTIME 246
#define DEFAULT_PROX_PPULSE 0x87
#define DEFAULT_GESTURE_PPULSE 0x89
#define DEFAULT_POFFSET_UR 0
#define DEFAULT_POFFSET_DL 0
#define DEFAULT_CONFIG1 0x60
#define DEFAULT_LDRIVE LED_DRIVE_100MA
#define DEFAULT_PGAIN PGAIN_4X
#define DEFAULT_AGAIN AGAIN_4X
#define DEFAULT_PILT 0
#define DEFAULT_PIHT 50
#define DEFAULT_AILT 0xFFFF
#define DEFAULT_AIHT 0
#define DEFAULT_PERS 0x11
#define DEFAULT_CONFIG2 0x01
#define DEFAULT_CONFIG3 0
#define DEFAULT_GPENTH 40
#define DEFAULT_GEXTH 30
#define DEFAULT_GCONF1 0x40
#define DEFAULT_GGAIN GGAIN_4X
#define DEFAULT_GLDRIVE LED_DRIVE_100MA
#define DEFAULT_GWTIME GWTIME_2_8MS
#define DEFAULT_GOFFSET 0
#define DEFAULT_GPULSE 0xC9
#define DEFAULT_GCONF3 0
#define DEFAULT_GIEN 0
//方向定义
enum {
    DIR_NONE,
    DIR_LEFT,
    DIR_RIGHT,
    DIR_UP,
    DIR_DOWN,
    DIR_NEAR,
    DIR_FAR,
    DIR_ALL
```

```c
};
//状态定义
enum {
    NA_STATE,
    NEAR_STATE,
    FAR_STATE,
    ALL_STATE
};
//手势数据
typedef struct gesture_data_type {
    uint8_t u_data[32];
    uint8_t d_data[32];
    uint8_t l_data[32];
    uint8_t r_data[32];
    uint8_t index;
    uint8_t total_gestures;
    uint8_t in_threshold;
    uint8_t out_threshold;
} gesture_data_type;
//模块类
class SparkFun_APDS9960 {
    public:
        //初始化方法
        SparkFun_APDS9960();
        ~SparkFun_APDS9960();
        bool init();
        uint8_t getMode();
        bool setMode(uint8_t mode, uint8_t enable);
        //使 APDS-9960 开启或关闭
        bool enablePower();
        bool disablePower();
        //启用或禁用特定传感器
        bool enableLightSensor(bool interrupts = false);
        bool disableLightSensor();
        bool enableProximitySensor(bool interrupts = false);
        bool disableProximitySensor();
        bool enableGestureSensor(bool interrupts = true);
        bool disableGestureSensor();
        //LED 驱动强度控制
        uint8_t getLEDDrive();
        bool setLEDDrive(uint8_t drive);
        uint8_t getGestureLEDDrive();
```

```cpp
        bool setGestureLEDDrive(uint8_t drive);
        //增益控制
        uint8_t getAmbientLightGain();
        bool setAmbientLightGain(uint8_t gain);
        uint8_t getProximityGain();
        bool setProximityGain(uint8_t gain);
        uint8_t getGestureGain();
        bool setGestureGain(uint8_t gain);
        //获取并设置光中断阈值
        bool getLightIntLowThreshold(uint16_t &threshold);
        bool setLightIntLowThreshold(uint16_t threshold);
        bool getLightIntHighThreshold(uint16_t &threshold);
        bool setLightIntHighThreshold(uint16_t threshold);
        //获取并设置接近中断阈值
        bool getProximityIntLowThreshold(uint8_t &threshold);
        bool setProximityIntLowThreshold(uint8_t threshold);
        bool getProximityIntHighThreshold(uint8_t &threshold);
        bool setProximityIntHighThreshold(uint8_t threshold);
        //获取并设置中断启用
        uint8_t getAmbientLightIntEnable();
        bool setAmbientLightIntEnable(uint8_t enable);
        uint8_t getProximityIntEnable();
        bool setProximityIntEnable(uint8_t enable);
        uint8_t getGestureIntEnable();
        bool setGestureIntEnable(uint8_t enable);
        bool clearAmbientLightInt();
        bool clearProximityInt();
        //环境光检测
        bool readAmbientLight(uint16_t &val);
        bool readRedLight(uint16_t &val);
        bool readGreenLight(uint16_t &val);
        bool readBlueLight(uint16_t &val);
        //接近检测
        bool readProximity(uint8_t &val);
        //手势检测
        bool isGestureAvailable();
        int readGesture();
    private:
        //手势处理
        void resetGestureParameters();
        bool processGestureData();
        bool decodeGesture();
```

```cpp
    //距离中断阈值
    uint8_t getProxIntLowThresh();
    bool setProxIntLowThresh(uint8_t threshold);
    uint8_t getProxIntHighThresh();
    bool setProxIntHighThresh(uint8_t threshold);
    //LED闪烁控制
    uint8_t getLEDBoost();
    bool setLEDBoost(uint8_t boost);
    //距离光电二极管选择
    uint8_t getProxGainCompEnable();
    bool setProxGainCompEnable(uint8_t enable);
    uint8_t getProxPhotoMask();
    bool setProxPhotoMask(uint8_t mask);
    //手势阈值控制
    uint8_t getGestureEnterThresh();
    bool setGestureEnterThresh(uint8_t threshold);
    uint8_t getGestureExitThresh();
    bool setGestureExitThresh(uint8_t threshold);
    //手势获取和时间控制
    uint8_t getGestureWaitTime();
    bool setGestureWaitTime(uint8_t time);
    //手势模式
    uint8_t getGestureMode();
    bool setGestureMode(uint8_t mode);
    //I²C原始指令
    bool wireWriteByte(uint8_t val);
    bool wireWriteDataByte(uint8_t reg, uint8_t val);
    bool wireWriteDataBlock(uint8_t reg, uint8_t * val, unsigned int len);
    bool wireReadDataByte(uint8_t reg, uint8_t &val);
    int wireReadDataBlock(uint8_t reg, uint8_t * val, unsigned int len);
    //成员
    gesture_data_type gesture_data_;
    int gesture_ud_delta_;
    int gesture_lr_delta_;
    int gesture_ud_count_;
    int gesture_lr_count_;
    int gesture_near_count_;
    int gesture_far_count_;
    int gesture_state_;
    int gesture_motion_;
};
#include <Wire.h>
```

```cpp
#include <SparkFun_APDS9960.h>
#define APDS9960_INT 2                    //根据需要修改中断引脚
SparkFun_APDS9960 apds = SparkFun_APDS9960();
int isr_flag = 0;
void setup() {
  Serial.begin(9600);
  Serial.println();
  Serial.println(F("--------------------------------"));
  Serial.println(F("SparkFun APDS-9960 - GestureTest"));
  Serial.println(F("--------------------------------"));
                                          //初始化中断服务
  attachInterrupt(0, interruptRoutine, FALLING);
  //初始化 APDS-9960 (配置 I²C)
  if ( apds.init() ) {
    Serial.println(F("APDS-9960 initialization complete"));
  } else {
    Serial.println(F("Something went wrong during APDS-9960 init!"));
  }                                       //开启 APDS-9960 手势传感器引擎
  if ( apds.enableGestureSensor(true) ) {
    Serial.println(F("Gesture sensor is now running"));
  } else {
    Serial.println(F("Something went wrong during gesture sensor init!"));
  }
}
void loop() {
  if( isr_flag == 1 ) {
    handleGesture();
    isr_flag = 0;
  }
}
void interruptRoutine() {
  isr_flag = 1;
}
void handleGesture() {
    if ( apds.isGestureAvailable() ) {
    switch ( apds.readGesture() ) {
      case DIR_UP:
        Serial.println("UP");
        break;
      case DIR_DOWN:
        Serial.println("DOWN");
        break;
```

```cpp
      case DIR_LEFT:
        Serial.println("LEFT");
        break;
      case DIR_RIGHT:
        Serial.println("RIGHT");
        break;
      case DIR_NEAR:
        Serial.println("NEAR");
        break;
      case DIR_FAR:
        Serial.println("FAR");
        break;
      default:
        Serial.println("NONE");
    }
  }
}
#endif
#include <Wire.h>
#include <SparkFun_APDS9960.h>
#include <Mouse.h>
//引脚定义
#define APDS9960_INT 0                         //需要确定中断引脚
//全局变量
SparkFun_APDS9960 apds = SparkFun_APDS9960();
int isr_flag = 0;
int range = 10;
void setup() {
  //初始化串口
  Serial.begin(9600);
  Mouse.begin();
  //初始化中断服务例程
  attachInterrupt(2, interruptRoutine, FALLING);
  //初始化APDS-9960(配置I²C和初始值)
  if ( apds.init() ) {
    Serial.println(F("APDS-9960 initialization complete"));
  } else {
    Serial.println(F("Something went wrong during APDS-9960 init!"));
  }
  //开始运行APDS-9960手势传感器
  if ( apds.enableGestureSensor(true) ) {
    Serial.println(F("Gesture sensor is now running"));
```

```
    } else {
      Serial.println(F("Something went wrong during gesture sensor init!"));
    }
}
void loop() {
  if( isr_flag == 1 ) {
    handleGesture();
    isr_flag = 0;
  }
}
void interruptRoutine() {
  isr_flag = 1;
}
void handleGesture() {
    if ( apds.isGestureAvailable() ) {
    switch ( apds.readGesture() ) {
      case DIR_UP:
        Mouse.move(0,-3*range,0);
        break;
      case DIR_DOWN:
        Mouse.move(0,3*range,0);
        break;
      case DIR_LEFT:
        Mouse.move(-4*range,0,0);
        break;
      case DIR_RIGHT:
        Mouse.move(4*range,0,0);
        break;
      case DIR_NEAR:
        Mouse.press(MOUSE_LEFT);
        delay(5);
        Mouse.release(MOUSE_LEFT);
        delay(1);
        break;
      case DIR_FAR:
        Mouse.press(MOUSE_RIGHT);
        delay(5);
        Mouse.release(MOUSE_RIGHT);
        delay(1);
        break;
      default:
        Serial.println("NONE");
    }
   }
}
```

9.2.2 超声波模块

本节包括超声波模块的功能介绍及相关代码。

1. 功能介绍

通过超声波对手掌移动距离进行确定,将数据传输到计算机中,与方向数据相结合,从而控制鼠标移动。元件包括超声波传感器、Arduino Leonardo 开发板和导线若干,电路如图 9-5 所示。

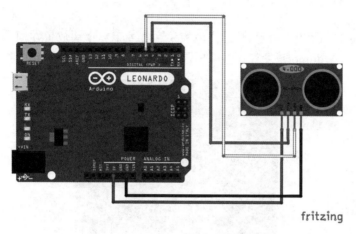

图 9-5 超声波传感器与 Arduino 开发板电路连接

2. 相关代码

```
const int TrigPin = 4;
const int EchoPin = 5;
float distance;
int range;
void setup() {
  Serial.begin(9600);
  pinMode(TrigPin,OUTPUT);
  pinMode(EchoPin,INPUT);
  Serial.println("Ultrasonic sensor:");
}
void loop() {
  range = SR04();
  Serial.print(range);
  Serial.print("cm");
  Serial.println();
  delay(100);
}
int SR04(){
  digitalWrite(TrigPin,LOW);
  delayMicroseconds(2);
```

```
    digitalWrite(TrigPin,HIGH);
    delayMicroseconds(10);
    digitalWrite(TrigPin,LOW);
    distance = pulseIn(EchoPin,HIGH)/58.00;
    return(distance);
}
```

9.3 产品展示

产品整体外观如图 9-6 所示,将超声波模块和红外手势模块放置在同一平面,用来检测手势方向和距离,Arduino 开发板通过 USB 数据线传输到计算机,借此控制鼠标的移动。

图 9-6 产品整体外观

9.4 元件清单

完成本项目所用到的元件及数量如表 9-2 所示。

表 9-2 元件清单

元件/测试仪表	数 量	元件/测试仪表	数 量
APDS-9960 手势识别传感器	1个	面包板	1个
超声波传感器	1个	Arduino Leonardo 开发板	1个
导线	若干		

第 10 章 实时 DIY 表情帽项目设计

本项目基于 Arduino 开发板，设计实时 DIY 表情帽，能够随心所欲地更新帽檐图案，在不方便说话的环境中通过帽檐图案来传达自己的当前状态，与听力障碍人士交谈时，显示文字完成交流。

10.1 功能及总体设计

本项目完成在不同场景下的表情显示，主要由手机发送端、LCD 显示模块、蓝牙传输模块和 Arduino 开发板信息处理模块构成。手机发送端 APP 调用蓝牙发送图像，蓝牙模块传输数据，Arduino 开发板信息处理蓝牙数据包；LCD 模块完成显示。

要实现上述功能需将作品分成三部分进行设计，即安卓绘图软件、蓝牙传输和图像显示。安卓绘图软件使用 Android Studio 开发下载到搭载有安卓系统的手机；蓝牙传输使用 HC-05 从机模式；图像显示端使用 LCD 显示屏和 Arduino 开发板以及扩展板实现。

1. 整体框架

整体框架如图 10-1 所示。

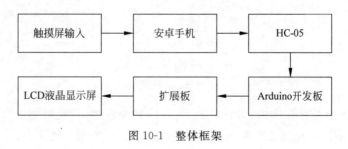

图 10-1　整体框架

本章根据秦羽、冷昊阳项目设计整理而成。

2. 系统流程

系统流程如图 10-2 所示。

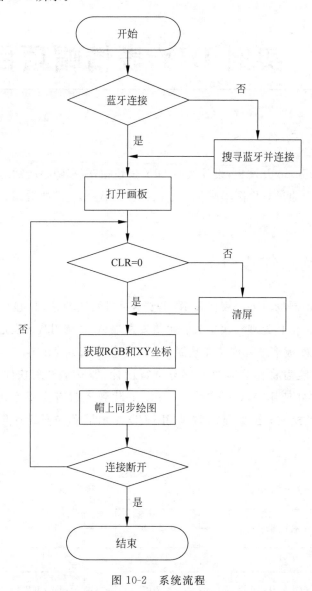

图 10-2　系统流程

打开 APP 搜索蓝牙并连接，然后单击 draw 跳到画板界面，此时如果清屏，则使用右上角的 clear，如果不清屏则直接绘画，颜色可以在下方切换，如果不使用则返回断开连接。

3. 总电路

系统总电路如图 10-3 所示，引脚连线如表 10-1 所示。

第10章 实时DIY表情帽项目设计

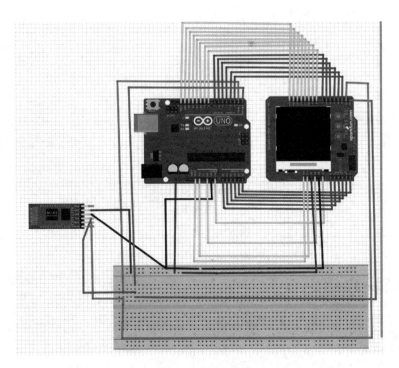

图 10-3 总电路

表 10-1 引脚连线

元件及引脚名		Arduino 开发板引脚
HC-05	TXD	RX
	RXD	TX
	VCC	5V
	GND	GND
LCD	J1	AREF
	SD_SCK	13
	SD_DO	12
	SD_DI	11
	SD_SS	10
	LCD_D1	9
	LCD_D0	8
	LCD_D7	7
	LCD_D6	6
	LCD_D5	5
	LCD_D4	4
	LCD_D3	3
	LCD_D2	2

续表

元件及引脚名		Arduino 开发板引脚
LCD	J2	0
	3V3	3V3
	5V	5V
	GND	GND
	J3	A0
	LCD_RST	A1
	LCD_CS	A2
	LCD_RS	A3
	LCD_WR	A4
	LCD_RD	A5

10.2 模块介绍

本项目主要包括安卓输入模块、传输模块和显示输出模块。下面分别给出各模块的功能介绍及相关代码。

10.2.1 安卓输入模块

本节包括安卓输入模块的功能介绍及相关代码。

1. 功能介绍

Android APP 模块实现在手机端绘制图案,并将点阵数据通过蓝牙进行传输的功能。其开发环境是 Android studio,图案绘制部分是通过 Android.graphics 进行构建,蓝牙传输部分主要使用 BluetoothSppClient 蓝牙基础库。

2. 相关代码

1) 项目基础组件搭建

APP 下 build.gradle 是 Android studio 提供的一种较为先进的项目自动化构建工具。该文件是 Android studio 项目搭建的重要基础。

```
apply plugin: 'com.android.application'//表明这是一个 APP
Android {                              //android sdk 声明,以及 gradle 工具的版本说明
    compileSdkVersion 23
    buildToolsVersion "27.0.3"
    defaultConfig {
        applicationId "mobi.dzs.android.BLE_SPP_PRO"
        minSdkVersion 15
        targetSdkVersion 23
        //javaCompileOptions { annotationProcessorOptions { includeCompileClasspath = true } }
```

```
        }
        buildTypes {
            release {
                minifyEnabled false
                proguardFiles getDefaultProguardFile('proguard-android.txt'), 'proguard-rules.txt'
            }
        }
    }
    dependencies {                          //项目依赖库文件的声明
        implementation fileTree(dir: 'libs', include: ['*.jar'])
        implementation 'com.android.support:appcompat-v7:23.2.1'
        implementation 'com.jakewharton:butterknife:7.0.1'
        annotationProcessor'com.jakewharton:butterknife:7.0.1'
        compile 'org.xdty.preference:color-picker:0.0.4'
        testImplementation 'junit:junit:4.12'
    }
```

2) 组件注册及权限获取

任何一个 Android APP 都必须注册文件 manifest.xml,首先声明 xml 的版本以及编码格式。

```
<?xml version="1.0" encoding="utf-8"?>
<manifest xmlns:android=http://schemas.android.com/apk/res/android
//声明项目主要使用的包
    package="mobi.dzs.android.BLE_SPP_PRO"
    android:versionCode="16"
    android:versionName="0.151" >
//权限注册
    <uses-permission android:name="android.permission.READ_EXTERNAL_STORAGE" />
    <uses-permission android:name="android.permission.WRITE_EXTERNAL_STORAGE" />
    <uses-permission android:name="android.permission.BLUETOOTH" />
    <uses-permission android:name="android.permission.BLUETOOTH_ADMIN" />
    <uses-permission android:name="android.permission.ACCESS_FINE_LOCATION" />
    <uses-permission android:name="android.permission.ACCESS_COARSE_LOCATION" />
    <uses-permission android:name="android.permission.WRITE_EXTERNAL_STORAGE" />
    <uses-feature android:name="android.hardware.bluetooth" android:required="true"/>
//APP 中各个 activity 的说明,主要内容是定位符,界面展开方式
    <application android:name="mobi.dzs.android.BLE_SPP_PRO.globalPool"
        android:allowBackup="true"
        android:icon="@drawable/ic_launcher"
        android:label="@string/app_name"
```

```
            android:theme = "@style/MyTheme" >
            <activity
              android:name = "actMain"
              android:label = "@string/actMain_name" android:screenOrientation = "portrait">
              <intent-filter>
                  <action android:name = "android.intent.action.MAIN" />
                  <category android:name = "android.intent.category.LAUNCHER" />
              </intent-filter>
            </activity>
            <activity android:name = "actDiscovery"
              android:label = "@string/actDiscovery_name"
              android:screenOrientation = "portrait"
              android:launchMode = "standard" android:configChanges = "keyboardHidden|navigation|orientation|screenSize"/>
            <activity android:name = "actByteStream"
              android:label = "@string/actByteStream_name"
              android:launchMode = "singleTop"
              android:configChanges = "keyboardHidden|navigation|orientation|screenSize"/>
                <activity android:name = "mobi.dzs.android.BLE_SPP_PRO.actAbout"
                  android:label = "@string/actAbout_name"
                  android:launchMode = "standard"/>
        </application>
</manifest>
```

3) UI 设计

（1）布局设计

开发一个 APP 的基本路线是，先完成相应布局文件，再完成功能设计，如果按工作的内容分类，首先是蓝牙主界面，其次是画图界面的布局。蓝牙部分由初始主界面布局 act_mian、扫描时布局 act_discovery、设备显示布局 list_view_item_devices 共同构成。

```
Act_mian.Xml:
<?xml version = "1.0" encoding = "utf-8"?>
<ScrollView
    xmlns:android = "http://schemas.android.com/apk/res/android"
    xmlns:tools = "http://schemas.android.com/tools"
    android:layout_width = "fill_parent"
    android:layout_height = "fill_parent"
    android:scrollbars = "vertical"
    android:fadingEdge = "vertical">
    <LinearLayout
        android:layout_width = "fill_parent"
        android:layout_height = "wrap_content"
```

```xml
android:orientation = "vertical">
<LinearLayout android:id = "@ + id/actMain_ll_device_ctrl"
    android:layout_width = "wrap_content"
    android:layout_height = "wrap_content"
    android:layout_marginBottom = "5dip"
    android:orientation = "vertical"
    >
    <TextView
        android:layout_width = "wrap_content"
        android:layout_height = "wrap_content"
        android:text = "@string/actMain_link_device_info_title"
        android:textAppearance = "?android:attr/textAppearanceLarge" />
    <TextView android:id = "@ + id/actMain_tv_device_info"
        android:layout_marginLeft = "10dip"
        android:layout_width = "wrap_content"
        android:layout_height = "wrap_content"
        android:text = "@string/actMain_device_info" />
    <TextView
        android:layout_width = "wrap_content"
        android:layout_height = "wrap_content"
        android:text = "@string/actMain_link_device_service_uuid"
        android:textAppearance = "?android:attr/textAppearanceMedium" />
    <TextView android:id = "@ + id/actMain_tv_service_uuid"
        android:layout_marginLeft = "10dip"
        android:layout_width = "wrap_content"
        android:layout_height = "wrap_content"
        android:text = "@string/actMain_find_service_uuids"
        />
</LinearLayout>
<!-- 配对与连接处理 -->
<LinearLayout android:id = "@ + id/actMain_ll_pair_or_comm"
    android:layout_width = "fill_parent"
    android:layout_height = "wrap_content"
    android:layout_marginLeft = "10dip"
    android:layout_marginRight = "10dip"
    android:orientation = "horizontal"
    >
    <Button android:id = "@ + id/actMain_btn_pair"
        style = "?android:attr/buttonStyleSmall"
        android:layout_weight = "1"
        android:layout_width = "fill_parent"
        android:layout_height = "wrap_content"
```

```xml
            android:onClick = "onClickBtnPair"
            android:text = "@string/actMain_btn_pair" />
        <Button android:id = "@+id/actMain_btn_conn"
            style = "?android:attr/buttonStyleSmall"
            android:layout_weight = "1"
            android:layout_width = "fill_parent"
            android:layout_height = "wrap_content"
            android:onClick = "onClickBtnConn"
            android:text = "@string/actMain_btn_comm" />
</LinearLayout>
<!-- 启动选择模式 -->
<LinearLayout android:id = "@+id/actMain_ll_choose_mode"
    android:layout_width = "fill_parent"
    android:layout_height = "wrap_content"
    android:layout_marginLeft = "10dip"
    android:layout_marginRight = "10dip"
    android:orientation = "vertical"
    >
    <TextView
        android:layout_width = "fill_parent"
        android:layout_height = "wrap_content"
        android:gravity = "center"
        android:text = "@string/actMain_tv_select_mode"
        android:textAppearance = "?android:attr/textAppearanceLarge" />
    <Button
        style = "?android:attr/buttonStyleSmall"
        android:layout_width = "fill_parent"
        android:layout_height = "wrap_content"
        android:onClick = "onClickBtnSerialStreamMode"
        android:text = "@string/actByteStream_name" />
    <LinearLayout
        android:layout_width = "fill_parent"
        android:layout_height = "wrap_content"
        android:orientation = "horizontal"
        >
        <Button
            style = "?android:attr/buttonStyleSmall"
            android:layout_width = "fill_parent"
            android:layout_height = "wrap_content"
            android:onClick = "onClickBtnKeyBoardMode"
            android:layout_weight = "1"
            android:text = "@string/actKeyBoard_name" />
```

```xml
            <Button
                style = "?android:attr/buttonStyleSmall"
                android:layout_width = "fill_parent"
                android:layout_height = "wrap_content"
                android:onClick = "onClickBtnCommandLine"
                android:layout_weight = "1"
                android:text = "@string/actCmdLine_name" />
        </LinearLayout>
    </LinearLayout>
  </LinearLayout>
</ScrollView>
```

Act_discovery:
```xml
<RelativeLayout xmlns:android = "http://schemas.android.com/apk/res/android"
    xmlns:tools = "http://schemas.android.com/tools"
    android:layout_width = "match_parent"
    android:layout_height = "match_parent"
    >
    <ListView android:id = "@+id/actDiscovery_lv"
        android:fadeScrollbars = "true"
        android:layout_marginLeft = "5dip"
        android:layout_marginRight = "5dip"
        android:layout_width = "fill_parent"
        android:layout_height = "wrap_content"
        android:layout_alignParentTop = "true" >
    </ListView>
</RelativeLayout>
```

List_view_items_devices:
```xml
<?xml version = "1.0" encoding = "utf-8"?>
<!-- 蓝牙设备扫描列表(项) -->
<LinearLayout xmlns:android = "http://schemas.android.com/apk/res/android"
    android:layout_width = "fill_parent"
    android:layout_height = "fill_parent"
    android:orientation = "horizontal"
    >
  <LinearLayout
      android:layout_width = "wrap_content"
      android:layout_height = "fill_parent"
      android:orientation = "vertical"
      android:layout_weight = "5"
      >
      <TextView
          android:id = "@+id/device_item_ble_name"
```

```xml
            android:layout_width = "fill_parent"
            android:layout_height = "wrap_content"
            android:text = "device_item_ble_name"
            android:textAppearance = "?android:attr/textAppearanceLarge" />
    <LinearLayout
        android:layout_width = "fill_parent"
        android:layout_height = "wrap_content"
        android:orientation = "horizontal"
        >
            <TextView
                android:layout_width = "wrap_content"
                android:layout_height = "wrap_content"
                android:text = "MAC: " />
            <TextView android:id = "@ + id/device_item_ble_mac"
                android:layout_width = "wrap_content"
                android:layout_height = "wrap_content"
                android:text = "device_item_ble_mac" />
            <TextView
                android:layout_marginLeft = "10dip"
                android:layout_width = "wrap_content"
                android:layout_height = "wrap_content"
                android:text = "CoD: " />
            <TextView android:id = "@ + id/device_item_ble_cod"
                android:layout_width = "wrap_content"
                android:layout_height = "wrap_content"
                android:text = "device_item_ble_cod" />
    </LinearLayout>
    <LinearLayout
        android:layout_width = "fill_parent"
        android:layout_height = "wrap_content"
        android:orientation = "horizontal"
        >
            <TextView
                android:layout_width = "wrap_content"
                android:layout_height = "wrap_content"
                android:text = "Device Type: " />
            <TextView android:id = "@ + id/device_item_ble_device_type"
                android:layout_width = "wrap_content"
                android:layout_height = "wrap_content"
                android:text = "device_item_ble_device_type" />
    </LinearLayout>
</LinearLayout>
```

```xml
<LinearLayout xmlns:android="http://schemas.android.com/apk/res/android"
    android:layout_width="wrap_content"
    android:layout_height="fill_parent"
    android:orientation="vertical"
    android:layout_weight="1"
    >
    <TextView
        android:layout_width="fill_parent"
        android:layout_height="wrap_content"
        android:gravity="center_horizontal"
        android:text="RSSI"
        android:textAppearance="?android:attr/textAppearanceMedium" />
    <TextView android:id="@+id/device_item_ble_rssi"
        android:layout_width="fill_parent"
        android:layout_height="wrap_content"
        android:gravity="center_horizontal"
        android:text="-30" />
    <TextView android:id="@+id/device_item_ble_bond"
        android:layout_width="fill_parent"
        android:layout_height="wrap_content"
        android:gravity="center_horizontal"/>
</LinearLayout>
</LinearLayout>
```

(2) 画图布局设计

画图部分的布局只针对画图 VIEW 对象 DrawingView。

```xml
<?xml version="1.0" encoding="utf-8"?>
<LinearLayout
    xmlns:android="http://schemas.android.com/apk/res/android"
    xmlns:tools="http://schemas.android.com/tools"
    android:layout_width="match_parent"
    android:layout_height="match_parent"
    android:orientation="vertical"
    tools:context=".actByteStream">
    <mobi.dzs.android.component.DrawingView
        android:id="@+id/main_draw_view"
        android:layout_width="match_parent"
        android:layout_height="0dp"
        android:layout_weight="0.85" />
    <LinearLayout
        android:layout_width="match_parent"
```

```xml
android:layout_height = "0dp"
android:layout_weight = "0.15"
android:orientation = "horizontal"
android:gravity = "center"
android:background = "@color/colorPrimary">
<ImageView
    android:id = "@+id/main_fill_iv"
    android:layout_width = "wrap_content"
    android:layout_height = "wrap_content"
    android:src = "@drawable/ic_format_color_fill_white_24dp"
    android:padding = "15dp"
    android:clickable = "true"
    android:background = "?attr/selectableItemBackgroundBorderless"/>
<ImageView
    android:id = "@+id/main_color_iv"
    android:layout_width = "wrap_content"
    android:layout_height = "wrap_content"
    android:src = "@drawable/ic_palette_white_24dp"
    android:padding = "15dp"
    android:clickable = "true"
    android:background = "?attr/selectableItemBackgroundBorderless"/>
<ImageView
    android:id = "@+id/main_stroke_iv"
    android:layout_width = "wrap_content"
    android:layout_height = "wrap_content"
    android:src = "@drawable/ic_gesture_white_24dp"
    android:padding = "15dp"
    android:clickable = "true"
    android:background = "?attr/selectableItemBackgroundBorderless"/>
<ImageView
    android:id = "@+id/main_undo_iv"
    android:layout_width = "wrap_content"
    android:layout_height = "wrap_content"
    android:src = "@drawable/ic_undo_white_24dp"
    android:padding = "15dp"
    android:clickable = "true"
    android:background = "?attr/selectableItemBackgroundBorderless"/>
<ImageView
    android:id = "@+id/main_redo_iv"
    android:layout_width = "wrap_content"
    android:layout_height = "wrap_content"
    android:src = "@drawable/ic_redo_white_24dp"
```

```
                android:padding = "15dp"
                android:clickable = "true"
                android:background = "?attr/selectableItemBackgroundBorderless"/>
        </LinearLayout>
</LinearLayout>
```

(3) 风格设计

为使 UI 界面能够进行视觉舒适的交互体验,在 values/styles 中设置了显示风格及相关要素。

```
<resources>
    <!--
    -->
    <style name = "AppBaseTheme" parent = "android:Theme.Light">
        <!--
        -->
    </style>
    <style name = "MyTheme" parent = "Theme.AppCompat.Light">
        <item name = "android:windowNoTitle">false</item>
        <item name = "android:windowActionBar">true</item>
        <item name = "android:windowFullscreen">true</item>
        <item name = "android:windowContentOverlay">@null</item>
    </style>
    <!-- Application theme. -->
    <style name = "AppTheme" parent = "AppBaseTheme">
    <item name = "colorPrimary">@color/colorPrimary</item>
        <item name = "colorPrimaryDark">@color/colorPrimaryDark</item>
        <item name = "colorAccent">@color/colorAccent</item>
        <!---->
    </style>
</resources>
```

(4) 字符串资源统一管理

在 res/value/下定义了一些画图选择器中的颜色。

```
<?xml version = "1.0" encoding = "utf-8"?>
<resources>
    <color name = "colorPrimary">#3F51B5</color>
    <color name = "colorPrimaryDark">#303F9F</color>
    <color name = "colorAccent">#FF4081</color>
    <array name = "palette">
        <item>#FFF</item>
        <item>#000</item>
```

```xml
        <item>@color/tomato</item>
        <item>@color/tangerine</item>
        <item>@color/banana</item>
        <item>@color/basil</item>
        <item>@color/sage</item>
        <item>@color/peacock</item>
        <item>@color/blueberry</item>
        <item>@color/lavender</item>
        <item>@color/grape</item>
        <item>@color/flamingo</item>
        <item>@color/graphite</item>
    </array>
</resources>
```

为了便于APP中各个组块名称的管理,在res/values/strings/strings.xml中统一为所用到的字符串设定了索引值。

```xml
<?xml version = "1.0" encoding = "utf-8"?>
<resources>
  <string name = "app_name">a drawing app</string>
  <string name = "language">en</string>
  <string name = "actMain_name">Bluetooth spp pro</string>
  <string name = "actMain_link_device_info_title">Connect the device:</string>
  <string name = "actMain_link_device_service_uuid">Service\'s UUID:</string>
  <string name = "actMain_find_service_uuids">Searching services list&#8230;</string>
  <string name = "actMain_not_find_service_uuids">Not find services list.</string>
  <string name = "actMain_device_info">Device name: %1$s\nMac addr: %2$s\nClass of device: %3$s\nSignal: %4$s\nType: %5$s\nBind state: %6$s\n</string>
  <string name = "actMain_btn_pair">Pair</string>
  <string name = "actMain_btn_comm">Connect</string>
  <string name = "actMain_tv_hint_service_uuid_not_bond">Please create pair.</string>
  <string name = "actMain_tv_select_mode">Select communication mode</string>
  <string name = "actMain_msg_does_not_support_uuid_service">Android version does not support this.</string>
  <string name = "actMain_msg_bluetooth_Bonding">pairing&#8230;</string>
  <string name = "actMain_msg_device_connecting">Connecting device&#8230;</string>
  <string name = "actMain_msg_device_connect_fail">SPP communication failure</string>
  <string name = "actMain_msg_device_connect_succes">Successful connection</string>
  <string name = "actMain_msg_bluetooth_Bond_Success">Pairing successful</string>
  <string name = "actMain_msg_bluetooth_Bond_fail">Pairing failed</string>
  <string name = "actMain_msg_pair_pwd_error">The pairing password must be 4 digits</string>
  <string name = "actMain_menu_rescan">Rescan</string>
```

```xml
<string name = "actDiscovery_name">Scan Device</string>
<string name = "actDiscovery_msg_select_device">Select the device you need to connect</string>
<string name = "actDiscovery_msg_not_find_device">Devices not found</string>
<string name = "actDiscovery_msg_scaning_device">Scanning&#8230;</string>
<string name = "actDiscovery_msg_starting_device">Bluetooth devices starting&#8230;</string>
<string name = "actDiscovery_msg_start_bluetooth_fail">Bluetooth devices start fail</string>
<string name = "actDiscovery_msg_bluetooth_not_start">Bluetooth is not enabled</string>
<string name = "actDiscovery_menu_scan">Scan</string>
<string name = "actDiscovery_bond_bonded">Bonded</string>
<string name = "actDiscovery_bond_nothing">Nothing</string>
<string name = "actByteStream_name">Draw</string>
<string name = "actByteStream_input_hint">input the send commands</string>
<string name = "actByteStream_btn_send_desc">Send button</string>
<string name = "actByteStream_tv_receive_text">Data receive</string>
<string name = "actCmdLine_name">CMD line mode</string>
<string name = "actCmdLine_input_hint">input char (press [Enter] key)</string>
<string name = "actCmdLine_msg_helper">Current end flag: %1$s, Click [send] button finished sending, at the soft keyboard;\n\n</string>
<string name = "actCmdLine_dialog_title_end_flg">Set command end flag</string>
<string name = "actCmdLine_et_hint_end_flg_val">Command end flag(HEX format)</string>
<string name = "actKeyBoard_name">Keyboard mode</string>
<string name = "actKeyBoard_tv_Init">Set the buttons properties, click [Set end flag]. \n</string>
<string name = "actKeyBoard_tv_set_btnname">BTN Name</string>
<string name = "actKeyBoard_tv_set_btnname_hint">button display name</string>
<string name = "actKeyBoard_tv_long_pass_freq_hint">Unit ms,must be > %1$d</string>
  <string name = "actKeyBoard_set_btn_down_send_value">BTN Down</string>
  <string name = "actKeyBoard_set_btn_hold_send_value">BTN Hold</string>
  <string name = "actKeyBoard_set_btn_up_send_value">BTN Up</string>
  <string name = "actKeyBoard_set_send_value_hint">Input send value</string>
<string name = "actKeyBoard_tv_set_keyboard_helper">Now is the keyboard setting mode, Click the button area that setting.\n Click [Buttons set complete]back to send mode.\n</string>
<string name = "actKeyBoard_msg_helper_endflg">Command line last chars is: %1$s;\n</string>
<string name = "actKeyBoard_msg_repeat_freq_set">Long-press the trigger frequency: %1$dms;</string>
<string name = "actAbout_name">About me</string>
<string name = "dialog_title_sys_err">System Error</string>
<string name = "dialog_title_alert">Alert</string>
```

```xml
<string name = "dialog_title_io_mode_set">IO mode selection</string>
<string name = "dialog_title_end_flg">Set end flag</string>
<string name = "dialog_title_keyboard_set">Button Function setting</string>
<string name = "dialog_title_keyboard_long_pass_frea">Long - press repeatedly freq(ms)</string>
<string name = "dialog_io_mode_input_set">Input type</string>
<string name = "dialog_io_mode_output_set">Output type</string>
<string name = "dialog_io_mode_ascii">ASCII</string>
<string name = "dialog_io_mode_hex">Hex(00 - FF)</string>
<string name = "dialog_end_flg_select">Select end flag template:</string>
<string name = "dialog_end_flg_rn">Char(\'\r\n\')</string>
<string name = "dialog_end_flg_n">Char(\'\n\')</string>
<string name = "dialog_end_flg_other">Other</string>
<string name = "dialog_end_flg_hex_val">HEX value of the end flag:</string>
<string name = "btn_ok">OK</string>
<string name = "btn_click_me">ClickMe</string>
<string name = "tv_send_area_title">Sent data area</string>
<string name = "tv_receive_area_title">Received data area</string>
<string name = "menu_close">Close</string>
<string name = "menu_clear">Clear</string>
<string name = "menu_io_mode">Set IO mode</string>
<string name = "menu_save_to_file">Save2File</string>
<string name = "menu_clear_cmd_history">Clear History</string>
<string name = "menu_set_stop_flg">Set end flag</string>
<string name = "menu_helper">Helper</string>
<string name = "menu_set_key_board_start">Buttons set</string>
<string name = "menu_set_key_board_end">Buttons set complete</string>
<string name = "menu_set_key_board_event">Set trigger mode</string>
<string name = "menu_set_button_long_pass_freq">Set Long - press freq</string>
<string name = "menu_about">About</string>
<string name = "device_type_bredr">BR/EDR Bluetooth</string>
<string name = "device_type_ble">Low Energy Bluetooth</string>
<string name = "device_type_dumo">Duplex mode Bluetooth</string>
<string name = "templet_txd">Txd: %1$dB</string>
<string name = "templet_rxd">Rxd: %1$dB</string>
<string name = "templet_hold_time">Running: %1$ds</string>
<string name = "msg_send_data_fail">Failed to send data</string>
<string name = "msg_not_hex_string">Invalid HEX string</string>
<string name = "msg_save_file_fail">Failed to save the file</string>
<string name = "msg_receive_data_wating">Waiting to receive&#8230;\n</string>
<string name = "msg_receive_data_stop">Receiver terminated</string>
<string name = "msg_msg_bt_connect_lost">Bluetooth device communications connection is
```

lost, try to reconnect </string>
　　< string name = "msg_helper_endflg_nothing">End flag is not set. Click [Set end flag] set;\n
</string>
　　< string name = "tips_click_to_hide">Click hidden </string>
　　< string name = "tips_click_to_show">Click show </string>
</resources>

(5) 图像设计

图片资源统一放在 res/drawable 里面，考虑到版本兼容以及横竖屏切换问题，在其中制作了不同尺寸、不同分辨率的多套图片，包括图标、按钮、背景等。

4) 具体功能实现

(1) 生命周期 Activity 拓展

```java
package mobi.dzs.android.BLE_SPP_PRO;
import android.app.Activity;
import android.app.AlertDialog;
import android.content.DialogInterface;
import android.os.Bundle;
import android.view.LayoutInflater;
import android.view.View;
import android.widget.ArrayAdapter;
import android.widget.AutoCompleteTextView;
import android.widget.RadioButton;
import android.widget.TextView;
import android.widget.Toast;
import java.util.ArrayList;
import java.util.concurrent.ExecutorService;
import java.util.concurrent.Executors;
import mobi.dzs.android.bluetooth.BluetoothSppClient;
import mobi.dzs.android.storage.CJsonStorage;
import mobi.dzs.android.storage.CKVStorage;
import mobi.dzs.android.util.CHexConver;
public class BaseCommActivity extends BaseActivity
{
    /*常量:菜单变量-清屏*/
    protected final static byte MEMU_CLEAR = 0x01;
    /*常量:菜单变量-I/O模式设置*/
    protected final static byte MEMU_IO_MODE = 0x02;
    /*常量:菜单变量-保存到文件*/
    protected final static byte MEMU_SAVE_TO_FILE = 0x03;
    /*常量:菜单变量-清除历史命令*/
    protected final static byte MEMU_CLEAR_CMD_HISTORY = 0x04;
```

```java
        /* 常量:菜单变量 - 加载使用向导 */
        protected final static byte MEMU_HELPER = 0x05;
        /* 常量:动态存储对象的 Key; subkey:input_mode/output_mode */
        protected final static String KEY_IO_MODE = "key_io_mode";
        /* 常量:结束符字符集 */
        protected final static String[] msEND_FLGS = {"\r\n", "\n"};
        /* 常量:历史发送命令字符串分隔符(将命令历史保存到字符串中,使用这个分隔符进行数组
切割) */
        protected static final String HISTORY_SPLIT = "&#&";
        /* 常量:历史发送命令字符保存关键字 */
        protected static final String KEY_HISTORY = "send_history";
        /* 输入自动完成列表 */
        protected ArrayList<String> malCmdHistory = new ArrayList<String>();
        /* 线程终止标志(用于终止监听线程) */
        protected boolean mbThreadStop = false;
        /* 控件:发送数据量 */
        private TextView mtvTxdCount = null;
        /* 控件:接收数据量 */
        private TextView mtvRxdCount = null;
        /* 控件:连接保持时间 */
        private TextView mtvHoleRun = null;
        /* 输入模式 */
        protected byte mbtInputMode = BluetoothSppClient.IO_MODE_STRING;
        /* 输出模式 */
        protected byte mbtOutputMode = BluetoothSppClient.IO_MODE_STRING;
        /* 对象:引用全局的蓝牙连接对象 */
        public BluetoothSppClient mBSC = null;
        /* 对象:引用全局的动态存储对象 */
        protected CKVStorage mDS = null;
        ArrayList list = new ArrayList();
        /* 未设限制的 AsyncTask 线程池(重要) */
        protected static ExecutorService FULL_TASK_EXECUTOR;
        static{
            FULL_TASK_EXECUTOR = (ExecutorService)
Executors.newCachedThreadPool();
        };
        /* 页面构造 */
        @Override
        protected void onCreate(Bundle savedInstanceState){
            super.onCreate(savedInstanceState);
            this.mBSC = ((globalPool)this.getApplicationContext()).mBSC;
            this.mDS = ((globalPool)this.getApplicationContext()).mDS;
```

```java
        if (null == this.mBSC||!this.mBSC.isConnect()){
            //进入时,连接丢失,则返回主界面
            this.setResult(Activity.RESULT_CANCELED);        //返回到主界面
            this.finish();
            return;
        }
    }
    /*启用数据统计状态条*/
    protected void usedDataCount(){                          //获取数据统计条
        this.mtvTxdCount = (TextView)this.findViewById(R.id.tv_txd_count);
        this.mtvRxdCount = (TextView)this.findViewById(R.id.tv_rxd_count);
        this.mtvHoleRun = (TextView)this.findViewById(R.id.tv_connect_hold_time);
        this.refreshTxdCount();
        this.refreshRxdCount();
    }
    /*刷新数据统计状态条-发送统计值*/
    protected void refreshTxdCount(){
        long lTmp = 0;
        if (null!= this.mtvTxdCount)
        {
            lTmp = this.mBSC.getTxd();
            this.mtvTxdCount.setText(String.format(getString(R.string.templet_txd, lTmp)));
            lTmp = this.mBSC.getConnectHoldTime();
    this.mtvHoleRun.setText(String.format(getString(R.string.templet_hold_time, lTmp)));
        }
    }
    /*刷新数据统计状态条-接收统计值*/
    protected void refreshRxdCount(){
        long lTmp = 0;
        if (null!= this.mtvRxdCount)
        {
            lTmp = this.mBSC.getRxd();
            this.mtvRxdCount.setText(String.format(getString(R.string.templet_rxd, lTmp)));
            lTmp = this.mBSC.getConnectHoldTime();
    this.mtvHoleRun.setText(String.format(getString(R.string.templet_hold_time, lTmp)));
        }
    }
    /*刷新数据统计状态条-运行时间*/
    protected void refreshHoldTime(){
        if (null!= this.mtvHoleRun)
        {
```

```java
        long lTmp = this.mBSC.getConnectHoldTime();
        this.mtvHoleRun.setText(String.format(getString(R.string.templet_hold_time, lTmp)));
    }
}
/*初始化输入/输出模式*/
protected void initIO_Mode(){
    this.mbtInputMode = (byte)this.mDS.getIntVal(KEY_IO_MODE, "input_mode");
    if (this.mbtInputMode == 0)
        this.mbtInputMode = BluetoothSppClient.IO_MODE_STRING;
    this.mbtOutputMode = (byte)this.mDS.getIntVal(KEY_IO_MODE, "output_mode");
    if (this.mbtOutputMode == 0)
        this.mbtOutputMode = BluetoothSppClient.IO_MODE_STRING;
mBSC.setRxdMode(mbtInputMode);
mBSC.setTxdMode(mbtOutputMode);
}
/*设置输入/输出模式(对话框)*/
protected void setIOModeDialog(){                    //设置I/O对话框,
final RadioButton rbInChar, rbInHex;
final RadioButton rbOutChar, rbOutHex;
AlertDialog.Builder builder = new AlertDialog.Builder(this);
                                                    //对话框控件
builder.setTitle(this.getString(R.string.dialog_title_io_mode_set));
//设置标题
LayoutInflater inflater = LayoutInflater.from(this);
//布局显示初始化
final View view = inflater.inflate(R.layout.dialog_io_mode, null);
rbInChar = (RadioButton)view.findViewById(R.id.rb_io_mode_set_in_string);
rbInHex = (RadioButton)view.findViewById(R.id.rb_io_mode_set_in_hex);
rbOutChar
 = (RadioButton)view.findViewById(R.id.rb_io_mode_set_out_string);
rbOutHex = (RadioButton)view.findViewById(R.id.rb_io_mode_set_out_hex);
/*初始化输入模式值*/
if (BluetoothSppClient.IO_MODE_STRING == this.mbtInputMode)
                                                    //输入设置
    rbInChar.setChecked(true);
else
    rbInHex.setChecked(true);
if (BluetoothSppClient.IO_MODE_STRING == this.mbtOutputMode)
                                                    //输出设置
    rbOutChar.setChecked(true);
else
    rbOutHex.setChecked(true);
```

```java
            builder.setView(view);                              //绑定布局
            builder.setPositiveButton(R.string.btn_ok, new
    DialogInterface.OnClickListener(){
                @Override
                public void onClick(DialogInterface dialog, int which){
                    //设置输入/输出的模式
                    mbtInputMode = (rbInChar.isChecked())?
    BluetoothSppClient.IO_MODE_STRING : BluetoothSppClient.IO_MODE_HEX;
                    mbtOutputMode = (rbOutChar.isChecked())?
    BluetoothSppClient.IO_MODE_STRING : BluetoothSppClient.IO_MODE_HEX;
                    //记住当前设置的模式
                    mDS.setVal(KEY_IO_MODE, "input_mode", mbtInputMode)
                        .setVal(KEY_IO_MODE, "output_mode", mbtOutputMode)
                        .saveStorage();
                    mBSC.setRxdMode(mbtInputMode);
                    mBSC.setTxdMode(mbtOutputMode);
                }
            });
            builder.create().show();
        }
        /* 保存用于自动完成控件的命令历史字 */
        protected void saveAutoComplateCmdHistory(String sClass){
                                                    //自动保存命令历史
            CKVStorage kvAutoComplate = new CJsonStorage(this,
    getString(R.string.app_name), "AutoComplateList");
            if(malCmdHistory.isEmpty())                //清除历史日志
                kvAutoComplate.setVal(KEY_HISTORY, sClass, "").saveStorage();
            else{                                       //保存输入提示历史
                StringBuilder sbBuf = new StringBuilder();
                String sTmp = null;
                for(int i = 0; i < malCmdHistory.size(); i++)
                    sbBuf.append(malCmdHistory.get(i) + HISTORY_SPLIT);
                sTmp = sbBuf.toString();
                kvAutoComplate.setVal(KEY_HISTORY, sClass, sTmp.substring(0, sTmp.length() -
    3)).saveStorage();
            }
            kvAutoComplate = null;
        }
        /* 取出用于自动完成控件的命令历史字 */
        protected void loadAutoComplateCmdHistory(String sClass,
    AutoCompleteTextView v){
        CKVStorage kvAutoComplate = new CJsonStorage(this,
```

```java
        getString(R.string.app_name), "AutoComplateList");
    String sTmp = kvAutoComplate.getStringVal(KEY_HISTORY, sClass);
    kvAutoComplate = null;
    if(!sTmp.equals("")){                                    //保存输入提示历史
        String[] sT = sTmp.split(HISTORY_SPLIT);
        for (int i = 0;i < sT.length; i++)
            this.malCmdHistory.add(sT[i]);
            v.setAdapter(
                new ArrayAdapter < String >(this,
                android.R.layout.simple_dropdown_item_1line,sT)
            );
    }
}
/*给自动完成控件增加一个命令历史值*/
protected void addAutoComplateVal(String sData, AutoCompleteTextView v){
    //输入提示处理
    if (this.malCmdHistory.indexOf(sData) == -1){
    //不存在历史列表中,加入自动提示字段
        this.malCmdHistory.add(sData);
        v.setAdapter(
            new ArrayAdapter < String >(this,
            android.R.layout.simple_dropdown_item_1line,
            malCmdHistory.toArray(new String[malCmdHistory.size()]))
        );
    }
}
/*清除自动完成控件中的命令历史内容*/
protected void clearAutoComplate(AutoCompleteTextView v){
    this.malCmdHistory.clear();
        v.setAdapter(
            new ArrayAdapter < String >(this,
            android.R.layout.simple_dropdown_item_1line)
        );
}
public void sendXY(Integer color,float touchX, float touchY) {
    //本项目主要使用的传输函数,同步传输颜色 RGB 和 XY 坐标
int y = (int)touchX * 320/1650;
int x = (int)touchY * 240/1080;
String mycolor = color.toHexString(color);
String []colorarr = mycolor.split("");
String r = colorarr[3] + colorarr[4];
String g = colorarr[5] + colorarr[6];
```

```java
        String b = colorarr[7] + colorarr[8];
        int red = Integer.valueOf(r,16);
        int green = Integer.valueOf(g,16);
        int blue = Integer.valueOf(b,16);
        String R = String.valueOf(red);
        String G = String.valueOf(green);
        String B = String.valueOf(blue);
        String X = String.valueOf(x);
        String Y = String.valueOf(y);
        String sSend = "157" + " " + R + " " + G + " " + B + " " + X + " " + Y + " ";
                                                        //传输用的 string
    if (BluetoothSppClient.IO_MODE_HEX == this.mbtOutputMode){
//当使用 HEX 发送时,对发送内容做检查
        if (!CHexConver.checkHexStr(sSend)){
            Toast.makeText(this,                     //提示本次发送失败
            getString(mobi.dzs.android.drawingtest.R.string.msg_not_hex_string),
            Toast.LENGTH_SHORT).show();
            return;
            }
        }
        mBSC.Send((sSend));                          //发送
        public void clearcanvas() {                  //清屏时通知 Arduino 开发板第一位为 1
        String clear = "1 0 0 0 0 0 ";
        mBSC.Send(clear);
        }
import java.io.ByteArrayOutputStream;
import java.io.IOException;
import java.io.InputStream;
import java.text.SimpleDateFormat;
import java.util.Date;
import java.util.Locale;
import mobi.dzs.android.util.LocalIOTools;
import android.app.ActionBar;
import android.app.Activity;
import android.os.Environment;
import android.widget.Toast;
public class BaseActivity extends Activity{
        /*激活 Action Bar 的回退按钮*/
        protected void enabledBack(){
            /*设置程序可以点击图标返回主界面*/
            ActionBar actionBar = getActionBar();
            actionBar.setDisplayHomeAsUpEnabled(true);
```

```java
    }
    /*保存数据到SD卡*/
    protected void save2SD(String sData){
        String sRoot = null;
        String sFileName = null;
        String sPath = null;
        //判断SD卡是否存在,并取出根目录(末尾不带'/')
        if (Environment.getExternalStorageState().equals(Environment.MEDIA_MOUNTED))
            sRoot = Environment.getExternalStorageDirectory().toString();
            //获取根目录
        else
            return;
        //生成文件名
        sFileName = (new SimpleDateFormat("MMddHHmmss",
            Locale.getDefault())).format(new Date()) + ".txt";
        //生成最终的保存路径
        sPath = sRoot.concat("/").concat(this.getString(R.string.app_name));
        if (LocalIOTools.coverByte2File(sPath, sFileName, sData.getBytes())){
            String sMsg = ("save to:").concat(sPath).concat("/").concat(sFileName);
            Toast.makeText(this, sMsg, Toast.LENGTH_LONG).show();
            //提示文件保存成功
        }else{
            Toast.makeText(this, getString(R.string.msg_save_file_fail),
                Toast.LENGTH_SHORT).show();                //提示文件保存失败
        }
    }
    /*读取文本型资源文件的内容*/
    public String getStringFormRawFile(int iRawID){
        InputStream is = this.getResources().openRawResource(iRawID);
        ByteArrayOutputStream baos = new ByteArrayOutputStream();
        int i;
        try{
            i = is.read();
            while(i!= -1){
                baos.write(i);
                i = is.read();
            }
            is.close();
            return baos.toString().trim();
        }catch (IOException e){
```

```
            return null;
        }
    }
}
```

(2) 主程序 act_main

```
import android.app.Activity;
import android.app.AlertDialog;
import android.app.ProgressDialog;
import android.bluetooth.BluetoothAdapter;
import android.bluetooth.BluetoothDevice;
import android.content.BroadcastReceiver;
import android.content.Context;
import android.content.DialogInterface;
import android.content.Intent;
import android.content.IntentFilter;
import android.os.AsyncTask;
import android.os.Build;
import android.os.Bundle;
import android.os.Parcelable;
import android.os.SystemClock;
import android.util.Log;
import android.view.Menu;
import android.view.MenuItem;
import android.view.View;
import android.widget.Button;
import android.widget.LinearLayout;
import android.widget.TextView;
import android.widget.Toast;
import java.util.ArrayList;
import java.util.Hashtable;
import mobi.dzs.android.bluetooth.BluetoothCtrl;
import mobi.dzs.android.storage.CKVStorage;
import mobi.dzs.android.storage.CSharedPreferences;
/*主界面,维护蓝牙的连接与通信操作,①首先进入检查蓝牙状态;②没有启动则开启蓝牙;③立即进
入搜索界面,得到需要连接的设备;④在主界面中建立配对与连接;⑤蓝牙对象被保存在globalPool
中,以便其他不同通信模式的功能模块调用。*/
public class actMain extends Activity{
    /*常量:扫描设备菜单ID*/
    public static final byte MEMU_RESCAN = 0x01;
    /*常量:退出应用*/
    public static final byte MEMU_EXIT = 0x02;
```

```java
        /*常量:关于*/
        public static final byte MEMU_ABOUT = 0x03;
        /*全局静态对象池*/
        private globalPool mGP = null;
        /*手机的蓝牙适配器*/
        private BluetoothAdapter mBT = BluetoothAdapter.getDefaultAdapter();
        //创建蓝牙实例
        /*蓝牙设备连接句柄*/
        private BluetoothDevice mBDevice = null;
        /*控件:Device Info 显示区*/
        private TextView mtvDeviceInfo = null;
        /*控件:Service UUID 显示区*/
        private TextView mtvServiceUUID = null;
        /*控件:设备信息显示区容器*/
        private LinearLayout mllDeviceCtrl = null;
        /*控件:选择连接成功后的设备通信模式面板*/
        private LinearLayout mllChooseMode = null;
        /*控件:配对按钮*/
        private Button mbtnPair = null;
        /*控件:通信按钮*/
        private Button mbtnComm = null;
        /*常量:搜索页面返回*/
        public static final byte REQUEST_DISCOVERY = 0x01;
        /*常量:从画图模式返回*/
        public static final byte REQUEST_BYTE_STREAM = 0x02;
        /*常量:从关于页面返回*/
        public static final byte REQUEST_ABOUT = 0x05;
        /*选定设备的配置信息*/
        private Hashtable<String, String> mhtDeviceInfo = new Hashtable<String, String>();
        /*蓝牙配对进程操作标志*/
        private boolean mbBonded = false;
        /*获取到的UUID Service 列表信息*/
        private ArrayList<String> mslUuidList = new ArrayList<String>();
        /*保存蓝牙进入前的开启状态*/
        private boolean mbBleStatusBefore = false;
        /*广播监听:获取UUID 服务*/
        //以下是画图部分的嵌入*/
        private BroadcastReceiver _mGetUuidServiceReceiver = new
    BroadcastReceiver(){
            @Override
            public void onReceive(Context arg0, Intent intent){    //接收广播
                String action = intent.getAction();
```

```java
            int iLoop = 0;
            if (BluetoothDevice.ACTION_UUID.equals(action)){
                Parcelable[] uuidExtra = intent.getParcelableArrayExtra("android.bluetooth.device.extra.UUID");
                if (null!= uuidExtra)
                    iLoop = uuidExtra.length;
                for(int i = 0; i < iLoop; i++)
                    mslUuidList.add(uuidExtra[i].toString());
            }
        }
    };
    /*广播监听:蓝牙配对处理*/
    private BroadcastReceiver _mPairingRequest = new BroadcastReceiver(){
        @Override
        public void onReceive(Context context, Intent intent){
            BluetoothDevice device = null;
            if (intent.getAction().equals(BluetoothDevice.ACTION_BOND_STATE_CHANGED)){
                device = intent.getParcelableExtra(BluetoothDevice.EXTRA_DEVICE);
                if (device.getBondState() == BluetoothDevice.BOND_BONDED)
                    mbBonded = true;                    //蓝牙配对设置成功
                else
                    mbBonded = false;                   //蓝牙配对进行中或者配对失败
            }
        }
    };
    @Override
    public boolean onCreateOptionsMenu(Menu menu){
        super.onCreateOptionsMenu(menu);
        //扫描设备
        MenuItem miScan = menu.add(0, MEMU_RESCAN, 0, getString(R.string.actMain_menu_rescan));    //组别、ID、顺序、文本
        miScan.setShowAsAction(MenuItem.SHOW_AS_ACTION_IF_ROOM);
        //进入关于页面
        MenuItem miAbout = menu.add(0, MEMU_ABOUT, 1, getString(R.string.menu_about));
        miAbout.setShowAsAction(MenuItem.SHOW_AS_ACTION_NEVER);
        //退出系统
        MenuItem miExit = menu.add(0, MEMU_EXIT, 2, getString(R.string.menu_close));
        miExit.setShowAsAction(MenuItem.SHOW_AS_ACTION_NEVER);
        return super.onCreateOptionsMenu(menu);
```

```java
        }
        /*菜单点击后的执行指令*/
        @Override
        public boolean onMenuItemSelected(int featureId, MenuItem item) {
            switch(item.getItemId()) {
                case MEMU_RESCAN:                                   //开始扫描
                    this.mGP.closeConn();                           //关闭连接
                    this.initActivityView();                        //进入扫描时,显示界面初始化
                    this.openDiscovery();                           //进入搜索页面
                    return true;
                case MEMU_EXIT:                                     //退出程序
                    this.finish();
                    return true;
                case MEMU_ABOUT:                                    //打开页面
                    this.openAbout();
                    return true;
                default:
                    return super.onMenuItemSelected(featureId, item);
            }
        }                                                           //打开其他ACTIVITY
        /*页面构造*/
        @Override
        protected void onCreate(Bundle savedInstanceState){
            super.onCreate(savedInstanceState);
            setContentView(R.layout.act_main);
            if (null == mBT){                                       //系统中不存在蓝牙模块
                Toast.makeText(this, "Bluetooth module not found",
Toast.LENGTH_LONG).show();
                this.finish();
            }
            this.initFirstInstallTimestemp();                       //记录首次安装的时间
            this.mtvDeviceInfo = (TextView)this.findViewById(R.id.actMain_tv_device_info);
            this.mtvServiceUUID = (TextView)this.findViewById(R.id.actMain_tv_service_uuid);
            this.mllDeviceCtrl = (LinearLayout)this.findViewById(R.id.actMain_ll_device_ctrl);
            this.mllChooseMode = (LinearLayout)this.findViewById(R.id.actMain_ll_choose_mode);
            this.mbtnPair = (Button)this.findViewById(R.id.actMain_btn_pair);
            this.mbtnComm = (Button)this.findViewById(R.id.actMain_btn_conn);
            this.initActivityView();                                //初始化窗口控件的视图
            this.mGP = ((globalPool)this.getApplicationContext());
            //得到全局对象的引用
            new startBluetoothDeviceTask().execute("");             //启动蓝牙设备
        }
```

```java
/*初始化首次安装程序的时间*/
private void initFirstInstallTimestemp(){
    CKVStorage oDS = new CSharedPreferences(this);
    if (oDS.getLongVal("SYSTEM", "FIRST_INSTALL_TIMESTEMP") == 0){
        oDS.setVal("SYSTEM", "FIRST_INSTALL_TIMESTEMP",System.currentTimeMillis()).saveStorage();
    }
}
/*初始化显示界面的控件*/
private void initActivityView(){
    this.mllDeviceCtrl.setVisibility(View.GONE);      //隐藏扫描到的设备信息
    this.mbtnPair.setVisibility(View.GONE);           //隐藏配对按钮
    this.mbtnComm.setVisibility(View.GONE);           //隐藏连接按钮
    this.mllChooseMode.setVisibility(View.GONE);      //隐藏通信模式选择
}
/*析构处理*/
@Override
protected void onDestroy() {
    super.onDestroy();
    this.mGP.closeConn();                             //关闭连接
    //检查如果进入前蓝牙是关闭的状态,则退出时关闭蓝牙
    if (null!= mBT &&!this.mbBleStatusBefore)
        mBT.disable();
}
/*进入搜索蓝牙设备列表界面*/
private void openDiscovery(){
    //进入蓝牙设备搜索界面
    Intent intent = new Intent(this, actDiscovery.class);
    this.startActivityForResult(intent, REQUEST_DISCOVERY);
    //等待返回搜索结果
}
/*进入关于界面*/
private void openAbout(){
    Intent intent = new Intent(this, actAbout.class);
    this.startActivityForResult(intent, REQUEST_ABOUT); //等待返回搜索结果
}
/*显示选中设备的信息*/
private void showDeviceInfo(){
    /*显示需要连接的设备信息*/
    this.mtvDeviceInfo.setText(
    String.format(getString(R.string.actMain_device_info),
        this.mhtDeviceInfo.get("NAME"),
```

```java
                this.mhtDeviceInfo.get("MAC"),
                this.mhtDeviceInfo.get("COD"),
                this.mhtDeviceInfo.get("RSSI"),
                this.mhtDeviceInfo.get("DEVICE_TYPE"),
                this.mhtDeviceInfo.get("BOND"))
        );
    }
    /*显示 Service UUID 信息*/
    private void showServiceUUIDs(){
        //对于4.0.3以上的系统支持获取 UUID 服务内容的操作
        if (Build.VERSION.SDK_INT >= 15){
            new GetUUIDServiceTask().execute("");
        }else{                                              //不支持获取 uuid service 信息
            this.mtvServiceUUID.setText(getString(R.string.actMain_msg_does_not_support_uuid_service));
        }
    }
    /*蓝牙设备选择后返回处理*/
    protected void onActivityResult(int requestCode, int resultCode, Intent data){
        if (requestCode == REQUEST_DISCOVERY){
            if (Activity.RESULT_OK == resultCode){
                this.mllDeviceCtrl.setVisibility(View.VISIBLE);
                                                            //显示设备信息区
                this.mhtDeviceInfo.put("NAME", data.getStringExtra("NAME"));
                this.mhtDeviceInfo.put("MAC", data.getStringExtra("MAC"));
                this.mhtDeviceInfo.put("COD", data.getStringExtra("COD"));
                this.mhtDeviceInfo.put("RSSI", data.getStringExtra("RSSI"));
                this.mhtDeviceInfo.put("DEVICE_TYPE", data.getStringExtra("DEVICE_TYPE"));
                this.mhtDeviceInfo.put("BOND", data.getStringExtra("BOND"));
                this.showDeviceInfo();                      //显示设备信息
                //如果设备未配对,显示配对操作
                if (this.mhtDeviceInfo.get("BOND").equals(getString(R.string.actDiscovery_bond_nothing))){
                    this.mbtnPair.setVisibility(View.VISIBLE);
                                                            //显示配对按钮
                    this.mbtnComm.setVisibility(View.GONE); //隐藏通信按钮
                    //提示要显示 Service UUID 先建立配对
                    this.mtvServiceUUID.setText(getString(R.string.actMain_tv_hint_service_uuid_not_bond));
                }else{
                    //已存在配对关系,建立与远程设备的连接
                    this.mBDevice = this.mBT.getRemoteDevice(this.mhtDeviceInfo.get("MAC"));
```

```java
                this.showServiceUUIDs();                    //显示设备的Service UUID列表
                this.mbtnPair.setVisibility(View.GONE);     //隐藏配对按钮
                this.mbtnComm.setVisibility(View.VISIBLE);
                                                            //显示通信按钮
            }
        }else if (Activity.RESULT_CANCELED == resultCode){
            //未操作,结束程序
            this.finish();
        }
    }
    else if (REQUEST_BYTE_STREAM == requestCode )
    {                                                       //从通信模式返回的处理
        if (null == this.mGP.mBSC||!this.mGP.mBSC.isConnect()){
        //通信连接丢失,重新连接
            this.mllChooseMode.setVisibility(View.GONE);    //隐藏通信模式选择
            this.mbtnComm.setVisibility(View.VISIBLE);      //显示建立通信按钮
            this.mGP.closeConn();                           //释放连接对象
            Toast.makeText(this,                            //提示连接丢失
                getString(R.string.msg_msg_bt_connect_lost),
                Toast.LENGTH_SHORT).show();
        }
    }
}
/*配对按钮的单击事件*/
public void onClickBtnPair(View v){
    new PairTask().execute(this.mhtDeviceInfo.get("MAC"));
    this.mbtnPair.setEnabled(false);                        //冻结配对按钮
}
/*建立设备的串行通信连接,建立成功后出现通信模式的选择按钮*/
public void onClickBtnConn(View v){
    new connSocketTask().execute(this.mBDevice.getAddress());
}
/*通信模式选择-串行流模式*/
public void onClickBtnSerialStreamMode(View v){
    //进入串行流模式
    Intent intent = new Intent(this, draw.class);
    this.startActivityForResult(intent, REQUEST_BYTE_STREAM);
    //等待返回搜索结果
}
/*多线程处理(开机时启动蓝牙)*/
private class startBluetoothDeviceTask extends AsyncTask<String, String, Integer>{
    /*常量:蓝牙已经启动*/
```

```java
        private static final int RET_BULETOOTH_IS_START = 0x0001;
        /*常量:设备启动失败*/
        private static final int RET_BLUETOOTH_START_FAIL = 0x04;
        /*等待蓝牙设备启动的最长时间(单位 s)*/
        private static final int miWATI_TIME = 15;
        /*每次线程休眠时间(单位 ms)*/
        private static final int miSLEEP_TIME = 150;
        /*进程等待提示框*/
        private ProgressDialog mpd;
            /*线程启动初始化操作*/
            @Override
            public void onPreExecute(){
            /*定义进程对话框*/
                mpd = new ProgressDialog(actMain.this);
            mpd.setMessage(getString(R.string.actDiscovery_msg_starting_device));
                //蓝牙启动中
                mpd.setCancelable(false);                            //不可被终止
                mpd.setCanceledOnTouchOutside(false);                //点击外部不可终止
                mpd.show();
                mbBleStatusBefore = mBT.isEnabled();                 //保存进入前的蓝牙状态
        }
        /*异步的方式启动蓝牙,如果蓝牙已经启动则直接进入扫描模式*/
        @Override
        protected Integer doInBackground(String... arg0){
        int iWait = miWATI_TIME * 1000;                              //倒减计数器
        /*蓝牙可用*/
        if (!mBT.isEnabled()){
            mBT.enable();                                            //启动蓝牙设备
            //等待 miSLEEP_TIME,启动蓝牙设备后再开始扫描
            while(iWait > 0){
                if (!mBT.isEnabled())
                    iWait -= miSLEEP_TIME;                           //剩余等待时间计时
                else
                    break; //启动成功跳出循环
                SystemClock.sleep(miSLEEP_TIME);
            }
            if (iWait < 0)                                           //表示在规定时间内,蓝牙设备未
                                                                     //启动
                return RET_BLUETOOTH_START_FAIL;
            }
            return RET_BULETOOTH_IS_START;
        }
```

```java
/*阻塞任务执行后的清理工作*/
@Override
public void onPostExecute(Integer result){
    if (mpd.isShowing())
        mpd.dismiss();                                       //关闭等待对话框
    if (RET_BLUETOOTH_START_FAIL == result){                 //蓝牙设备启动失败
        AlertDialog.Builder builder = new
AlertDialog.Builder(actMain.this);
        //对话框控件
        builder.setTitle(getString(R.string.dialog_title_sys_err));
        //设置标题
        builder.setMessage(getString(R.string.actDiscovery_msg_start_bluetooth_fail));
        builder.setPositiveButton(R.string.btn_ok, new
DialogInterface.OnClickListener(){
            @Override
            public void onClick(DialogInterface dialog, int which){
              mBT.disable();
              //蓝牙设备无法启动,直接终止程序
              finish();
            }
        });
        builder.create().show();
    }
    else if (RET_BULETOOTH_IS_START == result){              //蓝牙启动成功
        openDiscovery();                                     //进入搜索页面
    }
}
/*多线程处理(配对处理线程)*/
private class PairTask extends AsyncTask<String, String, Integer>{
    /*常量:配对成功*/
    static private final int RET_BOND_OK = 0x00;
    /*常量:配对失败*/
    static private final int RET_BOND_FAIL = 0x01;
    /*常量:配对等待时间(10s)*/
    static private final int iTIMEOUT = 1000 * 10;
    /*线程启动初始化操作*/
    @Override
    public void onPreExecute(){
        //提示开始建立配对
        Toast.makeText(actMain.this,
            getString(R.string.actMain_msg_bluetooth_Bonding),
```

```java
                    Toast.LENGTH_SHORT).show();
    /*蓝牙自动配对*/
    //监控蓝牙配对请求
            registerReceiver(_mPairingRequest, new
    IntentFilter(BluetoothCtrl.PAIRING_REQUEST));
            //监控蓝牙配对是否成功
            registerReceiver(_mPairingRequest, new
    IntentFilter(BluetoothDevice.ACTION_BOND_STATE_CHANGED));
        }
        @Override
        protected Integer doInBackground(String... arg0){
            final int iStepTime = 150;
            int iWait = iTIMEOUT;                           //设定超时等待时间
            try{                                            //开始配对
                //获得远端蓝牙设备
                mBDevice = mBT.getRemoteDevice(arg0[0]);
                BluetoothCtrl.createBond(mBDevice);
                mbBonded = false;                           //初始化配对完成标志
            }catch (Exception e1){                          //配对启动失败
                Log.d(getString(R.string.app_name), "create Bond failed!");
                e1.printStackTrace();
                return RET_BOND_FAIL;
            }
            while(!mbBonded && iWait > 0){
                SystemClock.sleep(iStepTime);
                iWait -= iStepTime;
            }
            return (int) ((iWait > 0)?RET_BOND_OK : RET_BOND_FAIL);
        }
        /*阻塞任务执行后的清理工作*/
        @Override
        public void onPostExecute(Integer result){
            unregisterReceiver(_mPairingRequest);           //注销监听
            if (RET_BOND_OK == result){                     //配对建立成功
                Toast.makeText(actMain.this,
                getString(R.string.actMain_msg_bluetooth_Bond_Success),
                Toast.LENGTH_SHORT).show();
                mbtnPair.setVisibility(View.GONE);          //隐藏配对按钮
                mbtnComm.setVisibility(View.VISIBLE);       //显示通信按钮
                mhtDeviceInfo.put("BOND",
    getString(R.string.actDiscovery_bond_bonded));          //显示已绑定
                showDeviceInfo();                           //刷新配置信息
```

```java
                showServiceUUIDs();                         //显示远程设备提供的服务
        }else{                                              //在指定时间内未完成配对
            Toast.makeText(actMain.this,
            getString(R.string.actMain_msg_bluetooth_Bond_fail),
            Toast.LENGTH_LONG).show();
            try{
                BluetoothCtrl.removeBond(mBDevice);
            }catch (Exception e){
                Log.d(getString(R.string.app_name), "removeBond failed!");
                e.printStackTrace();
            }
            mbtnPair.setEnabled(true);                      //解冻配对按钮
        }
    }
}
/*多线程处理(读取UUID Service信息线程)*/
private class GetUUIDServiceTask extends AsyncTask<String, String, Integer>{
    /*延时等待时间*/
    private static final int miWATI_TIME = 4 * 1000;
    /*每次检测的时间*/
    private static final int miREF_TIME = 200;
    /*uuis find service is run*/
    private boolean mbFindServiceIsRun = false;
    /*线程启动初始化操作*/
    @Override
    public void onPreExecute(){
        mslUuidList.clear();
        //提示UUID服务搜索中
        mtvServiceUUID.setText(getString(R.string.actMain_find_service_uuids));
        registerReceiver(_mGetUuidServiceReceiver,
        new IntentFilter(BluetoothDevice.ACTION_UUID));     //注册广播接收
        this.mbFindServiceIsRun = mBDevice.fetchUuidsWithSdp();
    }
    /*线程异步处理*/
    @Override
    protected Integer doInBackground(String... arg0){
        int iWait = miWATI_TIME;                            //倒减计数器
        if (!this.mbFindServiceIsRun)
            return null;                                    //UUID Service扫描服务器启动
                                                            //失败

        while(iWait > 0){
            if (mslUuidList.size() > 0 && iWait > 1500)
```

```java
                        iWait = 1500;                          //如果找到了第一个 UUID 则继续
                                                               //搜索 N 秒后结束
                    SystemClock.sleep(miREF_TIME);
                    iWait -= miREF_TIME;                       //每次循环减去刷新时间
                }
                return null;
            }
            /*阻塞任务执行后的清理工作*/
            @Override
            public void onPostExecute(Integer result){
                StringBuilder sbTmp = new StringBuilder();
                unregisterReceiver(_mGetUuidServiceReceiver);   //注销广播监听
                //如果存在数据,则自动刷新
                if (mslUuidList.size() > 0){
                    for( int i = 0; i < mslUuidList.size(); i++)
                        sbTmp.append(mslUuidList.get(i) + "\n");
                    mtvServiceUUID.setText(sbTmp.toString());
                }else//未发现 UUIS 服务列表
                    mtvServiceUUID.setText(R.string.actMain_not_find_service_uuids);
            }
        }
        /*多线程处理(建立蓝牙设备的串行通信连接)*/
        private class connSocketTask extends AsyncTask<String, String, Integer>{
        /*进程等待提示框*/
        private ProgressDialog mpd = null;
        /*常量:连接建立失败*/
        private static final int CONN_FAIL = 0x01;
        /*常量:连接建立成功*/
        private static final int CONN_SUCCESS = 0x02;
            /*线程启动初始化操作*/
            @Override
            public void onPreExecute(){
            /*定义进程对话框*/
                this.mpd = new ProgressDialog(actMain.this);
                this.mpd.setMessage(getString(R.string.actMain_msg_device_connecting));
                this.mpd.setCancelable(false);                 //可被终止
                this.mpd.setCanceledOnTouchOutside(false);     //点击外部可终止
                this.mpd.show();
            }
            @Override
            protected Integer doInBackground(String... arg0){
                if (mGP.createConn(arg0[0]))
```

```java
                    return CONN_SUCCESS;                    //建立成功
            else
                    return CONN_FAIL;                       //建立失败
        }
        /*阻塞任务执行后的清理工作*/
        @Override
        public void onPostExecute(Integer result){
            this.mpd.dismiss();
            if (CONN_SUCCESS == result){                    //通信连接建立成功
                    mbtnComm.setVisibility(View.GONE);      //隐藏建立通信按钮
                    mllChooseMode.setVisibility(View.VISIBLE);  //显示通信模式控制面板
                    Toast.makeText(actMain.this,
                            getString(R.string.actMain_msg_device_connect_succes),
                            Toast.LENGTH_SHORT).show();
            }else{                                          //通信连接建立失败
                    Toast.makeText(actMain.this,
                        getString(R.string.actMain_msg_device_connect_fail),
                        Toast.LENGTH_SHORT).show();
            }
        }
    }
}
```

（3）蓝牙通信

```java
BluetoothCtrl
import java.lang.reflect.Method;
import android.bluetooth.BluetoothDevice;
import android.util.Log;
/*蓝牙的私有API接口调用工具类*/
public class BluetoothCtrl{
/*常量:蓝牙配对绑定过滤监听器名称*/
static public final String PAIRING_REQUEST = " android.bluetooth.device.action.PAIRING_REQUEST";
    /*对蓝牙设备进行配对*/
static public boolean createBond(BluetoothDevice btDevice)
    throws Exception
    {
    Class<?extends BluetoothDevice> btClass = btDevice.getClass();
        Method createBondMethod = btClass.getMethod("createBond");
        Boolean returnValue = (Boolean) createBondMethod.invoke(btDevice);
        return returnValue.booleanValue();
    }
```

```java
/*解除蓝牙设备的配对*/
static public boolean removeBond(BluetoothDevice btDevice)
throws Exception
{
Class<?extends BluetoothDevice> btClass = btDevice.getClass();
    Method removeBondMethod = btClass.getMethod("removeBond");
    Boolean returnValue = (Boolean) removeBondMethod.invoke(btDevice);
    return returnValue.booleanValue();
}
/*设定配对密码*/
static public boolean setPin(BluetoothDevice btDevice, String str)
throws Exception
{
Boolean returnValue = false;
    try{
    Class<?extends BluetoothDevice> btClass = btDevice.getClass();
        Method removeBondMethod = btClass.getDeclaredMethod("setPin", new Class[] { byte[].class });
        returnValue = (Boolean) removeBondMethod.invoke(btDevice, new Object[] { str.getBytes() });
        Log.d("returnValue", ">> setPin:" + returnValue.toString());
    }catch (SecurityException e){
        // throw new RuntimeException(e.getMessage());
    Log.e("returnValue", ">> setPin:" + e.getMessage());
        e.printStackTrace();
    }catch (IllegalArgumentException e){
        // throw new RuntimeException(e.getMessage());
    Log.e("returnValue", ">> setPin:" + e.getMessage());
        e.printStackTrace();
    }catch (Exception e){
    Log.e("returnValue", ">> setPin:" + e.getMessage());
        e.printStackTrace();
    }
    return returnValue.booleanValue();
}
/*取消配对用户输入*/
static public boolean cancelPairingUserInput(BluetoothDevice btDevice)
    throws Exception
    {
Class<?extends BluetoothDevice> btClass = btDevice.getClass();
Method createBondMethod = btClass.getMethod("cancelPairingUserInput");
    // cancelBondProcess()
```

```java
            Boolean returnValue = (Boolean) createBondMethod.invoke(btDevice);
            return returnValue.booleanValue();
    }
    /*取消绑定过程*/
    static public boolean cancelBondProcess(BluetoothDevice btDevice)
        throws Exception
    {
        Boolean returnValue = false;
        try
        {
            Class <? extends BluetoothDevice > btClass = btDevice.getClass();
            Method createBondMethod = btClass.getMethod("cancelBondProcess");
            returnValue = (Boolean) createBondMethod.invoke(btDevice);
        }
        catch (SecurityException e)
        {
            // throw new RuntimeException(e.getMessage());
            Log.e("returnValue", ">> cancelBondProcess:" + e.getMessage());
            e.printStackTrace();
        }
        catch (IllegalArgumentException e)
        {
            // throw new RuntimeException(e.getMessage());
            Log.e("returnValue", ">> cancelBondProcess:" + e.getMessage());
            e.printStackTrace();
        }
        catch (Exception e)
        {
            Log.e("returnValue", ">> cancelBondProcess:" + e.getMessage());
            e.printStackTrace();
        }
        return returnValue.booleanValue();
    }
}
```

BluetoothSppClient

```java
package mobi.dzs.android.bluetooth;
import java.io.UnsupportedEncodingException;
import mobi.dzs.android.util.CHexConver;
/*蓝牙通信的SPP客户端*/
public final class BluetoothSppClient extends BTSerialComm{
    /*常量:输入/输出模式为十六进制值*/
    public final static byte IO_MODE_HEX = 0x01;
```

```java
/*常量:输入/输出模式为字符串*/
public final static byte IO_MODE_STRING = 0x02;
/*当前发送时的编码模式*/
private byte mbtTxDMode = IO_MODE_STRING;
/*当前接收时的编码模式*/
private byte mbtRxDMode = IO_MODE_STRING;
/*接收终止符*/
private byte[] mbtEndFlg = null;
/*指定输入/输出字符集,默认不指定(UTF-8一个全角占3字节/GBK一个全角占2字节)*/
protected String msCharsetName = null;
/*创建蓝牙SPP客户端类*/
public BluetoothSppClient(String MAC){
    super(MAC);                              //执行父类的构造函数
}
/*设置发送时的字符串模式*/
public void setTxdMode(byte bOutputMode){
    this.mbtTxDMode = bOutputMode;
}
/*获取发送时的字符串模式*/
public byte getTxdMode(){
    return this.mbtTxDMode;
}
/*设置接收时的字符串输出模式*/
public void setRxdMode(byte bOutputMode){
    this.mbtRxDMode = bOutputMode;
}
/*发送数据给设备*/
public int Send(String sData){
    if (IO_MODE_HEX == this.mbtTxDMode){        //十六进制字符串转换成byte值
        if (CHexConver.checkHexStr(sData))
            return SendData(CHexConver.hexStr2Bytes(sData));
        else
            return 0;                            //无效的HEX值
    }else{                                       //将字符串直接变为char的byte发出
        if (null!= this.msCharsetName){
            try{                                 //尝试做字符集转换
                return this.SendData(sData.getBytes(this.msCharsetName));
            }catch (UnsupportedEncodingException e){
                //字符集转换失败时使用默认字符集
                return this.SendData(sData.getBytes());
            }
        }
```

```java
            else
                return this.SendData(sData.getBytes());
        }
    }
    /*接收设备数据*/
    public String Receive(){
        byte[] btTmp = this.ReceiveData();
        if (null!= btTmp){
            if (IO_MODE_HEX == this.mbtRxDMode)        //十六进制字符串转换成 byte 值
                return (CHexConver.byte2HexStr(btTmp, btTmp.length)).concat(" ");
            else
                return new String(btTmp);
        }
        else
            return null;
    }
    /*设置接收指令行的终止字符*/
    public void setReceiveStopFlg(String sFlg){
        this.mbtEndFlg = sFlg.getBytes();
    }
    /*设置处理字符集(默认为 UTF-8)*/
    public void setCharset(String sCharset){
        this.msCharsetName = sCharset;
    }
    /*接收设备数据,指令行模式(阻塞模式)*/
    public String ReceiveStopFlg(){
        byte[] btTmp = null;
        if (null == this.mbtEndFlg)
            return new String();                      //未设置终止符
        btTmp = this.ReceiveData_StopFlg(this.mbtEndFlg);
        if (null == btTmp)
            return null;                              //无效的接收
        else{
            if (null == this.msCharsetName)
                return new String(btTmp);
            else{
                try{                                  //尝试对取得的值做字符集转换
                    return new String(btTmp, this.msCharsetName);
                }catch (UnsupportedEncodingException e){
                    //转换失败时直接用 UTF-8 输出
                    return new String(btTmp);
                }
```

```
                }
            }
        }
    }
//BTSerialComm
package mobi.dzs.android.bluetooth;
import java.io.IOException;
import java.io.InputStream;
import java.io.OutputStream;
import java.util.UUID;
import java.util.concurrent.ExecutorService;
import java.util.concurrent.Executors;
import android.bluetooth.BluetoothAdapter;
import android.bluetooth.BluetoothDevice;
import android.bluetooth.BluetoothSocket;
import android.os.AsyncTask;
import android.os.Build;
import android.os.SystemClock;
/*蓝牙串口通信类*/
public abstract class BTSerialComm{
    /*常量:SPP 的 Service UUID*/
    public final static String UUID_SPP = "00001101-0000-1000-8000-00805F9B34FB";
    /*接收缓存池大小,50k*/
    private static final int iBUF_TOTAL = 1024 * 50;
    /*接收缓存池*/
    private final byte[] mbReceiveBufs = new byte[iBUF_TOTAL];
    /*接收缓存池指针(指示缓冲池保存的数据量)*/
    private int miBufDataSite = 0;
    /*蓝牙地址码*/
    private String msMAC;
    /*蓝牙连接状态*/
    private boolean mbConectOk = false;
    /*Get Default Adapter*/
    private BluetoothAdapter mBT = BluetoothAdapter.getDefaultAdapter();
    /*蓝牙串口连接对象*/
    private BluetoothSocket mbsSocket = null;
    /*输入流对象*/
    private InputStream misIn = null;
    /*输出流对象*/
    private OutputStream mosOut = null;
    /*接收到的字节数*/
    private long mlRxd = 0;
```

```java
/*发送的字节数*/
private long mlTxd = 0;
/*连接建立的时间*/
private long mlConnEnableTime = 0;
/*连接关闭的时间*/
private long mlConnDisableTime = 0;
/*接收线程状态,默认不启动接收线程,只有当调用接收函数后,才启动接收线程*/
private boolean mbReceiveThread = false;
/*公共接收缓冲区资源信号量(通过PV操作来保持同步)*/
private final CResourcePV mresReceiveBuf = new CResourcePV(1);
/*操作开关,强制结束本次接收等待*/
private boolean mbKillReceiveData_StopFlg = false;
/*常量:未设限制的AsyncTask线程池(重要)*/
private static ExecutorService FULL_TASK_EXECUTOR;
/*常量:当前的Android SDK版本号*/
private static final int SDK_VER;
static{
    FULL_TASK_EXECUTOR = (ExecutorService) Executors.newCachedThreadPool();
    SDK_VER = Build.VERSION.SDK_INT;
};
/*构造函数*/
public BTSerialComm(String sMAC){
    this.msMAC = sMAC;
}
/*获取连接保持的时间*/
public long getConnectHoldTime(){
    if (0 == this.mlConnEnableTime)
      return 0;
    else if (0 == this.mlConnDisableTime)
      return (System.currentTimeMillis() - this.mlConnEnableTime)/1000;
    else
      return (this.mlConnDisableTime - this.mlConnEnableTime)/1000;
}
/*断开蓝牙设备的连接*/
public void closeConn(){
    if ( this.mbConectOk ){
      try{
          if (null!= this.misIn)
            this.misIn.close();
          if (null!= this.mosOut)
            this.mosOut.close();
          if (null!= this.mbsSocket)
```

```java
                this.mbsSocket.close();
                this.mbConectOk = false;                    //标记连接已被关闭
            }catch (IOException e){
                                                            //任何一部分报错,都将强制关闭 Socket
                                                            //连接
                this.misIn = null;
                this.mosOut = null;
                this.mbsSocket = null;
                this.mbConectOk = false;                    //标记连接已被关闭
            }finally{                                       //保存连接中断时间
                this.mlConnDisableTime = System.currentTimeMillis();
            }
        }
    }
    /*建立蓝牙设备串口通信连接*/
    final public boolean createConn(){
        if (!mBT.isEnabled())
            return false;
        //如果连接已经存在,则断开连接
        if (mbConectOk)
            this.closeConn();
        /*开始连接蓝牙设备*/
        final BluetoothDevice device = BluetoothAdapter.getDefaultAdapter().getRemoteDevice(this.msMAC);
        final UUID uuidSPP = UUID.fromString(BluetoothSppClient.UUID_SPP);
        try{
            //得到设备连接后,立即创建 SPP 连接
            if (SDK_VER >= 10)                              //2.3.3 以上设备需要用这个方式创建通
                                                            //信连接
                this.mbsSocket = device.createInsecureRfcommSocketToServiceRecord(uuidSPP);
            else//创建 SPP 连接 API level 5
                this.mbsSocket = device.createRfcommSocketToServiceRecord(uuidSPP);
            this.mbsSocket.connect();
            this.mosOut = this.mbsSocket.getOutputStream(); //获取全局输出流对象
            this.misIn = this.mbsSocket.getInputStream();   //获取数据流输入对象
            this.mbConectOk = true;                         //设备连接成功
            this.mlConnEnableTime = System.currentTimeMillis(); //保存连接建立时间
        }catch (IOException e){
            this.closeConn();                               //断开连接
            return false;
        }finally{
            this.mlConnDisableTime = 0;                     //连接终止时间初始化
```

```java
        }
        return true;
    }
    /* * 设备的通信是否已建立 * /
    public boolean isConnect() {
        return this.mbConectOk;
    }
    /* * 接收到的字节数 * /
    public long getRxd(){
        return this.mlRxd;
    }
    /* * 发送的字节数 * /
    public long getTxd(){
        return this.mlTxd;
    }
    /* * 接收缓冲池的数据量 * /
    public int getReceiveBufLen(){
        int iBufSize = 0;
        this.P(this.mresReceiveBuf);                //夺取缓存访问权限
        iBufSize = this.miBufDataSite;
        this.V(this.mresReceiveBuf);                //归还缓存访问权限
        return iBufSize;
    }
    /* * 发送数据 * /
    protected int SendData(byte[] btData){
        if (this.mbConectOk){
            try{
                mosOut.write(btData);               //发送字符串值
                this.mlTxd += btData.length;
                return btData.length;
            }catch (IOException e){
                //到这儿表示蓝牙连接已经丢失,关闭 Socket
                this.closeConn();
                return -3;
            }
        }
        else
            return -2;
    }
    /* * 接收数据 * /
    final protected synchronized byte[] ReceiveData(){
        byte[] btBufs = null;
```

```java
        if (mbConectOk){
          if (!this.mbReceiveThread){
              if(SDK_VER >= 11)
                //LEVEL 11 时的特殊处理
                new ReceiveThread().executeOnExecutor(FULL_TASK_EXECUTOR);
              else
                //启动接收线程
                new ReceiveThread().execute("");
              return null;                              //首次启动线程直接返回空字符串
          }
          this.P(this.mresReceiveBuf);                  //夺取缓存访问权限
          if (this.miBufDataSite > 0){
              btBufs = new byte[this.miBufDataSite];
              for(int i = 0; i < this.miBufDataSite; i++)
                 btBufs[i] = this.mbReceiveBufs[i];
              this.miBufDataSite = 0;
          }
          this.V(this.mresReceiveBuf);                  //归还缓存访问权限
        }
        return btBufs;
    }
    /* 比较两个 Byte 数组是否相同 */
     private static boolean CompByte(byte[] src, byte[] dest){
        if (src.length!= dest.length)
          return false;
        for (int i = 0, iLen = src.length; i < iLen; i++)
          if (src[i]!= dest[i])
              return false;                             //当前位发现不同
        return true;                                    //未发现差异
    }
    /* 接收数据(带结束标识符的接收方式) */
    final protected byte[] ReceiveData_StopFlg(byte[] btStopFlg){
        int iStopCharLen = btStopFlg.length;            //终止字符的长度
        int iReceiveLen = 0;                            //临时变量,保存接收缓存中数据的长度
        byte[] btCmp = new byte[iStopCharLen];
        byte[] btBufs = null;                           //临时输出缓存
        if (mbConectOk){
          if (!this.mbReceiveThread){
              if(SDK_VER >= 11)
                //LEVEL 11 时的特殊处理
                new ReceiveThread().executeOnExecutor(FULL_TASK_EXECUTOR);
              else
```

```java
            //启动接收线程
            new ReceiveThread().execute("");
            SystemClock.sleep(50);                    //延迟,给线程启动的时间
        }
        while(true){
            this.P(this.mresReceiveBuf);              //夺取缓存访问权限
            iReceiveLen = this.miBufDataSite - iStopCharLen;
            this.V(this.mresReceiveBuf);              //归还缓存访问权限
            if (iReceiveLen > 0)
                break;                                //发现数据结束循环等待
            else
                SystemClock.sleep (50);               //等待缓冲区被填入数据(死循环等待)
        }
        //当缓冲池收到数据后,开始等待接收数据段
        this.mbKillReceiveData_StopFlg = false;       //终止阻塞状态
        while(this.mbConectOk &&! this.mbKillReceiveData_StopFlg){
            /*复制末尾待检查终止符*/
            this.P(this.mresReceiveBuf);              //夺取缓存访问权限
            for(int i = 0; i < iStopCharLen; i++)
                btCmp[i] = this.mbReceiveBufs[this.miBufDataSite - iStopCharLen + i];
            this.V(this.mresReceiveBuf);              //归还缓存访问权限
            if (CompByte(btCmp,btStopFlg)){           //检查是否为终止符
                //取出数据时,去掉结尾的终止符
                this.P(this.mresReceiveBuf);          //夺取缓存访问权限
                btBufs = new byte[this.miBufDataSite - iStopCharLen];
                                                      //分配存储空间
                for(int i = 0, iLen = this.miBufDataSite - iStopCharLen; i < iLen; i++)
                    btBufs[i] = this.mbReceiveBufs[i];
                this.miBufDataSite = 0;
                this.V(this.mresReceiveBuf);          //归还缓存访问权限
                break;
            }
            else
                SystemClock.sleep (10);               //死循环,等待数据回复
        }
    }
    return btBufs;
}
/*强制终止 ReceiveData_StopFlg()的阻塞等待状态*/
public void killReceiveData_StopFlg(){
    this.mbKillReceiveData_StopFlg = true;
}
```

```java
/*互斥锁P操作:夺取资源*/
private void P(CResourcePV res){
    while(!res.seizeRes())
        SystemClock.sleep(2);                    //资源被占用,延迟检查
}
/*互斥锁V操作:释放资源*/
private void V(CResourcePV res){
    res.revert();                                //归还资源
}
/*多线程处理*/
private class ReceiveThread extends AsyncTask<String, String, Integer>{
    /*常量:缓冲区最大空间*/
    static private final int BUFF_MAX_CONUT = 1024*5;
    /*常量:连接丢失*/
    static private final int CONNECT_LOST = 0x01;
    /*常量:接收线程正常结束*/
    static private final int THREAD_END = 0x02;
    /*线程启动初始化操作*/
    @Override
    public void onPreExecute(){
        mbReceiveThread = true;                  //标记启动接收线程
        miBufDataSite = 0;                       //缓冲池指针归0
    }
    @Override
    protected Integer doInBackground(String... arg0){
        int iReadCnt = 0;                        //本次读取的字节数
        byte[] btButTmp = new byte[BUFF_MAX_CONUT];//临时存储区
        /*只要连接建立完成就开始进入读取等待处理*/
        while(mbConectOk){
            try{
                iReadCnt = misIn.read(btButTmp); //没有数据,将一直锁死在这个位置等待
            }catch (IOException e){
                return CONNECT_LOST;
            }
            //开始处理接收到的数据
            P(mresReceiveBuf);                   //夺取缓存访问权限
            mlRxd += iReadCnt;                   //记录接收的字节总数
            /*检查缓冲池是否溢出,如果溢出则指针标志位归0*/
            if( (miBufDataSite + iReadCnt) > iBUF_TOTAL)
                miBufDataSite = 0;
            /*将取到的数据复制到缓冲池中*/
            for(int i = 0; i < iReadCnt; i++)
```

```java
                mbReceiveBufs[miBufDataSite + i] = btButTmp[i];
            miBufDataSite += iReadCnt;                  //保存本次接收的数据长度
            V(mresReceiveBuf);                          //归还缓存访问权限
        }
        return THREAD_END;
    }
    /* 阻塞任务执行完后的清理工作 */
    @Override
    public void onPostExecute(Integer result){
        mbReceiveThread = false;                        //标记接收线程结束
        if (CONNECT_LOST == result){
            //判断是否为串口连接失败
            closeConn();
        }else{ //正常结束,关闭接收流
            try{
                misIn.close();
                misIn = null;
            }catch (IOException e){
                misIn = null;
            }
        }
    }
}
```

CResourcePV

```java
package mobi.dzs.android.bluetooth;
/* PV 操作锁的资源信号量 */
final public class CResourcePV {
    private int iCount = 0;
    /* 构造 */
    public CResourcePV(int iResourceCount){
        this.iCount = iResourceCount;
    }
    /* 检查是否存在资源 */
    public boolean isExist(){
        synchronized(this){
            return iCount == 0;
        }
    }
    /* 抢占资源操作 */
    public boolean seizeRes(){
        synchronized(this){
```

```java
            if (this.iCount > 0){
                iCount -- ;
                return true;
            }else
                return false;
        }
    }
    /* 归还资源操作   */
    public void revert(){
        synchronized(this){
            iCount++;
        }
    }
}
```

(4) 画图

```java
import android.app.Activity;
import android.os.AsyncTask;
import android.os.Bundle;
import android.os.SystemClock;
import android.support.v4.content.ContextCompat;
import android.view.Menu;
import android.view.MenuItem;
import android.widget.ImageView;
import org.xdty.preference.colorpicker.ColorPickerDialog;
import org.xdty.preference.colorpicker.ColorPickerSwatch;
import butterknife.Bind;
import butterknife.ButterKnife;
import butterknife.OnClick;
import mobi.dzs.android.component.DrawingView;
import mobi.dzs.android.dialog.StrokeSelectorDialog;
import mobi.dzs.android.drawingtest.R;
//import mobi.dzs.android.component.DrawingView;
/*字节通信流模式*/
public class draw extends BaseCommActivity
{
    //@bind 的作用在于将类对象绑定到相应的 layout 元素上以实现控件
    //private ImageButton mibtnSend = null;                   //发送按钮
    //private AutoCompleteTextView mactvInput = null;         //文本输入区
    //private TextView mtvReceive = null;                     //数据接收窗口
    //private ScrollView msvCtl = null;
    @Bind(R.id.main_drawing_view) DrawingView mDrawingView;
    //@bind 的作用在于将类对象绑定到相应的 layout 元素上实现功能
    @Bind(R.id.main_fill_iv) ImageView mFillBackgroundImageView;
    @Bind(R.id.main_color_iv) ImageView mColorImageView;
```

```java
    @Bind(R.id.main_stroke_iv) ImageView mStrokeImageView;
    @Bind(R.id.main_undo_iv) ImageView mUndoImageView;
    @Bind(R.id.main_redo_iv) ImageView mRedoImageView;
    private int mCurrentBackgroundColor;
    private int mCurrentColor;
    private int mCurrentStroke;
    private static final int MAX_STROKE_WIDTH = 50;
    @Override
    protected void onCreate(Bundle savedInstanceState){
        super.onCreate(savedInstanceState);
        setContentView(R.layout.act_byte_stream);       //构建视图
        ButterKnife.bind(this);
        initDrawingView();                              //初始化控件
        new receiveTask().executeOnExecutor(FULL_TASK_EXECUTOR);
    }
    @Override
    public void onDestroy(){
    super.onDestroy();
    this.saveAutoComplateCmdHistory(this.getLocalClassName());
    }
    @Override
    public boolean onCreateOptionsMenu(Menu menu){
        super.onCreateOptionsMenu(menu);
        MenuItem miClear = menu.add(0, MEMU_CLEAR, 0,
getString(R.string.menu_clear));
        miClear.setShowAsAction(MenuItem.SHOW_AS_ACTION_IF_ROOM);
        MenuItem miIoMode = menu.add(0, MEMU_IO_MODE, 0,
getString(R.string.menu_io_mode));
        miIoMode.setShowAsAction(MenuItem.SHOW_AS_ACTION_NEVER);
        /* MenuItem miSaveFile = menu.add(0, MEMU_SAVE_TO_FILE, 0,
getString(R.string.menu_save_to_file));
        miSaveFile.setShowAsAction(MenuItem.SHOW_AS_ACTION_NEVER);
        MenuItem miClearHistory = menu.add(0, MEMU_CLEAR_CMD_HISTORY, 0,
getString(R.string.menu_clear_cmd_history));
miClearHistory.setShowAsAction(MenuItem.SHOW_AS_ACTION_NEVER); */
        MenuItem miHelper = menu.add(0, MEMU_HELPER, 0,
getString(R.string.menu_helper));
        miHelper.setShowAsAction(MenuItem.SHOW_AS_ACTION_NEVER);
        return super.onCreateOptionsMenu(menu);
    }
    /* 顶部按钮的功能 */
    @Override
    public boolean onMenuItemSelected(int featureId, MenuItem item) {
        switch(item.getItemId())  {
          case android.R.id.home:
            this.mbThreadStop = true;                   //终止接收线程
            this.setResult(Activity.RESULT_CANCELED);   //返回主界面
```

```java
                this.finish();
                return true;
            case MEMU_CLEAR:                                    //清屏
                /*this.mtvReceive.setText("");
                return true;*/
                mDrawingView.clearCanvas();
                return true;
            case MEMU_IO_MODE:
                this.setIOModeDialog();
                return true;
            default:
                return super.onMenuItemSelected(featureId, item);
        }
    }
    /*界面的控件初始化,这是需要改的地方*/
    private void initDrawingView()
    {
        mCurrentBackgroundColor = ContextCompat.getColor(this,android.R.color.white);
        mCurrentColor = ContextCompat.getColor(this, android.R.color.black);
        mCurrentStroke = 10;
        mDrawingView.setBackgroundColor(mCurrentBackgroundColor);
        mDrawingView.setPaintColor(mCurrentColor);
        mDrawingView.setPaintStrokeWidth(mCurrentStroke);
    }
    private void startFillBackgroundDialog()
    {
        int[] colors = getResources().getIntArray(R.array.palette);
        ColorPickerDialog dialog = ColorPickerDialog.newInstance(R.string.color_picker_default_title,
                colors,
                mCurrentBackgroundColor,
                5,
                ColorPickerDialog.SIZE_SMALL);
        dialog.setOnColorSelectedListener(newColorPickerSwatch.OnColorSelectedListener()
        {
            @Override
            public void onColorSelected(int color)
            {
                mCurrentBackgroundColor = color;
                mDrawingView.setBackgroundColor(mCurrentBackgroundColor);
            }
        });
        dialog.show(getFragmentManager(), "ColorPickerDialog");
    }
    private void startColorPickerDialog()
```

第10章 实时DIY表情帽项目设计

```java
    {
        int[] colors = getResources().getIntArray(R.array.palette);
        ColorPickerDialog dialog = ColorPickerDialog.newInstance(R.string.color_picker_default_title,
                colors,
                mCurrentColor,
                5,
                ColorPickerDialog.SIZE_SMALL);
        dialog.setOnColorSelectedListener(newColorPickerSwatch.OnColorSelectedListener()
        {
            @Override
            public void onColorSelected(int color)
            {
                mCurrentColor = color;
                mDrawingView.setPaintColor(mCurrentColor);
            }
        });
        dialog.show(getFragmentManager(), "ColorPickerDialog");
    }
    private void startStrokeSelectorDialog()
    {
        StrokeSelectorDialog dialog = StrokeSelectorDialog.newInstance(mCurrentStroke, MAX_STROKE_WIDTH);
        dialog.setOnStrokeSelectedListener(newStrokeSelectorDialog.OnStrokeSelectedListener()
        {
            @Override
            public void onStrokeSelected(int stroke)
            {
                mCurrentStroke = stroke;
                mDrawingView.setPaintStrokeWidth(mCurrentStroke);
            }
        });
        //dialog.show(getSupportFragmentManager(), "StrokeSelectorDialog");
    }
    @OnClick(R.id.main_fill_iv)
    public void onBackgroundFillOptionClick()
    {
        startFillBackgroundDialog();
    }
    @OnClick(R.id.main_color_iv)
    public void onColorOptionClick()
    {
        startColorPickerDialog();
    }
    @OnClick(R.id.main_stroke_iv)
    public void onStrokeOptionClick()
    {
```

```java
        startStrokeSelectorDialog();
    }
    @OnClick(R.id.main_undo_iv)
    public void onUndoOptionClick()
    {
        mDrawingView.undo();
    }
    @OnClick(R.id.main_redo_iv)
    public void onRedoOptionClick()
    {
        mDrawingView.redo();
    }
    /*多线程处理(建立蓝牙设备的串行通信连接)*/
    private class receiveTask extends AsyncTask<String, String, Integer>
    {
    /**Constant: the connection is lost*/
    private final static byte CONNECT_LOST = 0x01;
    /**Constant: the end of the thread task*/
    private final static byte THREAD_END = 0x02;
        /*线程异步处理*/
        @Override
        protected Integer doInBackground(String... arg0){
            mBSC.Receive();                        //首次启动调用一次以启动接收线程
            while(!mbThreadStop){
                if (!mBSC.isConnect())             //检查连接是否丢失
                    return (int)CONNECT_LOST;
                if (mBSC.getReceiveBufLen() > 0){
                    SystemClock.sleep(20);         //先延迟让缓冲区填满
                    this.publishProgress(mBSC.Receive());
                }
            }
            return (int)THREAD_END;
        }
    }
}
package mobi.dzs.android.component;
DrawingView
import android.content.Context;
import android.graphics.Bitmap;
import android.graphics.Canvas;
import android.graphics.Paint;
import android.graphics.Path;
import android.graphics.PorterDuff;
import android.util.AttributeSet;
import android.view.MotionEvent;
import android.view.View;
import java.util.ArrayList;
```

```java
import mobi.dzs.android.BLE_SPP_PRO.BaseCommActivity;
public class DrawingView extends View
{
    //下面对应的分别为使用类 path、paint、paint、canvas(画布)、bitmap(位图)
    private Path mDrawPath;
    private Paint mBackgroundPaint;
    private Paint mDrawPaint;
    private Canvas mDrawCanvas;
    private Bitmap mCanvasBitmap;
    //创建新 List 用来存储相应数据
    private ArrayList<Path> mPaths = new ArrayList<>();
    private ArrayList<Paint> mPaints = new ArrayList<>();
    private ArrayList<Path> mUndonePaths = new ArrayList<>();
    private ArrayList<Paint> mUndonePaints = new ArrayList<>();
    BaseCommActivity activity;                          //使用类 BaseCommActivity 来进行
                                                        //传输需要的数据
    //设置默认值
    private int mBackgroundColor = 0xFFFFFFFF;
    private int mPaintColor = 0xFF660000;
    private int mStrokeWidth = 10;
    public DrawingView(Context context, AttributeSet attrs)
    {
        super(context, attrs);                          //super 沿用父类构造方法
        activity = (BaseCommActivity)context;           //示例化 Activity,使用 Context
        init();
    }
    private void init()
    {
        mDrawPath = new Path();                         //实例化 mDrawPath
        mBackgroundPaint = new Paint();                 //实例化 mBackgroundPaint
        initPaint();
    }
    private void initPaint()
    {
        mDrawPaint = new Paint();                       //实例化 mDrawpaint
        mDrawPaint.setColor(mPaintColor);               //设置颜色
        mDrawPaint.setAntiAlias(true);
        mDrawPaint.setStrokeWidth(mStrokeWidth);        //设置画笔宽度
        mDrawPaint.setStyle(Paint.Style.STROKE);        //设置画笔类型
        mDrawPaint.setStrokeJoin(Paint.Join.ROUND);     //设置笔触为圆形
        mDrawPaint.setStrokeCap(Paint.Cap.ROUND);
    }
    private void drawBackground(Canvas canvas)
    {
        mBackgroundPaint.setColor(mBackgroundColor);    //设置背景颜色
        mBackgroundPaint.setStyle(Paint.Style.FILL);    //设置画笔为填充类型
        canvas.drawRect(0, 0, this.getWidth(), this.getHeight(), mBackgroundPaint);
```

```java
    //用画长方形的方式把背景颜色填充
    }
    private void drawPaths(Canvas canvas)
    {
        int i = 0;
        for (Path p : mPaths)
        /*画笔移动时添加路径是为了能够保存东西,这里只在手机端提供保存服务*/
        {
            canvas.drawPath(p, mPaints.get(i));
            i++;
        }
    }
    @Override
    protected void onDraw(Canvas canvas)                    //画上去时会触发
    {
        drawBackground(canvas);
        drawPaths(canvas);
        canvas.drawPath(mDrawPath, mDrawPaint);
    }
    @Override
    protected void onSizeChanged(int w, int h, int oldw, int oldh)
    {
        super.onSizeChanged(w, h, oldw, oldh);
        mCanvasBitmap = Bitmap.createBitmap(w, h, Bitmap.Config.ARGB_8888);
        mDrawCanvas = new Canvas(mCanvasBitmap);
    }
    @Override
public boolean onTouchEvent(MotionEvent event)
        //重点功能,当在手机端触摸屏触发 Event 时启动
    {
        final float touchX = event.getX();                  //获得坐标
        final float touchY = event.getY();
        activity.runOnUiThread(new Runnable() {
    //启用实例化后的 activity 来调用非所继承类 BaseCommActivity 中的函数
            @Override
            public void run() {
                activity.sendXY(mPaintColor,touchX,touchY);
                //通过蓝牙传入颜色和 X、Y 到 Arduino
            }
        });
        switch (event.getAction())                          //在手机上同步画出图像
        {
            case MotionEvent.ACTION_DOWN:
                //判断是否按下,若按下则起始坐标指针移动到当前处
                mDrawPath.moveTo(touchX, touchY);
                break;
            case MotionEvent.ACTION_MOVE:                   //判断是否手在屏幕上连续画
```

```
                    mDrawPath.lineTo(touchX, touchY);
                    //如果连续画则连线下一个获得的值,由于刷新足够快看不出来是直线
                    break;
                case MotionEvent.ACTION_UP:              //判断是否抬起手,抬起则添加路径,
                                                         //并且刷新
                    mDrawPath.lineTo(touchX, touchY);
                    mPaths.add(mDrawPath);
                    mPaints.add(mDrawPaint);
                    mDrawPath = new Path();
                    initPaint();
                    break;
                default:
                    return false;
            }
            invalidate();                                //刷新屏幕,否则无法实时显示
            return true;
        }
        public void clearCanvas()                        //清屏
        {
            mPaths.clear();
            mPaints.clear();
            mUndonePaths.clear();
            mUndonePaints.clear();
            mDrawCanvas.drawColor(0, PorterDuff.Mode.CLEAR);
            activity.runOnUiThread(new Runnable() {
                @Override
                public void run() {
                    activity.clearcanvas();
                }
            });
            invalidate();
        }
        public void setPaintColor(int color)             //设置画笔颜色
        {
            mPaintColor = color;
            mDrawPaint.setColor(mPaintColor);
        }
    public void setPaintStrokeWidth(int strokeWidth)
    //设置画笔宽度,Arduino 开发板无对应功能
        {
            mStrokeWidth = strokeWidth;
            mDrawPaint.setStrokeWidth(mStrokeWidth);
        }
        public void setBackgroundColor(int color)
        //设置背景颜色,Arduino 开发板无对应功能
        {
```

```
            mBackgroundColor = color;
            mBackgroundPaint.setColor(mBackgroundColor);
            invalidate();
        }
        public void undo()                                  //撤回上一步,Arduino开发板无对应
                                                            //功能
        {
            if (mPaths.size() > 0)
            {
                mUndonePaths.add(mPaths.remove(mPaths.size() - 1));
                mUndonePaints.add(mPaints.remove(mPaints.size() - 1));
                invalidate();
            }
        }
        public void redo()                                  //重新画出上一步撤销的,Arduino
                                                            //开发板无对应功能
        {
            if (mUndonePaths.size() > 0)
            {
                mPaths.add(mUndonePaths.remove(mUndonePaths.size() - 1));
                mPaints.add(mUndonePaints.remove(mUndonePaints.size() - 1));
                invalidate();
            }
        }
    }
}
```

10.2.2 传输模块

本节包括传输模块的功能介绍及相关代码。

1. 功能介绍

通过安卓输入模块获取到的[Reset,R,G,B,X,Y]数组HC-05模块传输到Arduino开发板的RX串口。编译程序使Arduino收到指定字符,并在串口显示。元件包括HC-05模块、Arduino开发板,电路如图10-4所示。

2. 相关代码

```
void setup() {
  Serial.begin(9600);
  delay(100);
  Serial.println("AT + NAME = Hat");
  delay(100);
  Serial.println("AT + ROLE = 0");           //设置主从模式:0表示从机,1表示主机
  delay(100);
```

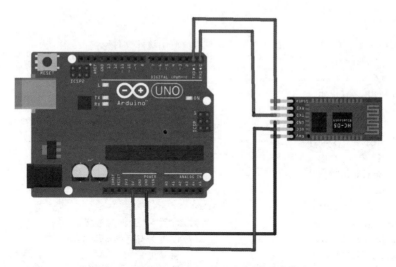

图 10-4　HC-05 与 Arduino 开发板电路连线

```
  Serial.println("Bluetooth okk");}
void loop() {
  int Get_color_and_xy[6] = {0};
    if(Serial.available()){
      for(int i = 0;i < 6;i++){
        Get_color_and_xy[i] = Serial.parseInt();
        //会自动寻找一组完整的整数,到下一个非数字字符结束
        Serial.println(Get_color_and_xy[i]);}
    }
}
```

10.2.3　显示输出模块

本节包括显示输出模块的功能介绍及相关代码。

1. 功能介绍

通过安卓输入模块获取到的[Reset,R,G,B,X,Y]数组 HC-05 模块传输到 Arduino 开发板的 RX 串口。编译程序使 Arduino 收到指定字符,然后通过 Arduino 开发板的 TX 端对 LCD 屏幕发出指令绘出相应的坐标点。元件包括 HC-05 模块、Arduino 开发板、LCD 屏幕和扩展板。

LCD 屏幕及蓝牙用 Arduino 开发板中的<UTFTGLUE.h>库文件,github：https://github.com/prenticedavid/MCUFRIEND_kbv.git 下载并把压缩包解压到 Arduino IDE 的 libraries 文件夹中,重新启动 Arduino IDE 即可使用。

电路使用蓝牙 HC-05 和 LCD 扩展板。将 LCD 上写明的引脚对应插到扩展板(该绘图软件中不提供使用的扩展板,所以实际使用的是 LCD 屏幕和扩展板对应引脚连接)。蓝牙使用时要注意,TX 接在开发板上的 RX,RX 接在开发板上的 TX,供电 5V 接 GND。

2. 相关代码

```
#include <UTFTGLUE.h>                              //使用该库文件
#include <Adafruit_GFX.h>
UTFTGLUE myGLCD(0x9486,A3,A2,A1,A0,A4);
#if !defined(SmallFont)
extern uint8_t SmallFont[];
#endif
int Get_color_and_xy[6] = {255};                   //预设置 255
void setup() {
  Serial.begin(9600);
  delay(100);
  randomSeed(analogRead(5));
  pinMode(A0, OUTPUT);                             //设置 A0 引脚为输出
  digitalWrite(A0, HIGH);                          //设置为高,用来启动
  myGLCD.InitLCD();                                //启动屏幕
  myGLCD.setFont(SmallFont);                       //设置字体
  myGLCD.clrScr();                                 //清屏
  Serial.println("AT + NAME = Hat");               //设置蓝牙可见名称为 Hat
  delay(100);
  Serial.println("AT + ROLE = 0");                 //设置主从模式:0 表示从机,1 表示主机
  delay(100);
  Serial.println("Bluetooth okk");                 //在串口监视器设置完毕
}
void loop() {
if(Serial.available()){                            //判断蓝牙是否传递新数据
for(int i = 0;i < 6;i++){
Get_color_and_xy[i] = Serial.parseInt();}          //从串口获取[Reset,R,G,B,X,Y]信息
if(Get_color_and_xy[0] == 1){                      //判断是否需要清屏
    myGLCD.clrScr();
    myGLCD.setColor(255, 255, 255);
    myGLCD.fillRect(0, 0, 500, 500);}
else if (Get_color_and_xy[0] == 157){              //确认数据包正常
    myGLCD.setColor(Get_color_and_xy[1],Get_color_and_xy[2],Get_color_and_xy[3]);
    myGLCD.fillCircle(320 - Get_color_and_xy[4],Get_color_and_xy[5], 5);}
        //在屏幕上以传来(X,Y)为圆心作半径为 5 个像素点的圆
}
}
```

10.3 产品展示

整体外观如图 10-5 所示,帽子上方是 Arduino 开发板以及扩展板,使用 USB 供电,实际可以使用电池供电,藏在发带里面,通过连线引出 LCD 屏幕,使用胶带固定即可,同时蓝牙悬挂在帽子左侧,屏幕图像通过手机绘出。

图 10-5　整体外观

10.4　元件清单

完成本项目所用到的元件及数量如表 10-2 所示。

表 10-2　元件清单

元件/测试仪表	数　量	元件/测试仪表	数　量
手机	1个	导线	若干
Arduino 开发板	1个	Sensor Shield V5.0 扩展板	1个
蓝牙 HC-05	1个	TFT LCD 显示屏	1个

第 11 章 智能手套项目设计

本项目基于 Arduino 开发板通过代码检测电压，将数据传输到手机，制作一款智能手套，实现预设功能。

11.1 功能及总体设计

本项目在代码中预设了音乐、电话、照相、视频等功能，操作者通过固定手部动作选择需要使用的手机功能。

要实现上述功能需将作品分成三部分进行设计，即输入部分、输出部分和处理部分。输入部分选择弯曲传感器连接到 Arduino 开发板；输出部分采用 HC-05 蓝牙模块；处理部分使用 Arduino 开发板进行处理。

1. 整体框架

整体框架如图 11-1 所示。

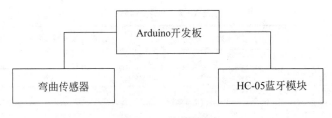

图 11-1　整体框架

2. 系统流程

系统流程如图 11-2 所示。

3. 总电路

系统总电路如图 11-3 所示，引脚连线如表 11-1 所示。

本章根据徐嘉兴、李浩然项目设计整理而成。

第11章 智能手套项目设计 | 359

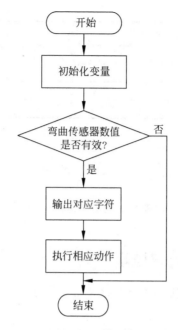

图 11-2 系统流程

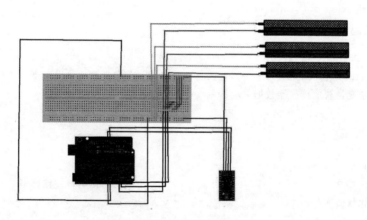

图 11-3 总电路

表 11-1 引脚连线

元 件 及 引 脚 名		Arduino 开发板引脚
弯曲传感器 1	+	5V
	−	A1 通过 51kΩ 电阻接 GND
弯曲传感器 2	+	5V
	−	A0 通过 51kΩ 电阻接 GND
弯曲传感器 3	+	5V
	−	A2 通过 51kΩ 电阻接 GND

续表

元件及引脚名		Arduino 开发板引脚
蓝牙模块	5V	5V
	GND	GND
	TX	8
	RX	9

11.2 模块介绍

本项目主要包括输入信息处理模块和输出信息处理模块。下面分别给出各模块的功能介绍及相关代码。

11.2.1 输入信息处理模块

本节包括输入信息处理模块的功能介绍及相关代码。

1. 功能介绍

弯曲传感器通过人为弯曲改变电阻,引起电压变化进行信号输入,HC-05 蓝牙模块将数据传输到手机。

2. 相关代码

```
#include <SoftwareSerial.h>
SoftwareSerial BT(10, 11);                    //定义蓝牙输出引脚
/*定义三个变量获取传感器数据*/
int sensor1;
int sensor2[3];
int sensor3[3];
void setup(){
  BT.begin(9600);                             //初始化串口传输速率
  /*初始化数值*/
  sensor1 = 1;
  sensor2[0] = 0;sensor2[1] = 0;sensor2[2] = 0;
  sensor3[0] = 0;sensor3[1] = 0;sensor3[2] = 0;
}
void loop(){
  /*获取各引脚传感器数据*/
  int data1 = analogRead(A0);
  int data2 = analogRead(A1);
  int data3 = analogRead(A2);
  /*将传感器数组作移位处理,用于检测输入序列,若为"111",则执行相应操作,该方法用于防止输出过于敏感的问题*/
```

```
    sensor2[0] = sensor2[1];
    sensor2[1] = sensor2[2];
    sensor3[0] = sensor3[1];
    sensor3[1] = sensor3[2];
    //若检测到传感器小于某值,则能确定其输入有效,输入1
if(data2 > 480)
    sensor2[2] = 0;
  else
    sensor2[2] = 1;
  if(data3 > 480)
    sensor3[2] = 0;
  else
    sensor3[2] = 1;
        //传感器1用于切换功能,使其能够完成多种功能
  if(data1 < 480)
  sensor1 = - sensor1;
  //针对不同序列执行不同功能
  if(sensor2[0] == 1&&sensor2[1] == 1&&sensor2[2])
                                                          //传感器2有效
  {
    //如果传感器3和1也同时有效,则执行第五功能
    if(sensor3[0] == 1&&sensor3[1] == 1&&sensor3[2] == 1&&data1 < 480)
    {
      BT.print("h");
    }
    //否则根据传感器1和传感器3的状态执行不同操作
    else if(sensor1 == 1)
      {
      if(sensor3[2] == 1)
      {
        BT.print("c");                      //执行输出c
        //每执行完一次操作,则初始化所有序列
        sensor2[0] = 0;sensor2[1] = 0;sensor2[2] = 0;
        sensor3[0] = 0;sensor3[1] = 0;sensor3[2] = 0;
      }
      else
      {
        BT.print("d");                      //初始化
        sensor2[0] = 0;sensor2[1] = 0;sensor2[2] = 0;
        sensor3[0] = 0;sensor3[1] = 0;sensor3[2] = 0;
      }
      }
```

```cpp
      else
      {
          if(sensor3[2] == 1)
          {
            BT.print("m");
            sensor2[0] = 0;sensor2[1] = 0;sensor2[2] = 0;
            sensor3[0] = 0;sensor3[1] = 0;sensor3[2] = 0;
          }
          else
          {
            BT.print("n");
            sensor2[0] = 0;sensor2[1] = 0;sensor2[2] = 0;
            sensor3[0] = 0;sensor3[1] = 0;sensor3[2] = 0;
          }
        }
      }
    else if(sensor3[0] == 1&&sensor3[1] == 1&&sensor3[2] == 1)
                                                //传感器 3 有效
    {
        //判断传感器 2 和传感器 1 状态执行不同操作
        if(sensor1 == 1)
        {
          BT.print("v");
          sensor2[0] = 0;sensor2[1] = 0;sensor2[2] = 0;
          sensor3[0] = 0;sensor3[1] = 0;sensor3[2] = 0;
        }
        else
        {
          BT.print("a");                         //初始化
          sensor2[0] = 0;sensor2[1] = 0;sensor2[2] = 0;
          sensor3[0] = 0;sensor3[1] = 0;sensor3[2] = 0;
        }
    }
    else ;
    delay(1000);                                 //每次检测间隔 1s
}
```

11.2.2 输出信息处理模块

本节包括输出信息处理模块的功能介绍及相关代码。

1. 功能介绍

手机以安卓程序代码建立与蓝牙的连接，设立消息处理类，监听输入数据内容，并执行相关操作。

2. 相关代码

```java
//MAINACTIVITY
package com.mingrisoft;
import android.app.Activity;
import android.app.ProgressDialog;
import android.app.Service;
import android.bluetooth.BluetoothAdapter;
import android.bluetooth.BluetoothDevice;
import android.content.BroadcastReceiver;
import android.content.Context;
import android.content.Intent;
import android.content.IntentFilter;
import android.media.AudioManager;
import android.media.MediaPlayer;
import android.media.MediaPlayer.OnCompletionListener;
import android.net.Uri;
import android.os.Bundle;
import android.os.Handler;
import android.os.Message;
import android.util.Log;
import android.view.View;
import android.view.View.OnClickListener;
import android.widget.Button;
import android.widget.EditText;
import android.widget.ImageButton;
import android.widget.TextView;
import android.widget.Toast;
import java.io.IOException;
public class MainActivity extends Activity {
    private final static String TAG = "ClientActivity";
    public static final String BLUETOOTH_NAME = "HC-05";    //设置绑定的蓝牙名称
    private BluetoothAdapter mBluetoothAdapter;
    private int REQUEST_ENABLE_BT = 1;
    private Context mContext;
    private Button mBtnBluetoothConnect;
    private Button mBtnBluetoohDisconnect;
    private TextView mBtConnectState;
    private ProgressDialog mProgressDialog;
    private bluetooth mbluetooth;
    private AudioManager setbg;
    private static MediaPlayer mp = null;
```

```java
            private final String phonenum = "15600391919";          //定义两个电话序列
            private final String phonenum2 = "15084850774";
            private final String mu = "turnonmusic";
            private String str;
            private Thread bgthread;
            private Intent callintent;
            private Intent camerain;
            private Intent videoin;
            private Intent cameraintent ;
            private boolean musicisplaying;
//定义消息处理类
            private Handler mHandler = new Handler(){
                public void handleMessage(Message msg) {
                    switch(msg.what){
                        case bluetooth.STATE_CONNECTED:
                            String deviceName = msg.getData().getString(bluetooth.DEVICE_NAME);
                            mBtConnectState.setText("已成功连接到设备" + deviceName);
                            if(mProgressDialog.isShowing()){
                                mProgressDialog.dismiss();
                            }
                            break;
                        case bluetooth.STATAE_CONNECT_FAILURE:
                            if(mProgressDialog.isShowing()){
                                mProgressDialog.dismiss();
                            }
                            Toast.makeText(getApplicationContext(), "连接失败", Toast.LENGTH_SHORT).show();
                            break;
                        case bluetooth.MESSAGE_DISCONNECTED:
                            if(mProgressDialog.isShowing()){
                                mProgressDialog.dismiss();
                            }
                            mBtConnectState.setText("与设备断开连接");
                            break;
                        case bluetooth.MESSAGE_READ:{
                            byte[] buf = msg.getData().getByteArray(bluetooth.READ_MSG);
                            str = new String(buf,0,buf.length);
                            switch (str.charAt(0)){
                                case 'm':
                                {
                                    if(!musicisplaying){
Toast.makeText(getApplicationContext(),"正在播放背景音乐…",Toast.LENGTH_SHORT).show();
```

```java
                    musicisplaying = true;
                    new Thread(){
                        public void run(){
                            playBGSound();
                        }}.start();}
                else{
                        setbg.adjustStreamVolume(AudioManager.STREAM_MUSIC,AudioManager.ADJUST_RAISE,0);
                        Toast.makeText(getApplicationContext(),"音量增加",Toast.LENGTH_SHORT).show();
                            }
                break;
                    }
                case 'n':
                    {
                    if (!musicisplaying) {
                        Toast.makeText(getApplicationContext(),"正在播放背景音乐…",Toast.LENGTH_SHORT).show();
                        musicisplaying = true;
                        new Thread() {
                            public void run() {
                                playBGSound();
                            }
                        }.start();
                    }
                    else
                        {
                        setbg.adjustStreamVolume(AudioManager.STREAM_MUSIC, AudioManager.ADJUST_LOWER, 0);
                        Toast.makeText(getApplicationContext(),"音量减小", Toast.LENGTH_SHORT).show();
                        }
                    break;
                    }
                case 'c':
                    {
                        Toast.makeText(getApplicationContext(),"正在呼叫队友…",Toast.LENGTH_SHORT).show();
                    new Thread(){
                        public void run(){
                            Intent intentofcall = new Intent();
                            intentofcall.setAction(Intent.ACTION_CALL);
```

```
                    intentofcall.setData(Uri.parse("tel:" + phonenum));
                    startActivity(intentofcall);
                }
            }.start();
            break;}
            case 'd':
            {
                Toast.makeText(getApplicationContext(),"正在呼叫队友2...",Toast.LENGTH_SHORT).show();
                {
                    new Thread(){
                        public void run() {
                            Intent intentofcall = new Intent();
                            intentofcall.setAction(Intent.ACTION_CALL);
                            intentofcall.setData(Uri.parse("tel:" + phonenum2));
                            startActivity(intentofcall);
                        }
                    }.start();}
                break;
            }
            case 'h':
            {
                    if (mp!= null) {
                        mp.stop();
                        mp.release();
                        mp = null;
                    }
                    Toast.makeText(getApplicationContext(),"正在返回桌面...",Toast.LENGTH_SHORT).show();
                    new Thread(){
                        public void run(){
                            Intent homein = new Intent();
                            homein.setAction(Intent.ACTION_MAIN);
                            homein.addCategory(Intent.CATEGORY_HOME);
                            startActivity(homein);
                        }
                    }.start();
                    break;
            }
            case 'v':
            {
                Intent vi = new
```

```java
                        Intent(MainActivity.this,VideoActivity.class);
                        startActivity(vi);
                        break;
                    }
                    case 'a':
                    {
                        camerain = new
Intent(MainActivity.this,CameraActivity.class);
                        startActivity(camerain);
                        break;
                    }
                    default:
                    }
                    break;
                }
                default:
                    break;
            }
        };
    };
    @Override
    public void onCreate(Bundle savedInstanceState) {
        super.onCreate(savedInstanceState);
        setContentView(R.layout.main);
        musicisplaying = false;
        setbg = (AudioManager) getSystemService(Service.AUDIO_SERVICE);
        callintent = new Intent();
        callintent.setAction(Intent.ACTION_CALL);
        callintent.setData(Uri.parse("tel:" + phonenum));
        camerain = new Intent(MainActivity.this,CameraActivity.class);
        videoin = new Intent(MainActivity.this,VideoActivity.class);
        cameraintent = new Intent();

        cameraintent.setAction("android.media.action.STILL_IMAGE_CAMERA");
        //处理界面定义的各个按钮功能
        ImageButton musicbutton = (ImageButton) findViewById(R.id.button4);
        musicbutton.setOnClickListener(new OnClickListener() {
            @Override
            public void onClick(View v) {
                bgthread = new Thread(new Runnable() {
                    @Override
                    public void run() {
```

```java
                    playBGSound();
                }
            });
            bgthread.start();
        }
    });
    ImageButton call = (ImageButton)findViewById(R.id.button5);
    call.setOnClickListener(new OnClickListener() {
        @Override
        public void onClick(View v) {
            startActivity(callintent);
        }
    });
    ImageButton camerab = (ImageButton)findViewById(R.id.button2);
    camerab.setOnClickListener(new OnClickListener() {
        @Override
        public void onClick(View v) {
            startActivity(camerain);
        }
    });
    ImageButton videob = (ImageButton)findViewById(R.id.button3);
    videob.setOnClickListener(new OnClickListener() {
        @Override
        public void onClick(View v) {
            startActivity(videoin);
        }
    });
    ImageButton homeb = (ImageButton)findViewById(R.id.button1);
    homeb.setOnClickListener(new OnClickListener() {
        @Override
        public void onClick(View v) {
            if (mp!= null) {
                mp.stop();
                mp.release();
                mp = null;
            }
            Intent homein = new Intent();
            homein.setAction(Intent.ACTION_MAIN);
            homein.addCategory(Intent.CATEGORY_HOME);
            startActivity(homein);
        }
    });
```

```java
        mContext = this;
        initView();
        initBluetooth();
        mbluetooth = bluetooth.getInstance(mContext);
        mbluetooth.registerHandler(mHandler);
    }
    private void initView() {
        mBtnBluetoothConnect = (Button)findViewById(R.id.btn_blth_connect);
        mBtnBluetoohDisconnect = (Button)findViewById(R.id.btn_blth_disconnect);
        mBtConnectState = (TextView)findViewById(R.id.tv_connect_state);
        mBtnBluetoothConnect.setOnClickListener(new OnClickListener() {
            @Override
            public void onClick(View v) {
                if (mbluetooth.getState() == bluetooth.STATE_CONNECTED) {
                    Toast.makeText(mContext, "蓝牙已连接",Toast.LENGTH_SHORT).show();
                }else {
                    discoveryDevices();
                }
            }
        });
        mBtnBluetoohDisconnect.setOnClickListener(new OnClickListener() {
            @Override
            public void onClick(View v) {
                if (mbluetooth.getState()!= bluetooth.STATE_CONNECTED) {
                    Toast.makeText(mContext, "蓝牙未连接",
Toast.LENGTH_SHORT).show();
                }else {
                    mbluetooth.disconnect();
                }
            }
        });
        mProgressDialog = new ProgressDialog(this);
    }
    private void initBluetooth() {
        mBluetoothAdapter = BluetoothAdapter.getDefaultAdapter();
        if (mBluetoothAdapter == null) {                    //设备不支持蓝牙
            Toast.makeText(getApplicationContext(), "设备不支持蓝牙",
                Toast.LENGTH_LONG).show();
            finish();
            return;
        }                                                   //判断蓝牙是否开启
        if (!mBluetoothAdapter.isEnabled()) {               //蓝牙未开启
```

```java
                Intent enableIntent = new Intent(
                    BluetoothAdapter.ACTION_REQUEST_ENABLE);
                startActivityForResult(enableIntent, REQUEST_ENABLE_BT);
            }
            //注册广播接收者,监听扫描到的蓝牙设备
            IntentFilter filter = new IntentFilter();
            filter.addAction(BluetoothDevice.ACTION_FOUND);
            filter.addAction(BluetoothAdapter.ACTION_DISCOVERY_FINISHED);
            registerReceiver(mBluetoothReceiver, filter);
    }
    @Override
    protected void onActivityResult(int requestCode, int resultCode, Intent data) {
        super.onActivityResult(requestCode, resultCode, data);
        Log.d(TAG, "onActivityResult request = " + requestCode + " result = " + resultCode);
        if(requestCode == 1){
            if(resultCode == RESULT_OK){
            }else if(resultCode == RESULT_CANCELED){
                finish();
            }
        }
    }
    @Override
    protected void onResume() {
        super.onResume();
        if (mbluetooth!= null) {
            if (mbluetooth.getState() == bluetooth.STATE_CONNECTED){
                BluetoothDevice device = mbluetooth.getConnectedDevice();
                if(null!= device && null!= device.getName()){
                    mBtConnectState.setText("已成功连接到设备" + device.getName());
                }else {
                    mBtConnectState.setText("已成功连接到设备");
                }
            }
        }
    }
    private void discoveryDevices() {
        if(mProgressDialog.isShowing()){
            mProgressDialog.dismiss();
        }
        if (mBluetoothAdapter.isDiscovering()){
```

```java
            //如果正在扫描则返回
            return;
        }
        mProgressDialog.setTitle(getResources().getString(R.string.progress_scaning));
        mProgressDialog.show();
        //扫描蓝牙设备
        mBluetoothAdapter.startDiscovery();
    }
    private BroadcastReceiver mBluetoothReceiver = new BroadcastReceiver(){
        @Override
        public void onReceive(Context context, Intent intent) {
            String action = intent.getAction();
            Log.d(TAG,"mBluetoothReceiver action = " + action);
            if(BluetoothDevice.ACTION_FOUND.equals(action)){
                //获取蓝牙设备
                BluetoothDevice scanDevice = intent.getParcelableExtra(BluetoothDevice.EXTRA_DEVICE);
                if(scanDevice == null||scanDevice.getName() == null) return;
                Log.d(TAG,
"name = " + scanDevice.getName() + "address = " + scanDevice.getAddress());
                //蓝牙设备名称
                String name = scanDevice.getName();
                if(name!= null && name.equals(BLUETOOTH_NAME)){
                    mBluetoothAdapter.cancelDiscovery();     //取消扫描
                    mProgressDialog.setTitle(getResources().
    getString(R.string.progress_connecting));
                    mbluetooth.connect(scanDevice);
                }
            }else if(BluetoothAdapter.ACTION_DISCOVERY_FINISHED.equals(action)){
            }
        }
    };
    private void playBGSound() {
        if (mp!= null) {
            mp.release();
        }
        mp = MediaPlayer.create(MainActivity.this, R.raw.bgmusic);
        mp.start();
        mp.setOnCompletionListener(new OnCompletionListener() {
            @Override
```

```java
            public void onCompletion(MediaPlayer mp) {
                try {
                    Thread.sleep(5000);
                    playBGSound();
                } catch (InterruptedException e) {
                    e.printStackTrace();
                }
            }
        });
    }
    @Override
    protected void onDestroy() {
        if (mp!= null) {
            mp.stop();
            mp.release();
            mp = null;
        }
        if (bgthread!= null) {
            bgthread = null;
        }
        mbluetooth = null;
        unregisterReceiver(mBluetoothReceiver);
        super.onDestroy();
    }
}
//Bluetooth.java
//该类用于实现蓝牙事件的各项功能
package com.mingrisoft;
import java.io.IOException;
import java.io.InputStream;
import java.io.OutputStream;
import java.util.UUID;
import android.bluetooth.BluetoothAdapter;
import android.bluetooth.BluetoothDevice;
import android.bluetooth.BluetoothServerSocket;
import android.bluetooth.BluetoothSocket;
import android.content.Context;
import android.os.Bundle;
import android.os.Handler;
import android.os.Message;
import android.util.Log;
public class bluetooth {
```

```java
        private static final String TAG = "BluetoothChatService";
        private static final boolean D = true;
        private static final String SERVICE_NAME = "BluetoothChat";
        private static final UUID SERVICE_UUID = UUID.fromString("00001101-0000-1000-8000-00805F9B34FB");
        private final BluetoothAdapter mAdapter;
        private Handler mHandler;
        private AcceptThread mAcceptThread;
        private ConnectThread mConnectThread;
        private ConnectedThread mConnectedThread;
        private int mState;
        private static bluetooth mBluetoothChatUtil;
        private BluetoothDevice mConnectedBluetoothDevice;
        public static final int STATE_NONE = 0;              //当前没有可用的连接
        public static final int STATE_LISTEN = 1;            //现在侦听传入的连接
        public static final int STATE_CONNECTING = 2;        //现在开始连接
        public static final int STATE_CONNECTED = 3;         //现在连接到远程设备
        public static final int STATAE_CONNECT_FAILURE = 4;  //连接失败
        public static final int MESSAGE_DISCONNECTED = 5;    //已连接
        public static final int STATE_CHANGE = 6;
        public static final int MESSAGE_READ = 7;
        public static final int MESSAGE_WRITE = 8;
        public static final String DEVICE_NAME = "device_name";
        public static final String READ_MSG = "read_msg";
        private bluetooth(Context context) {
            mAdapter = BluetoothAdapter.getDefaultAdapter();
            mState = STATE_NONE;
        }
        public static bluetooth getInstance(Context c){
            if(null == mBluetoothChatUtil){
                mBluetoothChatUtil = new bluetooth(c);
            }
            return mBluetoothChatUtil;
        }
        public void registerHandler(Handler handler){
            mHandler = handler;
        }
        public void unregisterHandler(){
            mHandler = null;
        }
        private synchronized void setState(int state) {
            if (D) Log.d(TAG, "setState() " + mState + " -> " + state);
```

```java
            mState = state;
            mHandler.obtainMessage(STATE_CHANGE, state, -1).sendToTarget();
        }
        public synchronized int getState() {
            return mState;
        }
        public BluetoothDevice getConnectedDevice(){
            return mConnectedBluetoothDevice;
        }
        public synchronized void startListen() {
            if (D) Log.d(TAG, "start");
            if (mConnectedThread!= null) {mConnectedThread.cancel(); mConnectedThread = null;}
            if (mAcceptThread == null) {
                mAcceptThread = new AcceptThread();
                mAcceptThread.start();
            }
            setState(STATE_LISTEN);
        }
        public synchronized void connect(BluetoothDevice device) {
            if (D) Log.d(TAG, "connect to: " + device);
            if (mState == STATE_CONNECTING) {
                if (mConnectThread!= null) {
                    mConnectThread.cancel();
                    mConnectThread = null;}
            }
            if (mConnectedThread!= null) {
                    mConnectedThread.cancel();
                    mConnectedThread = null;
                }
            mConnectThread = new ConnectThread(device);
            mConnectThread.start();
            setState(STATE_CONNECTING);
        }
            public synchronized void connected(BluetoothSocket socket, BluetoothDevice device) {
            if (D) Log.d(TAG, "connected");
            if (mConnectedThread!= null) {
                    mConnectedThread.cancel();
                    mConnectedThread = null;
                }
            mConnectedThread = new ConnectedThread(socket);
            mConnectedThread.start();
            mConnectedBluetoothDevice =   device;
```

```java
                Message msg = mHandler.obtainMessage(STATE_CONNECTED);
                Bundle bundle = new Bundle();
                bundle.putString(DEVICE_NAME, device.getName());
                msg.setData(bundle);
                mHandler.sendMessage(msg);
                setState(STATE_CONNECTED);
    }
    public synchronized void disconnect() {
        if (D) Log.d(TAG, "disconnect");
        if (mConnectThread!= null) {
            mConnectThread.cancel();
            mConnectThread = null;}
        if (mConnectedThread!= null) {
            mConnectedThread.cancel();
            mConnectedThread = null;}
        if (mAcceptThread!= null) {
            mAcceptThread.cancel();
            mAcceptThread = null;
            }
        setState(STATE_NONE);
    }
    public void write(byte[] out) {
        ConnectedThread r;
        synchronized (this) {
            if (mState!= STATE_CONNECTED) return;
            r = mConnectedThread;
        }
        r.write(out);
    }
    private void connectionFailed() {
        Message msg = mHandler.obtainMessage(STATAE_CONNECT_FAILURE);
        mHandler.sendMessage(msg);
        mConnectedBluetoothDevice = null;
        setState(STATE_NONE);
    }
    void connectionLost() {
        Message msg = mHandler.obtainMessage(MESSAGE_DISCONNECTED);
        mHandler.sendMessage(msg);
        mConnectedBluetoothDevice = null;
        setState(STATE_NONE);
    }
    private class AcceptThread extends Thread {
```

```java
        private final BluetoothServerSocket mServerSocket;
        public AcceptThread() {
            BluetoothServerSocket tmp = null;
            try {
                tmp = mAdapter.listenUsingRfcommWithServiceRecord(
                        SERVICE_NAME, SERVICE_UUID);
            } catch (IOException e) {
                Log.e(TAG, "listen() failed", e);
            }
            mServerSocket = tmp;
        }
        public void run() {
            if (D) Log.d(TAG, "BEGIN mAcceptThread" + this);
            setName("AcceptThread");
            BluetoothSocket socket = null;
            while (mState!= STATE_CONNECTED) {
                try {
                    socket = mServerSocket.accept();
                } catch (IOException e) {
                    Log.e(TAG, "accept() failed", e);
                    break;
                }
                if (socket!= null) {
                    synchronized (bluetooth.this) {
                        switch (mState) {
                            case STATE_LISTEN:
                            case STATE_CONNECTING:
                                connected(socket, socket.getRemoteDevice());
                                break;
                            case STATE_NONE:
                            case STATE_CONNECTED:
                                try {
                                    socket.close();
                                } catch (IOException e) {
                                    Log.e(TAG, "Could not close unwanted socket", e);
                                }
                                break;
                        }
                    }
                }
            }
            if (D) Log.i(TAG, "END mAcceptThread");
```

```java
        }
        public void cancel() {
            if (D) Log.d(TAG, "cancel " + this);
            try {
                mServerSocket.close();
            } catch (IOException e) {
                Log.e(TAG, "close() of server failed", e);
            }
        }
    }
    private class ConnectThread extends Thread {
        private BluetoothSocket mmSocket;
        private final BluetoothDevice mmDevice;
        public ConnectThread(BluetoothDevice device) {
            mmDevice = device;
            BluetoothSocket tmp = null;
            try {
                mmSocket = device.createRfcommSocketToServiceRecord(SERVICE_UUID);
            } catch (IOException e) {
                Log.e(TAG, "create() failed", e);
                mmSocket = null;
            }
        }
        public void run() {
            Log.i(TAG, "BEGIN mConnectThread");
            try {
                mmSocket.connect();
            } catch (IOException e) {
                connectionFailed();
                try {
                    mmSocket.close();
                } catch (IOException e2) {
                    e2.printStackTrace();
                }
                return;
            }
            connected(mmSocket, mmDevice);
        }
        public void cancel() {
            try {
                mmSocket.close();
            } catch (IOException e) {
```

```java
                    Log.e(TAG, "close() of connect socket failed", e);
                }
            }
        }
        private class ConnectedThread extends Thread {
            private final BluetoothSocket mmSocket;
            private final InputStream mmInStream;
            private final OutputStream mmOutStream;
            public ConnectedThread(BluetoothSocket socket) {
                Log.d(TAG, "create ConnectedThread");
                mmSocket = socket;
                InputStream tmpIn = null;
                OutputStream tmpOut = null;
                try {
                    tmpIn = socket.getInputStream();
                    tmpOut = socket.getOutputStream();
                } catch (IOException e) {
                    Log.e(TAG, "没有创建临时 sockets", e);
                }
                mmInStream = tmpIn;
                mmOutStream = tmpOut;
            }
            public void run() {
                //监听输入流
                while (true) {
                    try {
                        byte[] buffer = new byte[1024];
                        //读取输入流
                        int bytes = mmInStream.read(buffer);
                        //发送获得字节的 ui activity
                        Message msg = mHandler.obtainMessage(MESSAGE_READ);
                        Bundle bundle = new Bundle();
                        bundle.putByteArray(READ_MSG, buffer);
                        msg.setData(bundle);
                        mHandler.sendMessage(msg);
                    } catch (IOException e) {
                        Log.e(TAG, "disconnected", e);
                        connectionLost();
                        break;
                    }
                }
            }
```

```java
        public void write(byte[] buffer) {
            try {
                mmOutStream.write(buffer);
                //分享发送的信息到 Activity
                mHandler.obtainMessage(MESSAGE_WRITE, -1, -1, buffer)
                        .sendToTarget();
            } catch (IOException e) {
                Log.e(TAG, "Exception during write", e);
            }
        }
        public void cancel() {
            try {
                mmSocket.close();
            } catch (IOException e) {
                Log.e(TAG, "close() of connect socket failed", e);
            }
        }
    }
}
//VideoActivity
//该 Activity 用于实现视频界面
package com.mingrisoft;
import java.io.IOException;
import android.app.Activity;
import android.os.Bundle;
import android.media.AudioManager;
import android.media.MediaPlayer;
import android.view.SurfaceHolder;
import android.view.SurfaceView;
import android.view.View;
import android.view.View.OnClickListener;
import android.widget.Button;
public class VideoActivity extends Activity implements Runnable
{
    SurfaceView surfaceView;
    SurfaceHolder surfaceHolder;
    public MediaPlayer mediaPlayer;
    Button toPlay;
    private boolean isplaying;
    public void run() {
        mediaPlayer.reset();
        mediaPlayer = MediaPlayer.create(VideoActivity.this, R.raw.video);
```

```java
            mediaPlayer.setAudioStreamType(AudioManager.STREAM_MUSIC);
            mediaPlayer.setDisplay(surfaceHolder);
            try {
                mediaPlayer.prepare();
            } catch (IllegalArgumentException e) {
                e.printStackTrace();
            } catch (IllegalStateException e) {
                e.printStackTrace();
            } catch (IOException e) {
                e.printStackTrace();
            }
            mediaPlayer.start();
            mediaPlayer.setOnCompletionListener(new
    MediaPlayer.OnCompletionListener() {
                @Override
                public void onCompletion(MediaPlayer mp) {
                    mediaPlayer.release();
                    mediaPlayer = null;
                    finish();
                }
            });
        }
        @Override
        protected void onCreate(Bundle savedInstanceState) {
            super.onCreate(savedInstanceState);
            setContentView(R.layout.video);
            mediaPlayer = new MediaPlayer();
            isplaying = false;
            toPlay = (Button)findViewById(R.id.toPlay);
            surfaceView = (SurfaceView) findViewById(R.id.SurfaceView);
            surfaceHolder = surfaceView.getHolder();
            surfaceHolder.setFixedSize(100, 100);
            surfaceHolder.setType(SurfaceHolder.SURFACE_TYPE_PUSH_BUFFERS);
            mediaPlayer.setOnCompletionListener(new
    MediaPlayer.OnCompletionListener() {
                @Override
                public void onCompletion(MediaPlayer mp) {
                    mediaPlayer.release();
                    mediaPlayer = null;
                    finish();
                }
            });
```

```java
            Thread play = new Thread(this);
            play.start();
            toPlay.setOnClickListener(new OnClickListener()
            {
                public void onClick(View v)
                {
                    if(!isplaying){
                    mediaPlayer.reset();
                    mediaPlayer = MediaPlayer.create(VideoActivity.this, R.raw.video);
                    mediaPlayer.setAudioStreamType(AudioManager.STREAM_MUSIC);
                    mediaPlayer.setDisplay(surfaceHolder);
                    try {
                        mediaPlayer.prepare();
                    } catch (IllegalArgumentException e) {
                        e.printStackTrace();
                    } catch (IllegalStateException e) {
                        e.printStackTrace();
                    } catch (IOException e) {
                        e.printStackTrace();
                    }
                    mediaPlayer.start();
                }}
            });
        };
    }
//CameraActivity
//该Activity用于实现相机功能
package com.mingrisoft;
import java.io.File;
import java.io.FileOutputStream;
import java.io.IOException;
import android.app.Activity;
import android.app.AlertDialog;
import android.content.Context;
import android.content.DialogInterface;
import android.graphics.Bitmap;
import android.graphics.BitmapFactory;
import android.graphics.ImageFormat;
import android.graphics.Matrix;
import android.hardware.Camera;
import android.hardware.Camera.PictureCallback;
import android.os.Bundle;
```

```java
import android.util.Log;
import android.view.SurfaceHolder;
import android.view.SurfaceView;
import android.view.View;
import android.view.Window;
import android.view.WindowManager;
import android.widget.Button;
import android.widget.ImageView;
import android.widget.Toast;
public class CameraActivity extends Activity implements Runnable
{
    Camera camera;
    SurfaceView sv;
    SurfaceHolder sh;
    boolean isPreview = false;
    public void run(){
        if (!isPreview) {
            camera = Camera.open();
            camera.setDisplayOrientation(90);
        }
        try {
            camera.setPreviewDisplay(sh);
            Camera.Parameters parameters = camera.getParameters();
            parameters.setPictureSize(640, 480);
            parameters.setPictureFormat(ImageFormat.JPEG);
            parameters.set("jpeg-quality", 80);
            parameters.setPictureSize(640, 480);
            camera.setParameters(parameters);
            camera.startPreview();
            camera.autoFocus(null);
        } catch (IOException e) {
            e.printStackTrace();
        }
    }
    @Override
    public void onCreate(Bundle savedInstanceState) {
        super.onCreate(savedInstanceState);
        requestWindowFeature(Window.FEATURE_NO_TITLE);
        getWindow().setFlags(WindowManager.LayoutParams.FLAG_FULLSCREEN,
                WindowManager.LayoutParams.FLAG_FULLSCREEN);
        setContentView(R.layout.camera);
        if (!android.os.Environment.getExternalStorageState().equals(
```

```java
                    android.os.Environment.MEDIA_MOUNTED)) {
        Toast.makeText(this, "未安装 SD 卡", Toast.LENGTH_SHORT).show();
    }
    sv = (SurfaceView) findViewById(R.id.surfaceView1);
    sh = sv.getHolder();
    Thread t = new Thread(this);
    t.start();
    Button takePhoto = (Button) findViewById(R.id.takephoto);
    takePhoto.setOnClickListener(new View.OnClickListener() {
        @Override
        public void onClick(View v) {
            if(camera!= null){
                camera.takePicture(null, null, jpeg);
            }
        }
    });
}
final PictureCallback jpeg = new PictureCallback() {
    @Override
    public void onPictureTaken(byte[] data, Camera camera) {
        final Bitmap bm = BitmapFactory.decodeByteArray(data, 0,
                data.length);
        View saveView = getLayoutInflater().inflate(R.layout.save, null);
        ImageView show = (ImageView) saveView.findViewById(R.id.show);
        show.setImageBitmap(bm);
        camera.stopPreview();
        isPreview = false;
        new AlertDialog.Builder(CameraActivity.this).setView(saveView)
                .setPositiveButton("保存", newDialogInterface.OnClickListener() {
                    @Override
                    public void onClick(DialogInterface dialog, int which) {
                        File file = new File("/sdcard/pictures/" + "picfromglove.jpg");
                        try {
                            file.createNewFile();
                            FileOutputStream fileOS = new FileOutputStream(file);
                            bm.compress(Bitmap.CompressFormat.JPEG, 100, fileOS);
                            fileOS.flush();
                            fileOS.close();
                            isPreview = true;
                            finish();
                        } catch (IOException e) {
                            e.printStackTrace();
```

```java
                            }
                        }
                    }).setNegativeButton("取消", new 
DialogInterface.OnClickListener() {
                        public void onClick(DialogInterface dialog, int which) {
                            isPreview = true;
                            resetCamera();
                        }
                    }).show();
            }
        };
    private void resetCamera(){
        if(isPreview){
            camera.startPreview();
        }
    }
    public static Bitmap rotateToDegrees(Bitmap tmpBitmap, float degrees) {
        Matrix matrix = new Matrix();
        matrix.reset();
        matrix.setRotate(degrees);
        return tmpBitmap = Bitmap.createBitmap(tmpBitmap, 0, 0, tmpBitmap.getWidth(), tmpBitmap.
getHeight(), matrix,
                true);
    }
    @Override
    protected void onPause() {
        if(camera!= null){
            camera.stopPreview();
          camera.release();
        }
        super.onPause();
    }
}
//布局文件
//主界面
//Main.xml
<?xml version = "1.0" encoding = "utf - 8"?>
< FrameLayout
    xmlns:android = "http://schemas.android.com/apk/res/android"
    android:id = "@ + id/framelayout1"
    android:layout_width = "fill_parent"
    android:layout_height = "fill_parent"
```

```xml
    android:background = "@drawable/glove"
    >
    <LinearLayout
        android:layout_width = "wrap_content"
        android:layout_height = "wrap_content"
        android:layout_margin = "10dp"
        android:orientation = "vertical">
    <Button
        android:id = "@+id/btn_blth_connect"
        android:layout_width = "match_parent"
        android:layout_height = "0dp"
        android:layout_weight = "1"
        android:layout_marginBottom = "5dp"
        android:text = "@string/btn_blth_connect"/>
    <Button
        android:id = "@+id/btn_blth_disconnect"
        android:layout_width = "match_parent"
        android:layout_height = "0dp"
        android:layout_weight = "1"
        android:text = "@string/btn_blth_disconnect"/>
    <TextView
        android:id = "@+id/tv_connect_state"
        android:layout_width = "match_parent"
        android:layout_height = "0dp"
        android:layout_weight = "1"
        android:paddingTop = "10dp"
        android:paddingBottom = "10dp"
        android:gravity = "center"
        android:textSize = "20sp"
        android:text = "@string/connect_state"/>
    </LinearLayout>
    <RelativeLayout
        android:id = "@+id/relative1"
        android:layout_width = "match_parent"
        android:layout_height = "match_parent"
        >
        <ImageButton
            android:id = "@+id/button1"
            android:layout_width = "100px"
            android:layout_height = "100px"
            android:layout_alignParentRight = "true"
            android:layout_alignParentTop = "true"
```

```
                android:src = "@drawable/button1" />
            <ImageButton
                android:id = "@ + id/button2"
                android:layout_width = "360px"
                android:layout_height = "200px"
                android:layout_alignParentBottom = "true"
                android:background = "#00000000"
                android:src = "@drawable/button2" />
            <ImageButton
                android:id = "@ + id/button3"
                android:layout_width = "360px"
                android:layout_height = "200px"
                android:layout_alignParentBottom = "true"
                android:layout_alignParentRight = "true"
                android:background = "#00000000"
                android:src = "@drawable/button3" />
            <ImageButton
                android:id = "@ + id/button4"
                android:layout_width = "200px"
                android:layout_height = "200px"
                android:layout_above = "@ + id/button2"
                android:layout_alignParentLeft = "true"
                android:background = "#00000000"
                android:src = "@drawable/button4" />
            <ImageButton
                android:id = "@ + id/button5"
                android:layout_width = "200px"
                android:layout_height = "200px"
                android:layout_above = "@id/button3"
                android:layout_alignParentRight = "true"
                android:background = "#00000000"
                android:src = "@drawable/button5" />
        </RelativeLayout>
</FrameLayout>
//Camera.xml
//相机界面
<?xml version = "1.0" encoding = "utf-8"?>
<LinearLayout xmlns:android = "http://schemas.android.com/apk/res/android"
    android:layout_width = "fill_parent"
    android:layout_height = "fill_parent"
    android:orientation = "vertical" >
    <SurfaceView
```

```xml
            android:id = "@+id/surfaceView1"
            android:layout_weight = "9"
            android:layout_width = "match_parent"
            android:layout_height = "match_parent" />
    <Button
            android:id = "@+id/takephoto"
            android:layout_weight = "1"
            android:layout_width = "match_parent"
            android:layout_height = "wrap_content"
            android:text = "@string/takephoto" />
</LinearLayout>
```

//Save.xml
//保存照片界面

```xml
<?xml version = "1.0" encoding = "utf-8"?>
<LinearLayout xmlns:android = "http://schemas.android.com/apk/res/android"
    android:orientation = "vertical"
    android:layout_width = "fill_parent"
    android:layout_height = "fill_parent">
    <LinearLayout
            android:orientation = "horizontal"
            android:layout_width = "fill_parent"
            android:layout_height = "wrap_content">
    </LinearLayout>
    <ImageView
            android:id = "@+id/show"
            android:contentDescription = "用于显示相片预览"
            android:layout_width = "320dp"
            android:layout_height = "240dp"
            android:scaleType = "fitCenter"
            android:layout_marginTop = "10dp"/>
</LinearLayout>
```

//Video.xml
//播放视频界面

```xml
<?xml version = "1.0" encoding = "utf-8"?>
<RelativeLayout xmlns:android = "http://schemas.android.com/apk/res/android"
    android:orientation = "vertical"
    android:layout_width = "fill_parent"
    android:layout_height = "fill_parent"
    android:id = "@+id/MainView"
    >
    <SurfaceView android:id = "@+id/SurfaceView"
            android:layout_height = "320dip"
```

```
            android:layout_width = "fill_parent"
            android:layout_alignParentTop = "true">
    </SurfaceView>
    < Button android:id = "@ + id/toPlay"
            android:layout_width = "wrap_content"
            android:layout_height = "wrap_content"
            android:layout_alignParentBottom = "true"
            android:layout_centerHorizontal = "true"
            android:padding = "80px"
            android:text = "播放">
    </Button>
</RelativeLayout>
```

11.3 产品展示

整体结构如图 11-4 所示。上方是带有弯曲传感器的手套,读取当前手势的变化。下方是 Arduino 开发板与蓝牙模块,用于处理和发送数据。手机端应用程序界面如图 11-5 所示。

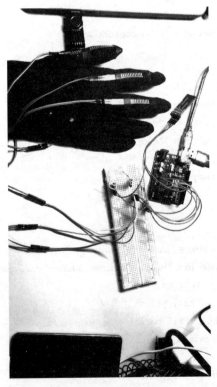

图 11-4　整体结构

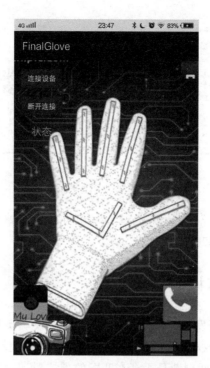

图 11-5 手机端应用程序界面

11.4 元件清单

完成本项目所用到的元件及数量如表 11-2 所示。

表 11-2 元件清单

元件/测试仪表	数 量	元件/测试仪表	数 量
导线	若干	电阻	3 个
杜邦线	若干	Arduino 开发板	1 个
面包板	1 个	黑色手套	1 个
HC-05 蓝牙模块	1 个	黑胶带	1 个
弯曲传感器	3 个		

第 12 章 指纹考勤云端数据共享项目设计

本项目基于 Arduino 开发板控制,通过 ESP8266 模块将数据上传至云端,通过云端查看,快速完成对课堂出勤率的考察。

12.1 功能及总体设计

本项目通过 Arduino 开发板与指纹模块、ESP8266 模块实现了完整的模拟考勤系统。以学校为例,学生先通过指纹模块的录入功能将指纹录入到模块中;上课前,学生通过指纹模块的识别功能根据置信程度判断是否存在匹配的指纹,若识别成功,则通过 ESP8266 模块将识别出的指纹 ID 上传到 OneNET 云平台,教师通过云平台实时监测同学们的出勤状况。

要实现上述功能需将作品分成四部分进行设计,即输入部分、处理部分、传输部分和输出部分。输入部分使用了指纹模块,实现指纹图像的输入;处理部分主要通过 Arduino 开发板程序实现,将指纹的图像与序号对应,实现对于指纹的录入和识别;传输部分选用了 ESP8266 模块配合 Arduino 开发板实现;输出部分使用 OneNET 云平台实现,通过云平台实时监控上传的数据。

1. 整体框架

整体框架如图 12-1 所示。

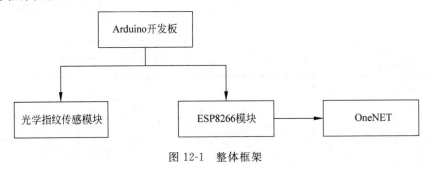

图 12-1 整体框架

本章根据段晨芬、杨佳艺项目设计整理而成。

2. 系统流程

系统流程如图 12-2 所示。

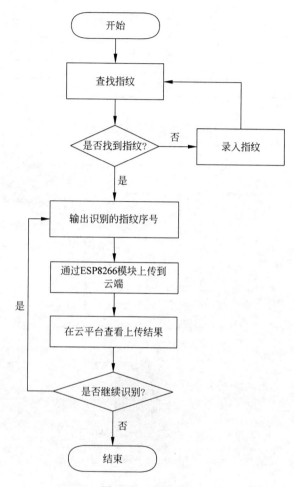

图 12-2　系统流程

3. 总电路

系统总电路如图 12-3 所示，引脚连线如表 12-1 所示。

表 12-1　引脚连线

元件及引脚名		Arduino 开发板引脚
ESP8266	UTXD	9
	CH_PD	3.3V
	VCC	3.3V
	URXD	10
	GND	GND

续表

元件及引脚名		Arduino 开发板引脚
指纹模块	红色导线	5V
	蓝色导线	5V
	绿色导线	2
	白色导线	3
	黑色导线	GND

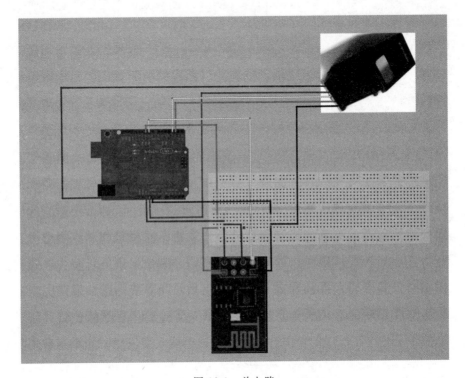

图 12-3 总电路

12.2　模块介绍

本项目主要包括指纹模块和 ESP8266 模块。下面分别给出各模块的功能介绍及相关代码。

12.2.1　指纹模块

本节包括指纹模块的功能介绍及相关代码。

1. 功能介绍

通过指纹模块和 Arduino 开发板的控制，完成对指纹注册、删除、选择 ID 的信息采集。

手指内侧表面的皮肤凹凸不平产生的纹路会形成各种各样的图案。皮肤的纹路在图案、断点和交叉点上各不相同,在信息处理中将它们称作"特征"。每个手指的特征都是不同的,也就是说,是唯一的。依靠这种唯一性,把一个人同其指纹对应起来,通过对其指纹和预先保存的指纹进行比较,验证其序号信息。指纹识别系统通过特殊的光电转换设备和图像处理技术,对指纹进行采集、分析和比对,可以自动、迅速、准确地鉴别出个人身份。系统包括对指纹图像采集、指纹图像处理、特征提取、特征值的比对与匹配等过程。元件包括 Arduino 开发板、指纹模块与若干导线,电路连接如图 12-4 所示。

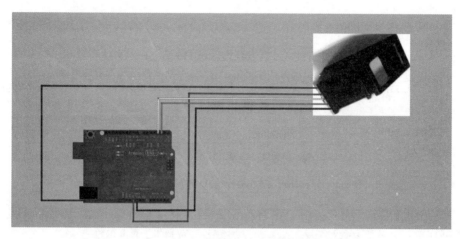

图 12-4　指纹模块电路连接

2. 相关代码

1)指纹模块录入部分代码

```
//完成了两次指纹录入过程,操作包括串口通信的初始化以及图像的获取与转换
# include <DYE_Fingerprint.h>              //自定义库函数
# include <SoftwareSerial.h>               //串口通信
SoftwareSerial mySerial(2, 3);             //自定义软件串口对象
DYE_Fingerprint finger = DYE_Fingerprint(&mySerial);
uint8_t id;                                //定义8位无符号整型数
void setup()
{
    Serial.begin(115200);                  //初始化串口通信
    while (!Serial);
    delay(100);                            //延时
    Serial.println("\n\nFingerprint sensor enrollment");
                                           //从串口输出数据并换行
    finger.begin(57600);                   //设置传感器串口数据速率
    if (finger.verifyPassword())           //库函数成立时
    {
        Serial.println("Found fingerprint sensor!");  //输出字符并换行
    }
```

```cpp
        else {
            Serial.println("Did not find fingerprint sensor :(");
            while (1)
            {
              delay(1);                              //查找失败时,重复执行时间延时
            }
        }
    }
    uint8_t readnumber(void)
    {
      uint8_t num = 0;
      while (num == 0)
      {
        while (!Serial.available());                 //判断数据是否送达串口
        num = Serial.parseInt();                     //将串口接收的第一个有效整数赋值
      }
      return num;                                    //返回接收的有效数字
    }
    void loop()                                      //循环函数
    {
      Serial.println("Ready to enroll a fingerprint!");
                                                     //输出字符并换行
      Serial.println("Please type in the ID # (from 1 to 127) you want to save this finger as...");
                                                     //输出字符并换行
      id = readnumber();                             //赋值
      if (id == 0)
      {
          return;                                    //输入 ID 序列不能为 0
      }
      Serial.print("Enrolling ID #");                //输出字符并换行
      Serial.println(id);                            //输出在串口监视器中输入的"ID"
      while (!  getFingerprintEnroll() );            //循环语句
    }
    uint8_t getFingerprintEnroll()
    {
      int p = -1;
      Serial.print("Waiting for valid finger to enroll as #");
      erial.println(id);
      while (p!= FINGERPRINT_OK)                     //循环函数
      {
        p = finger.getImage();                       //将库函数中的 getImage()赋给 p
        switch (p)                                   //条件函数
        {
          case FINGERPRINT_OK:                       //符合条件时
              Serial.println("Image taken");         //输出字符并换行
              break;                                 //跳出此层循环,此时获取图像成功
          case FINGERPRINT_NOFINGER:
```

```
                Serial.println(".");
                break;
            case FINGERPRINT_PACKETRECIEVEERR:
                Serial.println("Communication error");    //根据条件显示相应错误并跳出此循环
                break;                                    //根据条件显示相应错误并跳出此循环
            case FINGERPRINT_IMAGEFAIL:
                Serial.println("Imaging error");
                break;                                    //根据条件显示相应错误并跳出此循环
            default:                                      //以上条件都不符合时
                Serial.println("Unknown error");          //输出相应字符并换行
                break;
        }
    }
//获取图像成功
    p = finger.image2Tz(1);                               //将库函数中的 image2Tz()赋给 p
    switch (p)                                            //条件函数
    {
        case FINGERPRINT_OK:                              //符合条件时
            Serial.println("Image converted");            //输出字符并换行
            break;                                        //跳出条件函数
        case FINGERPRINT_IMAGEMESS:
            Serial.println("Image too messy");
            return p;                                     //返回 p 值
        case FINGERPRINT_PACKETRECIEVEERR:
            Serial.println("Communication error");
            return p;                                     //根据条件显示相应错误并返回
        case FINGERPRINT_FEATUREFAIL:
            Serial.println("Could not find fingerprint features");
            return p;                                     //根据条件显示相应错误并返回
        case FINGERPRINT_INVALIDIMAGE:
            Serial.println("Could not find fingerprint features");
            return p;                                     //根据条件显示相应错误并返回
        default:                                          //以上条件都不符合时
            Serial.println("Unknown error");              //输出字符并换行
            return p;
    }
//转换图像成功
    //结束第一次指纹录入,开始第二次指纹录入
    Serial.println("Remove finger");
    delay(2000);                                          //延时
    p = 0;
    while (p!= FINGERPRINT_NOFINGER)
    {
        p = finger.getImage();
    }
    Serial.print("ID ");
    erial.println(id);
```

```cpp
        p = -1;
        Serial.println("Place same finger again");
    while (p!= FINGERPRINT_OK)                  //循环函数
    {
        p = finger.getImage();                  //将库函数中的getImage()赋给p
        switch (p)                              //条件函数
        {
        case FINGERPRINT_OK:                    //符合条件时
            Serial.println("Image taken");      //输出字符并换行
            break;                              //跳出此层循环,此时获取图像成功
        case FINGERPRINT_NOFINGER:
            Serial.println(".");
            break;                              //根据条件显示相应错误并跳出此循环
        case FINGERPRINT_PACKETRECIEVEERR:
            Serial.println("Communication error");
            break;                              //根据条件显示相应错误并跳出此循环
        case FINGERPRINT_IMAGEFAIL:
            Serial.println("Imaging error");
            break;                              //根据条件显示相应错误并跳出此循环
        default:                                //以上条件都不符合时
            Serial.println("Unknown error");    //输出相应字符并换行
            break;
        }
    }
    p = finger.image2Tz(2);                     //将库函数中的image2Tz()赋给p
    switch (p)                                  //条件函数
    {
    case FINGERPRINT_OK:                        //符合条件时
        Serial.println("Image converted");      //输出字符并换行
        break;                                  //跳出条件函数
    case FINGERPRINT_IMAGEMESS:
        Serial.println("Image too messy");
        return p;                               //返回p值
    case FINGERPRINT_PACKETRECIEVEERR:
        Serial.println("Communication error");
        return p;                               //根据条件显示相应错误并返回
    case FINGERPRINT_FEATUREFAIL:
        Serial.println("Could not find fingerprint features");
        return p;                               //根据条件显示相应错误并返回
    case FINGERPRINT_INVALIDIMAGE:
        Serial.println("Could not find fingerprint features");
        return p;                               //根据条件显示相应错误并返回
    default:                                    //以上条件都不符合时
        Serial.println("Unknown error");        //输出字符并换行
        return p;
    }
    //第二次录入指纹完成
```

```
Serial.print("Creating model for #");
Serial.println(id);

p = finger.createModel();                          //将库函数中的createModel())赋给p
if (p == FINGERPRINT_OK)                           //if条件函数
{
    Serial.println("Prints matched!");             //输出字符并换行,两次指纹匹配成功
  }
else if (p == FINGERPRINT_PACKETRECIEVEERR)
{
    Serial.println("Communication error");
    return p;                                      //返回p值
  }
else if (p == FINGERPRINT_ENROLLMISMATCH)
    {
    Serial.println("Fingerprints did not match");
    return p;                                      //根据条件显示相应错误并返回
    }
else                                               //以上条件均不满足时
{
    Serial.println("Unknown error");               //输出字符并换行
    return p;                                      //返回p值
}
Serial.print("ID "); Serial.println(id);
p = finger.storeModel(id);
if (p == FINGERPRINT_OK)                           //条件函数
{
    Serial.println("Stored!");                     //输出函数并换行,此时指纹被成功存储
}
else if (p == FINGERPRINT_PACKETRECIEVEERR)
{
    Serial.println("Communication error");
    return p;                                      //根据条件显示相应错误并返回
}
else if (p == FINGERPRINT_BADLOCATION)
{
    Serial.println("Could not store in that location");
    return p;                                      //根据条件显示相应错误并返回
}
else if (p == FINGERPRINT_FLASHERR)
{
    Serial.println("Error writing to flash");
    return p;                                      //根据条件显示相应错误并返回
}
else                                               //以上条件均不满足时
{
    Serial.println("Unknown error");               //输出字符并换行
```

```
    return p;                                         //返回 p 值
  }
}
```

2）指纹模块匹配部分代码

以下代码完成了模块的匹配功能，包括图像的获取与转换以及指纹匹配是否成功。

```
void loop()                                           //循环函数
{
    getFingerprintIDez();                             //调用函数
    delay(50);                                        //延时
}
uint8_t getFingerprintID()
{
    uint8_t p = finger.getImage();
switch (p)                                            //条件函数
{
    case FINGERPRINT_OK:                              //符合条件时
        Serial.println("Image taken");                //输出字符并换行
        break;                                        //跳出此层循环,此时获取图像成功
    case FINGERPRINT_NOFINGER:
        Serial.println("No finger detected");
        return p;                                     //条件显示相应错误并返回 p 值
    case FINGERPRINT_PACKETRECIEVEERR:
        Serial.println("Communication error");
        return p;                                     //条件显示相应错误并返回 p 值
    case FINGERPRINT_IMAGEFAIL:
        Serial.println("Imaging error");
        return p;                                     //条件显示相应错误并返回 p 值
    default:                                          //以上条件都不符合时
        Serial.println("Unknown error");              //输出相应字符并换行
        return p;                                     //返回 p 值
    }
    //获取图像成功
    p = finger.image2Tz();                            //将库函数中的 image2Tz()赋给 p
    case FINGERPRINT_OK:                              //符合条件时
        Serial.println("Image converted");            //输出字符并换行
        break;                                        //跳出条件函数
    case FINGERPRINT_IMAGEMESS:
        Serial.println("Image too messy");
        return p;                                     //返回 p 值
    case FINGERPRINT_PACKETRECIEVEERR:
        Serial.println("Communication error");
        return p;                                     //根据条件显示相应错误并返回
    case FINGERPRINT_FEATUREFAIL:
        Serial.println("Could not find fingerprint features");
        return p;                                     //根据条件显示相应错误并返回
```

```cpp
    case FINGERPRINT_INVALIDIMAGE:
        Serial.println("Could not find fingerprint features");
        return p;                                  //根据条件显示相应错误并返回
    default:
        Serial.println("Unknown error");           //以上条件都不符合时
        return p;                                  //输出字符并换行
}
//转换图像成功
p = finger.fingerFastSearch();                     //将库函数中的fingerFastSearch()赋给p
if (p == FINGERPRINT_OK)                           //条件函数
{
    Serial.println("Found a print match!");
    //符合条件时,输出相应字符并换行,此时指纹匹配成功
}
else if (p == FINGERPRINT_PACKETRECIEVEERR)
{
    Serial.println("Communication error");
    return p;                                      //根据条件显示相应错误并返回
}
else if (p == FINGERPRINT_NOTFOUND)
{
    Serial.println("Did not find a match");
    return p;                                      //根据条件显示相应错误并返回
}
else {                                             //以上条件都不符合时
    Serial.println("Unknown error");               //输出相应字符并换行
    return p;
}
//找到匹配指纹
    Serial.print("Found ID #");
Serial.print(finger.fingerID);                     //输出匹配指纹ID
    Serial.print(" with confidence of ");
Serial.println(finger.confidence);                 //输出匹配百分比
    return finger.fingerID;                        //返回库函数
}
int getFingerprintIDez()
{
    uint8_t p = finger.getImage();
    if (p!= FINGERPRINT_OK)
        return -1;                                 //获取图像不成功时返回-1
    p = finger.image2Tz();
    if (p!= FINGERPRINT_OK)
        return -1;                                 //转换图像不成功时返回-1
    p = finger.fingerFastSearch();
    if (p!= FINGERPRINT_OK)
        return -1;                                 //匹配图像不成功时返回-1
    Serial.print("Found ID #");
```

```
            Serial.print(finger.fingerID);
            Serial.print(" with confidence of ");
            Serial.println(finger.confidence);
            return finger.fingerID;              //匹配成功时,返回寻找到的指纹 ID 值
        }
```

12.2.2 ESP8266 模块

本节包括 ESP8266 模块的功能介绍及相关代码。

1. 功能介绍

在连接 Arduino 开发板时可以通过热点连接到手机或者计算机,通过与指纹模块的结合将指纹序号等信息上传到云平台。本部分代码可以实现 WiFi 模块的初始化和基本功能。元件包括 Arduino 开发板、ESP8266 模块和导线若干,电路连接如图 12-5 所示。

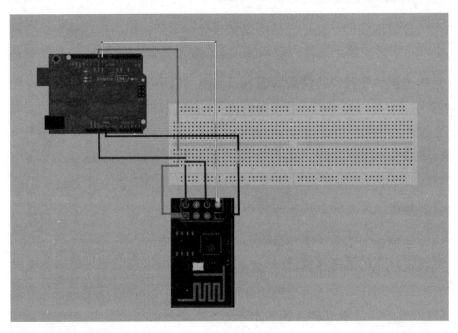

图 12-5 ESP8266 模块电路连接

2. 相关代码

```
#include <SoftwareSerial.h>
SoftwareSerial aSerial(9, 10);                //RX 和 TX 通过软串口连接 ESP8266
void setup()                                   //构建函数
{
    //打开串行通信
    Serial.begin(115200);                     //串口初始化波特率为 115200
    while (!Serial)
```

```cpp
{
//等待串口连接,只需要本地 USB 引脚
    }
    aSerial.begin(115200);                              //串口初始化波特率为 115200
    aSerial.println("AT + RST");                        //初始化重启一次 ESP8266
    delay(1500);                                        //延迟为 1500ms
    echo();
    aSerial.println("AT");                              //输出"AT"
    echo();
    delay(500);                                         //延迟 500ms
    aSerial.println("AT + CWMODE = 3");                 //设置 WiFi 模式
    echo();
    aSerial.println("AT + CWJAP = \"zhiwen\",\"zhiwenmokuai\"");
                                                        //连接 WiFi
    echo();
    delay(1000);                                        //延迟 1000ms
}
void loop()                                             //构建循环函数
{
    if (aSerial.available())                            //将 ESP8266 收到的信号发送到 Arduino 开
                                                        //发板
    {
        Serial.write(aSerial.read());
    }
    if (Serial.available())                             //将 Arduino 开发板收到的信号发送
                                                        //到 ESP8266
    {
        aSerial.write(Serial.read());
    }
    post();
}
void echo()                                             //构造函数
{
    delay(50);                                          //延迟 50ms
    while (aSerial.available())                         //将 ESP8266 收到的信号发送到 Arduino 开
                                                        //发板
    {
        Serial.write(aSerial.read());
    }
}
void post()
{
```

```
    int a = finger.fingerID;                         //设置一个输出变量
    String aem = "{\"datastreams\":[{\"id\":\"temp\",\"datapoints\":\r\n[{\"value\":";
    String eem = "}]}]}\r\n\r\n";
    String at = String(aem) + a + String(eem);
    aSerial.println("AT + CIPMODE = 1");
    echo();
    aSerial.println("AT + CIPSTART = \"TCP\",\"183.230.40.33\",80");
        //连接服务器的 80 端口
    echo();
    aSerial.println("AT + CIPSEND");                  //进入 TCP 透传模式,消息发送给服务器
    echo();
    aSerial.print("POST /devices/31970221/datapoints");
                                                      //开始发送 post 请求
    aSerial.print(" HTTP/1.1\r\nHost: api.heclouds.com\r\napi - key: aQDR5LLGk7x = eLy2Y = 7gfbRDhRw = \r\nConnection:true\r\nContent - Length:");
                                                      // post 请求的报文格式
    aSerial.print(at.length());                       //需要计算 post 请求的数据长度
    aSerial.print("\r\n\r\n");
    aSerial.println(at);                              //结束 post 请求
    echo();
    aSerial.print("++ + ");
  }
}
```

12.2.3 相关库函数

1) DYE_Fingerprint.h

```
# ifndef DYE_FINGERPRINT_H                  //测试此宏是否被定义过
# define DYE_FINGERPRINT_H                  //若未被定义过,执行条件编译
# include "Arduino.h"                       //引用相对路径中的头文件
# if defined(__AVR__)||defined(ESP8266)     //若宏被定义
# include <SoftwareSerial.h>                //编译,引用类库路径里的头文件
# endif                                     //结束条件编译
# define FINGERPRINT_OK 0x00
# define FINGERPRINT_PACKETRECIEVEERR 0x01
# define FINGERPRINT_NOFINGER 0x02
# define FINGERPRINT_IMAGEFAIL 0x03
# define FINGERPRINT_IMAGEMESS 0x06
# define FINGERPRINT_FEATUREFAIL 0x07
# define FINGERPRINT_NOMATCH 0x08
# define FINGERPRINT_NOTFOUND 0x09
# define FINGERPRINT_ENROLLMISMATCH 0x0A
# define FINGERPRINT_BADLOCATION 0x0B
```

```c
#define FINGERPRINT_DBRANGEFAIL 0x0C
#define FINGERPRINT_UPLOADFEATUREFAIL 0x0D
#define FINGERPRINT_PACKETRESPONSEFAIL 0x0E
#define FINGERPRINT_UPLOADFAIL 0x0F
#define FINGERPRINT_DELETEFAIL 0x10
#define FINGERPRINT_DBCLEARFAIL 0x11
#define FINGERPRINT_PASSFAIL 0x13
#define FINGERPRINT_INVALIDIMAGE 0x15
#define FINGERPRINT_FLASHERR 0x18
#define FINGERPRINT_INVALIDREG 0x1A
#define FINGERPRINT_ADDRCODE 0x20
#define FINGERPRINT_PASSVERIFY 0x21
#define FINGERPRINT_STARTCODE 0xEF01
#define FINGERPRINT_COMMANDPACKET 0x1
#define FINGERPRINT_DATAPACKET 0x2
#define FINGERPRINT_ACKPACKET 0x7
#define FINGERPRINT_ENDDATAPACKET 0x8
#define FINGERPRINT_TIMEOUT 0xFF
#define FINGERPRINT_BADPACKET 0xFE
#define FINGERPRINT_GETIMAGE 0x01
#define FINGERPRINT_IMAGE2TZ 0x02
#define FINGERPRINT_REGMODEL 0x05
#define FINGERPRINT_STORE 0x06
#define FINGERPRINT_LOAD 0x07
#define FINGERPRINT_UPLOAD 0x08
#define FINGERPRINT_DELETE 0x0C
#define FINGERPRINT_EMPTY 0x0D
#define FINGERPRINT_SETPASSWORD 0x12
#define FINGERPRINT_VERIFYPASSWORD 0x13
#define FINGERPRINT_HISPEEDSEARCH 0x1B
#define FINGERPRINT_TEMPLATECOUNT 0x1D
//定义为十六进制数
#define DEFAULTTIMEOUT 1000                //定义串口读取超时时间值为1000
struct DYE_Fingerprint_Packet              //定义结构体
{
DYE_Fingerprint_Packet(uint8_t type, uint16_t length, uint8_t * data)
{
    this->start_code = FINGERPRINT_STARTCODE;
    this->type = type;
    this->length = length;                 //指针指向被调用函数所在对象
    address[0] = 0xFF; address[1] = 0xFF;
    address[2] = 0xFF; address[3] = 0xFF;
    if(length < 64)                        //条件函数
      memcpy(this->data, data, length);
//若满足条件函数,从data起始内存位置复制length个字节到this->data内存地址起始位置中
    else
      memcpy(this->data, data, 64);
```

```cpp
    //若不满足条件函数,从 data 内存位置复制 64 个字节到 this->data 内存地址起始位置中
        }
    uint16_t start_code;                    //定义 unsigned int 类型数
    uint8_t address[4];                     //定义 unsigned char 类型数组
    uint8_t type;                           //定义 unsigned char 类型数
    uint16_t length;                        //定义 unsigned int 类型数
    uint8_t data[64];                       //定义 unsigned char 类型数组
};                                          //帮助类建立 UART 数据包
class DYE_Fingerprint
{
public:
#if defined(__AVR__)||defined(ESP8266)      //若宏被定义
    DYE_Fingerprint(SoftwareSerial * ss, uint32_t password = 0x0);
                                            //编译
#endif
    DYE_Fingerprint(HardwareSerial * hs, uint32_t password = 0x0);
    void begin(uint32_t baud);
    boolean verifyPassword(void);           //建立数据类型只能为 true 和 false 的函数
    uint8_t getImage(void);
    uint8_t image2Tz(uint8_t slot = 1);
    uint8_t createModel(void);
    uint8_t emptyDatabase(void);
    uint8_t storeModel(uint16_t id);
    uint8_t loadModel(uint16_t id);
    uint8_t getModel(void);
    uint8_t deleteModel(uint16_t id);
    uint8_t fingerFastSearch(void);
    uint8_t getTemplateCount(void);
    uint8_t setPassword(uint32_t password); //定义 unsigned char 类型函数
    void writeStructuredPacket(const DYE_Fingerprint_Packet & p);
    uint8_t getStructuredPacket(DYE_Fingerprint_Packet * p, uint16_t timeout = DEFAULTTIMEOUT);
    uint16_t fingerID;
    uint16_t confidence;
    uint16_t templateCount;
private:
    uint8_t checkPassword(void);
    uint32_t thePassword;
    uint32_t theAddress;
    uint8_t recvPacket[20];
    Stream * mySerial;
#if defined(__AVR__)||defined(ESP8266)
    SoftwareSerial * swSerial;
#endif
    HardwareSerial * hwSerial;
};                                          //帮助类与指纹传感器通信并保持状态
#endif
```

2) DYE_Fingerprint.c

```c
#include "DYE_Fingerprint.h"                    //引用相对路径中的文件
#if defined(__AVR__) || defined(ESP8266)        //若宏被定义
  #include <SoftwareSerial.h>                   //编译,引用类库路径里的头文件
#endif                                          //结束条件编译
#if ARDUINO >= 100                              //若条件成立
  #define SERIAL_WRITE(...) mySerial->write(__VA_ARGS__)
#else
  #define SERIAL_WRITE(...) mySerial->write(__VA_ARGS__, BYTE)
#endif                                          //结束条件编译
#define SERIAL_WRITE_U16(v) SERIAL_WRITE((uint8_t)(v >> 8)); SERIAL_WRITE((uint8_t)(v & 0xFF));
#define GET_CMD_PACKET(...) \
  uint8_t data[] = {__VA_ARGS__}; \
  DYE_Fingerprint_Packet packet(FINGERPRINT_COMMANDPACKET, sizeof(data), data); \
  writeStructuredPacket(packet); \
  if (getStructuredPacket(&packet) != FINGERPRINT_OK) \
    return FINGERPRINT_PACKETRECIEVEERR; \
  if (packet.type != FINGERPRINT_ACKPACKET) return FINGERPRINT_PACKETRECIEVEERR;
#define SEND_CMD_PACKET(...) GET_CMD_PACKET(__VA_ARGS__); return packet.data[0];
#if defined(__AVR__) || defined(ESP8266)
DYE_Fingerprint::DYE_Fingerprint(SoftwareSerial *ss, uint32_t password) {
    thePassword = password;
    theAddress = 0xFFFFFFFF;
    hwSerial = NULL;
    swSerial = ss;
    mySerial = swSerial;
}
#endif
//使用 Software Serial 实例化传感器,将参数 ss 指向 SoftwareSerial 对象的指针
DYE_Fingerprint::DYE_Fingerprint(HardwareSerial *hs, uint32_t password) {
    thePassword = password;
    theAddress = 0xFFFFFFFF;
#if defined(__AVR__) || defined(ESP8266)
    swSerial = NULL;
#endif
    hwSerial = hs;
    mySerial = hwSerial;
}
//使用 Hardware Serial 实例化传感器,参数 hs 指向 HardwareSerial 对象的指针
void DYE_Fingerprint::begin(uint32_t baudrate) {
    delay(1000);
    if (hwSerial) hwSerial->begin(baudrate);
#if defined(__AVR__) || defined(ESP8266)
```

```cpp
    if (swSerial) swSerial->begin(baudrate);
#endif
}
//初始化串行接口和波特率
boolean DYE_Fingerprint::verifyPassword(void) {
    return checkPassword() == FINGERPRINT_OK;
}
uint8_t DYE_Fingerprint::checkPassword(void)
{
    GET_CMD_PACKET(FINGERPRINT_VERIFYPASSWORD,
                    (uint8_t)(thePassword >> 24), (uint8_t)(thePassword >> 16),
                    (uint8_t)(thePassword >> 8), (uint8_t)(thePassword & 0xFF));
    if (packet.data[0] == FINGERPRINT_OK)
        return FINGERPRINT_OK;
    else
        return FINGERPRINT_PACKETRECIEVEERR;
}
//验证传感器的访问密码(默认密码为 0x0000000),如果密码正确,则为真
uint8_t DYE_Fingerprint::getImage(void)
{
    SEND_CMD_PACKET(FINGERPRINT_GETIMAGE);
}
//获取图像相关函数
uint8_t DYE_Fingerprint::image2Tz(uint8_t slot)
{
    SEND_CMD_PACKET(FINGERPRINT_IMAGE2TZ,slot);
}
//将图像转换为特征模板函数
uint8_t DYE_Fingerprint::createModel(void)
{
    SEND_CMD_PACKET(FINGERPRINT_REGMODEL);
}
//创建模型的相关函数
uint8_t DYE_Fingerprint::storeModel(uint16_t location)
{
    SEND_CMD_PACKET(FINGERPRINT_STORE, 0x01, (uint8_t)(location >> 8), (uint8_t)(location & 0xFF));
}
//请求传感器存储计算后的模型
uint8_t DYE_Fingerprint::loadModel(uint16_t location)
{
    SEND_CMD_PACKET(FINGERPRINT_LOAD, 0x01, (uint8_t)(location >> 8), (uint8_t)(location & 0xFF));
}
//让传感器将指纹模型从闪存加载到缓冲区中
```

```cpp
uint8_t DYE_Fingerprint::getModel(void)
{
    SEND_CMD_PACKET(FINGERPRINT_UPLOAD, 0x01);
}
//要求传感器将 256 字节的指纹模板从缓冲区传输到 UART
uint8_t DYE_Fingerprint::deleteModel(uint16_t location)
{
    SEND_CMD_PACKET(FINGERPRINT_DELETE, (uint8_t)(location >> 8), (uint8_t)(location & 0xFF),
0x00, 0x01);
}
//请求传感器删除内存中的模型
uint8_t DYE_Fingerprint::emptyDatabase(void)
{
    SEND_CMD_PACKET(FINGERPRINT_EMPTY);
}
//要求传感器删除内存中的所有模型
uint8_t DYE_Fingerprint::fingerFastSearch(void)
{
    GET_CMD_PACKET(FINGERPRINT_HISPEEDSEARCH, 0x01, 0x00, 0x00, 0x00, 0xA3);
    fingerID = 0xFFFF;
    confidence = 0xFFFF;
    fingerID = packet.data[1];
    fingerID <<= 8;
    fingerID |= packet.data[2];
    confidence = packet.data[3];
    confidence <<= 8;
    confidence |= packet.data[4];
    return packet.data[0];
}
//要求传感器搜索当前插槽的指纹功能以匹配保存的模板,根据置信程度判断指纹是否匹配
uint8_t DYE_Fingerprint::getTemplateCount(void)
{
    GET_CMD_PACKET(FINGERPRINT_TEMPLATECOUNT);
    templateCount = packet.data[1];
    templateCount <<= 8;
    templateCount |= packet.data[2];
    return packet.data[0];
}
//向传感器询问存储在内存中的模板数量,并储存号码
uint8_t DYE_Fingerprint::setPassword(uint32_t password)
{
    SEND_CMD_PACKET(FINGERPRINT_SETPASSWORD, (password >> 24), (password >> 16), (password >>
8), password);
}
//在传感器上设置密码
void DYE_Fingerprint::writeStructuredPacket(const DYE_Fingerprint_Packet & packet)
```

```cpp
{
    SERIAL_WRITE_U16(packet.start_code);
    SERIAL_WRITE(packet.address[0]);
    SERIAL_WRITE(packet.address[1]);
    SERIAL_WRITE(packet.address[2]);
    SERIAL_WRITE(packet.address[3]);
    SERIAL_WRITE(packet.type);
    uint16_t wire_length = packet.length + 2;
    SERIAL_WRITE_U16(wire_length);
    uint16_t sum = ((wire_length)>> 8) + ((wire_length)&0xFF) + packet.type;
    for (uint8_t i = 0; i < packet.length; i++)
    {
        SERIAL_WRITE(packet.data[i]);
        sum += packet.data[i];
    }
    SERIAL_WRITE_U16(sum);
    return;
}
//处理数据包并通过 UART 发送给传感器,其中包含要传输字节的结构
uint8_t DYE_Fingerprint::getStructuredPacket(DYE_Fingerprint_Packet * packet, uint16_t timeout)
{
    uint8_t byte;
    uint16_t idx = 0, timer = 0;
    while(true)
    {
        while(!mySerial -> available())
        {
            delay(1);
            timer++;
            if( timer >= timeout)
            {
#ifdef FINGERPRINT_DEBUG
                Serial.println("Timed out");
#endif
                return FINGERPRINT_TIMEOUT;                //当时间大于 timeout 时,返回值
            }
        }
        byte = mySerial -> read();
#ifdef FINGERPRINT_DEBUG
        Serial.print("<- 0x"); Serial.println(byte, HEX);
#endif
        switch (idx)
        {
            case 0:
                if (byte!= (FINGERPRINT_STARTCODE >> 8))
                    continue;
```

```
            packet->start_code = (uint16_t)byte << 8;
            break;
        case 1:
            packet->start_code| = byte;
            if (packet->start_code!= FINGERPRINT_STARTCODE)
            return FINGERPRINT_BADPACKET;
            break;
        case 2:
        case 3:
        case 4:
        case 5:
            packet->address[idx - 2] = byte;
            break;
        case 6:
    packet->type = byte;
    break;
        case 7:
    packet->length = (uint16_t)byte << 8;
    break;
        case 8:
    packet->length| = byte;
    break;
        default:
            packet->data[idx - 9] = byte;
            if((idx - 8) == packet->length)
                return FINGERPRINT_OK;
            break;
    }
    idx++;
  }
  return FINGERPRINT_BADPACKET;
}
```

12.3　产品展示

内部电路如图 12-6 所示，左侧的 Arduino 开发板通过面包板、指纹模块与 ESP8266 模块相连，分别实现指纹的录入和识别功能，并将识别指纹序号上传到云平台。整体外观如图 12-7 所示，指纹录入成功时串口监视器显示如图 12-8 所示，指纹录入失败时串口监视器显示如图 12-9 所示，指纹识别时串口监视器中相应的显示如图 12-10 所示，识别成功的指纹序号如图 12-11 所示，云平台登录如图 12-12 所示，云平台设备管理如图 12-13 所示。

图 12-6 内部电路

图 12-7 整体外观

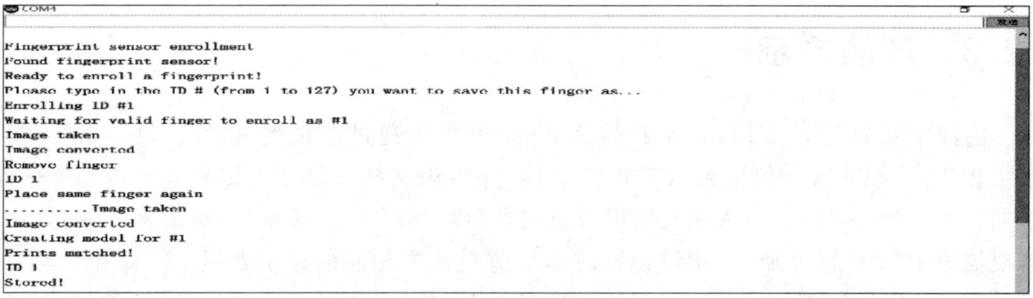

```
Fingerprint sensor enrollment
Found fingerprint sensor!
Ready to enroll a fingerprint!
Please type in the ID # (from 1 to 127) you want to save this finger as...
Enrolling ID #1
Waiting for valid finger to enroll as #1
Image taken
Image converted
Remove finger
ID 1
Place same finger again
..........Image taken
Image converted
Creating model for #1
Prints matched!
ID 1
Stored!
```

图 12-8 指纹录入成功时串口监视器显示

```
Please type in the ID # (from 1 to 127) you want to save this finger as...
Enrolling ID #1
Waiting for valid finger to enroll as #1
.
Image taken
Image converted
Remove finger
ID 1
Place same finger again
. Image taken
Image converted
Creating model for #1
Fingerprints did not match
Ready to enroll a fingerprint!
Please type in the ID # (from 1 to 127) you want to save this finger as...
```

图 12-9　指纹录入失败时串口监视器显示

```
COM8

AV+RST

OK     CLOSE?

  ets Jan  8 2013, rst afuse:2, boov modAZCC!C?O?C?AT+CWMODE>c

OK
AT+C??P? ?? d?? ?? ????a??j



finger detect test
Found fingerprint sensor!
Waiting for valid finger...
Found ID #1 with confidence of 198
Found ID #2 with confidence of 52
Found ID #3 with confidence of 103
Found ID #6 with confidence of 263
Found ID #8 with confidence of 64
Found ID #6 with confidence of 258
Found ID #4 with confidence of 147
Found ID #5 with confidence of 104
```

图 12-10　指纹识别及上传串口监视器显示

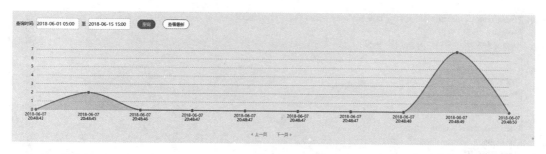

图 12-11 识别成功的指纹序号

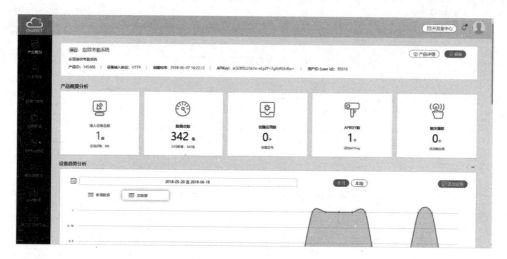

图 12-12 云平台登录

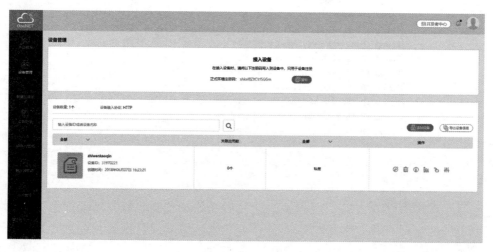

图 12-13 云平台设备管理

12.4　元件清单

完成本项目所用到的元件及数量如表 12-2 所示。

表 12-2　元件清单

元件/测试仪表	数　　量	元件/测试仪表	数　　量
Arduino 开发板	1个	面包板	1个
ESP8266 模块	1个	导线	若干
光学指纹模块	1个		

第 13 章 酒精浓度检测设备项目设计

本项目通过 Arduino 开发板设计一个综合模块,达到从技术层面杜绝酒后驾车行为的发生。

13.1 功能及总体设计

本项目拟在车辆的启动系统中加入呼吸式酒精浓度检测装置,配合人脸识别以及压力传感系统,阻止达到酒后驾车标准的驾驶人启动车辆,避免酒后驾车情况的发生。

要实现上述功能需将作品分成四部分进行设计,即输入部分、处理部分、传输部分和输出部分。输入部分选用有计算机的摄像头、压力传感器以及酒精浓度传感器;处理部分主要通过 OpenCV 来实现人脸识别的功能,Arduino 开发板实现酒精浓度检测和压力检测的功能;传输部分选用 Arduino 开发板实现;输出部分使用两个 LED 实现。

1. 整体框架

整体框架如图 13-1 所示。

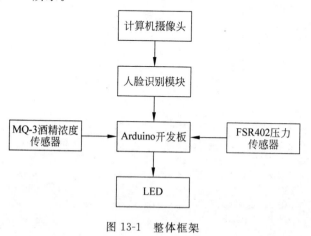

图 13-1 整体框架

本章根据徐晋、梁沛项目设计整理而成。

2. 系统流程

系统流程如图 13-2 所示。

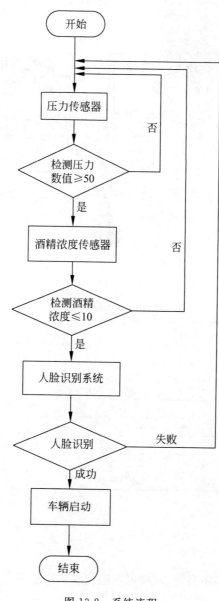

图 13-2　系统流程

3. 总电路

系统总电路如图 13-3 所示，引脚连线如表 13-1 所示。

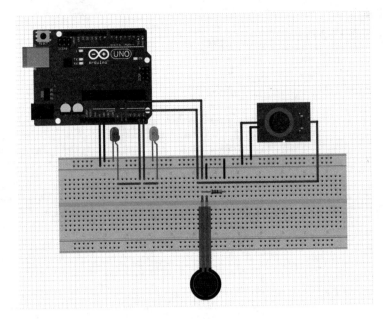

图 13-3 总电路

表 13-1 引脚连线

元件及引脚名		Arduino 开发板引脚
MQ-3	A1	5V
	H1	A0
	GND	GND
FSR402	J0	5V
	J1	A1，通过 10kΩ 电阻接 GND
LED	红色正极	A5
	绿色正极	A6
	LED 负极	GND

13.2 模块介绍

本项目主要包括基础程序模块、人脸识别模块和输出模块。下面分别给出各模块的功能介绍及相关代码。

13.2.1 基础程序模块

本节包括基础程序模块的功能介绍及相关代码。

1．功能介绍

本模块主要功能是对于驾驶人呼出气体中酒精浓度进行检测，并与酒后驾车浓度检测标准进行对比来判断是否允许该驾驶人驾驶车辆。而压力传感器是启动酒精浓度检测的一个开关，只有驾驶人坐在座位上，压力传感器感受到一定的压力后才会启动酒精浓度检测模块。这样做的目的是避免酒精浓度检测装置测得无效数据。元件包括 MQ-3 酒精浓度传感器、FSR402 压力传感器、Arduino 开发板、面包板、10kΩ 电阻和导线若干。电路连接如图 13-4 所示，引脚连线如表 13-2 所示。

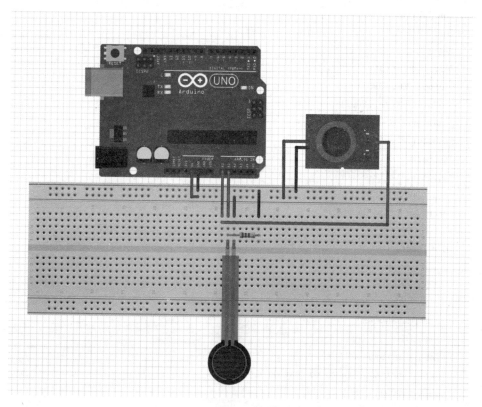

图 13-4　基础程序模块电路连接

表 13-2　引脚连线

Arduino 开发板	GND	5V	A0	A1
MQ-3	GND	H1	A1	
FSR302	J1		J0	J1

电路连接成功后，采用 AOUT 模拟量作为数据输出。由于 DOUT 数字输出需要通过调节灵敏度以适应不同的酒精浓度，而在测试前需要调零，使用不便。在此，采用模拟端输出，以便灵活适应酒精测试需求。不同的环境当中气体成分不同，可能对于 MQ-3 的初始探测值有影响，故采用测试相对值的方法来看是否符合酒精浓度要求。

2. 相关代码

本部分包括显示酒精探测以及压力传感器探测数值的代码。

```cpp
//酒精探测数值
#define MQA A0
#define fsrPin A1
#define LEDR A4
#define LEDG A5
void setup() {
    Serial.begin(9600);
    pinMode(MQA, INPUT);
    pinMode(fsrPin, INPUT);
    pinMode(LEDR, OUTPUT);
    pinMode(LEDG, OUTPUT);
    digitalWrite(LEDR, LOW);
    digitalWrite(LEDG, LOW);
    delay(10000);
    Serial.println("ready");
}
void loop() {
    if (Serial.available() > 0)
    {
    int data = Serial.read();
    if(data == 49)
    {
    int m = analogRead(MQA);
    Serial.println("ready to text");
    delay(5000);
    int fsrReading = analogRead(fsrPin);
    if(fsrReading > 500)
    {
      Serial.println("F = ");
      Serial.println(fsrReading);
    if((analogRead(MQA) - m)> 10)
    {
    Serial.println("there is alcohol");
    Serial.print("value:");
    Serial.println(analogRead(MQA) - m);
    Serial.println("Can't drive");
    digitalWrite(LEDR, HIGH);
    delay(3000);
    digitalWrite(LEDR, LOW);
```

```
    }
    else
    {
      Serial.println("Pass");
      Serial.println("value:");
      Serial.println(analogRead(MQA) - m);
      digitalWrite(LEDG,HIGH);
      delay(3000);
      digitalWrite(LEDG,LOW);
    }
  }
  else
  {
    Serial.println("The power is not enough!");
  }
 }
   }
  }
//压力数值代码
#define MQA A0
#define fsrPin A1
#define define LEDR A4
#define LEDG A5
void setup() {
    Serial.begin(9600);
    pinMode(MQA,INPUT);
    pinMode(fsrPin,INPUT);
    pinMode(LEDR,OUTPUT);
    pinMode(LEDG,OUTPUT);
    digitalWrite(LEDR,LOW);
    digitalWrite(LEDG,LOW);
    delay(10000);
    Serial.println("ready");
  }
  void loop() {
    if (Serial.available() > 0)
    {
    int data = Serial.read();
    if(data == 49)
    {
  int m = analogRead(MQA);
  Serial.println("ready to text");
```

```
      delay(5000);
      int fsrReading = analogRead(fsrPin);
      if(fsrReading > 500)
      {
        Serial.println("F = ");
        Serial.println(fsrReading);
        if((analogRead(MQA) - m)> 10)
        {
          Serial.println("there is alcohol");
          Serial.print("value:");
          Serial.println(analogRead(MQA) - m);
          Serial.println("Can't drive");
          digitalWrite(LEDR,HIGH);
          delay(3000);
          digitalWrite(LEDR,LOW);
        }
        else
        {
          Serial.println("Pass");
          Serial.println("value:");
          Serial.println(analogRead(MQA) - m);
          digitalWrite(LEDG,HIGH);
          delay(3000);
          digitalWrite(LEDG,LOW);
        }
      }
      else
      {
        Serial.println("The power is not enough!");
      }
    }
  }
}
```

13.2.2 人脸识别模块

本节包括人脸识别模块的功能介绍及相关代码。

1. 功能介绍

本项目通过人脸识别模块来确认所测的气体酒精浓度是否是驾驶员本人。基本思路是在车载系统中先存入几张驾驶员的照片,在检测呼出气体酒精浓度的同时,通过摄像头采集驾驶员的面部照片,与已经存入车载系统的照片进行对比,对比成功并通过酒精浓度检测后,便可以启动车辆。

2. 相关代码

```cpp
//导入OpenCV库文件
#include "opencv2/objdetect/objdetect.hpp"
#include "opencv2/highgui/highgui.hpp"
#include "opencv2/imgproc/imgproc.hpp"
//导入输入/输出流头文件
#include <iostream>
#include <stdio.h>
using namespace std;
using namespace cv;
void detectAndDisplay( Mat frame );
//级联分类器地址
stringface_cascade_name = "C:/Users/aasw/Desktop/xiazai/Opencv/opencv/sources/data/haarcascades/haarcascade_frontalface_alt.xml";
stringeyes_cascade_name = "C:/Users/aasw/Desktop/xiazai/Opencv/opencv/sources/data/haarcascades/haarcascade_eye_tree_eyeglasses.xml";
//加载级联分类器(Haar分类器)
CascadeClassifier face_cascade;

CascadeClassifier eyes_cascade;
string window_name = "Capture - Face detection";
RNG rng(12345);
//主函数
int main( int argc, const char** argv )
{
    CvCapture* capture;
    Mat frame;
//加载级联分类器文件
    if(!face_cascade.load( face_cascade_name ) ){ printf("--(!)Error loading\n"); return -1; };
    if(!eyes_cascade.load( eyes_cascade_name ) ){ printf("--(!)Error loading\n"); return -1; };
//打开内置摄像头视频流
    capture = cvCaptureFromCAM( 0 );
    if( capture )
    {
    while( true )
    {
  frame = cvQueryFrame( capture );
//对当前帧使用分类器进行检测
        if(!frame.empty() )
```

```cpp
        { detectAndDisplay( frame ); }
        else
        { printf(" -- (!) No captured frame -- "); }
        int c = waitKey(100);
          if((char)(c) == 27)
          {
              break;}
        }
    }
    return 0;
}
//函数 detectAndDisplay
void detectAndDisplay( Mat frame )
{
    std::vector<Rect> faces;
    Mat frame_gray;
    cvtColor( frame, frame_gray, CV_BGR2GRAY );
    equalizeHist( frame_gray, frame_gray );
//多尺寸检测人脸
    face_cascade.detectMultiScale( frame_gray, faces, 1.1, 2, 0|CV_HAAR_SCALE_IMAGE, Size(30, 30) );
    for( int i = 0; i < faces.size(); i++ )
    {
      Point center( faces[i].x + faces[i].width*0.5, faces[i].y + faces[i].height*0.5 );
      ellipse( frame, center, Size( faces[i].width*0.5, faces[i].height*0.5), 0, 0, 360, Scalar( 255, 0, 255 ), 4, 8, 0 );
      Mat faceROI = frame_gray( faces[i] );
        std::vector<Rect> eyes;
//在每张人脸上检测双眼
        eyes_cascade.detectMultiScale( faceROI, eyes, 1.1, 2, 0|CV_HAAR_SCALE_IMAGE, Size(30, 30) );
        for( int j = 0; j < eyes.size(); j++ )
        {
          Point center( faces[i].x + eyes[j].x + eyes[j].width*0.5, faces[i].y + eyes[j].y + eyes[j].height*0.5 );
          int radius = cvRound( (eyes[j].width + eyes[j].height)*0.25 );
          circle( frame, center, radius, Scalar( 255, 0, 0 ), 4, 8, 0 );
        }
    }
//显示结果图像
    imshow( window_name, frame );
}
```

```cpp
//检测函数
#include <opencv2/opencv.hpp>
#include <cv.h>
using namespace cv;
using namespace std;
int main( )
{
VideoCapture capture(0);                                    //从摄像头读入视频
if(!capture.isOpened())
{cout << "cannot open the camera.";cin.get();return-1;}      //测试摄像头是否打开
Mat edges;                                                   //定义一个Mat变量,用于存储每一帧
                                                             //的图像

while(1)                                                     //循环显示每一帧
{
Mat frame;                                                   //定义一个Mat变量,用于存储每一帧
                                                             //的图像
capture >> frame;                                            //读取当前帧
if(frame.empty())
{
printf(" -- (!) No captured frame -- Break!");
//break;
}
else
{
cvtColor(frame, edges, CV_BGR2GRAY);                         //彩色转换成灰度
blur(edges, edges, Size(7, 7));                              //模糊化
Canny(edges, edges, 0, 30, 3);                               //边缘化
imshow("读取被边缘后的视频", frame);                          //显示当前帧
}
waitKey(30);                                                 //延时30ms
}
return 0;
}
```

13.2.3 输出模块

本节包括输出模块的功能介绍及相关代码。

1. 功能介绍

通过两个 LED 来表示驾驶员经过酒精浓度检测系统后所反馈出的结果。红色 LED 亮,则驾驶员没有达到驾驶车辆的条件,因此不能启动车辆。绿色 LED 亮,则表示驾驶员通过了酒精浓度检测系统,因此能够启动车辆进行驾驶活动。元件包括两个 LED、Arduino 开

发板和导线若干,电路如图 13-5 所示。

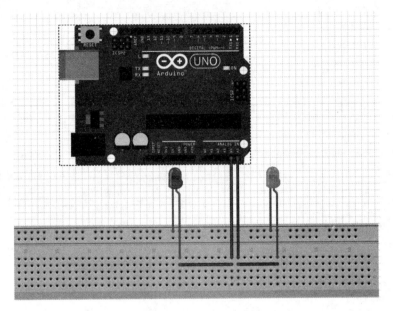

图 13-5　输出电路原理

2．相关代码

```
#define MQA A0
#define fsrPin A1
#define LEDR A4
#define LEDG A5
void setup() {
    Serial.begin(9600);
    pinMode(MQA, INPUT);
    pinMode(fsrPin, INPUT);
    pinMode(LEDR, OUTPUT);
    pinMode(LEDG, OUTPUT);
    digitalWrite(LEDR, LOW);
    digitalWrite(LEDG, LOW);
    delay(10000);
    Serial.println("ready");
}
void loop() {
    if (Serial.available() > 0)
    {
        int data = Serial.read();
        if(data == 49)
```

```
        {
            int m = analogRead(MQA);
            Serial.println("ready to text");
            delay(5000);
            int fsrReading = analogRead(fsrPin);
        if(fsrReading > 500)
        {
            Serial.println("F = ");
            Serial.println(fsrReading);
          if((analogRead(MQA) - m)> 10)
          {
            Serial.println("there is alcohol");
            Serial.print("value:");
            Serial.println(analogRead(MQA) - m);
            Serial.println("Can't drive");
            digitalWrite(LEDR,HIGH);
            delay(3000);
            digitalWrite(LEDR,LOW);
        }
        else
        {
            Serial.println("Pass");
            Serial.println("value:");
            Serial.println(analogRead(MQA) - m);
            digitalWrite(LEDG,HIGH);
            delay(3000);
            digitalWrite(LEDG,LOW);
        }
        }
        else
        {
            Serial.println("The power is not enough!");
        }
        }
            }
        }
```

13.3 产品展示

整体外观如图 13-6 所示,结果显示如图 13-7 所示。

图 13-6　整体外观

图 13-7　结果显示

13.4　元件清单

完成本项目所用到的元件及数量如表 13-3 所示。

表 13-3　元件清单

元件/测试仪表	数　量	元件/测试仪表	数　量
Arduino 开发板	1个	10kΩ 电阻	1个
计算机摄像头	1个	导线	若干
FSR402 压力传感器	1个	面包板	1个
MQ-3 酒精浓度传感器	1个	LED 彩灯	2个

第 14 章 体感控制机械臂项目设计

本项目采用无穿戴式体感设备 Kinect，采集体感数据后由 OpenNI，Processing 实现数据的处理和控制，最终在 Arduino 开发板和机械臂组成的电路中实现对机械臂的控制。

14.1 功能及总体设计

本项目设计实现无穿戴式体感设备的 4 自由度机械臂控制，由 Kinect 采集深度图像数据，处理数据后控制机械臂的 4 个舵机，完成体感控制。创新点在于，通过人体手臂骨架识别和手势识别算法将手臂运动映射到机械臂舵机的转动，计算出的数据传到 Arduino 开发板，并通过不同关节的转动，直观模拟手臂的运动。

要实现上述功能需将作品分成三部分进行设计，即信息采集部分、处理部分和输出部分。采集部分选用了一个无穿戴式体感设备 Kinect，并连接到计算机上；处理部分主要通过 Processing 环境实现；输出部分由 Arduino 开发板和 4 自由度机械臂实现。

1. 整体框架

整体框架如图 14-1 所示。

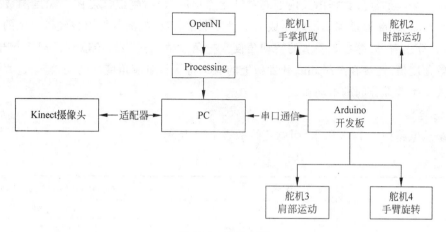

图 14-1 整体框架

本章根据艾义濠、陈源项目设计整理而成。

2. 系统流程

系统流程如图 14-2 所示。

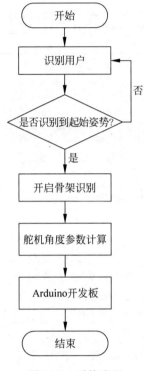

图 14-2　系统流程

Kinect 采集的红外数据由其内部芯片转化为深度数据，生成深度图。深度图数据作为输入，由 Processing 通过调用函数生成人体骨骼框架，该框架的数据点再经过一定的骨架运动算法，计算出肩、肘等主要关节的转动角度。把角度值通过串口传输到 Arduino 开发板，读取有效角度值，连接在 Arduino 开发板上的舵机将执行对应角度的转动，整个过程用机械臂模拟人类手臂部分的基本动作。

3. 总电路

系统总电路如图 14-3 所示，引脚连线如表 14-1 所示。

表 14-1　引脚连线

元件及引脚名		Arduino 开发板引脚
电池	Battery＋	Battery＋
	Battery－	Battery－

续表

元 件 及 引 脚 名		Arduino 开发板引脚
舵机	舵机 1 Signal	3SIG
	舵机 1 VCC	3VCC
	舵机 1 GND	3GND
	舵机 2 Signal	7SIG
	舵机 2 VCC	7VCC
	舵机 2 GND	7GND
	舵机 3 Signal	10SIG
	舵机 3 VCC	10VCC
	舵机 3 GND	10GND
	舵机 4 Signal	11SIG
	舵机 4 VCC	11VCC
	舵机 4 GND	11GND
Arduino 开发板 SensorShieldV5		同 Arduino 开发板所有 Sensor 引脚

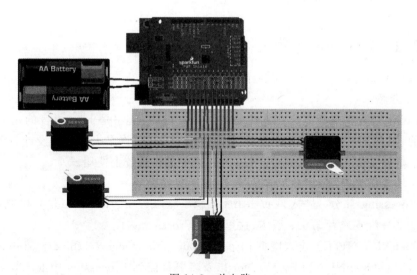

图 14-3　总电路

14.2　模块介绍

本项目主要包括 Kinect 体感设备、Processing 程序模块及输出模块。下面分别给出各模块的功能介绍及相关代码。

14.2.1 Kinect 体感设备

本节包括 Kinect 体感设备的功能介绍和使用方法。

1. 功能介绍

Kinect 感应器有三个镜头，中间是 RGB 彩色摄影机，左右两边镜头分别为红外线发射器和红外线 CMOS 摄影机所构成的 3D 结构光深度感应器。该传感器通过黑白光谱的方式来感知环境：纯黑代表无穷远，纯白代表无穷近，由红外数据得到深度数据。

2. 使用方法

Kinect 数据接口接入适配器，适配器 USB 端插入计算机中。Kinect 和其 PC 适配器如图 14-4 和图 14-5 所示。

图 14-4　体感设备 Kinect　　　　　　　图 14-5　Kinect-PC 适配器

14.2.2 Processing 模块

本节包括 Processing 模块的功能介绍及相关代码。

1. 功能介绍

Processing 是一种具有革命前瞻性的新兴计算机语言，它是 Java 语言的延伸，并支持许多现有的 Java 语言架构，不过在语法上简易许多，并具有许多人性化的设计。Processing 可以在 Windows、MAC OS X、MAC OS9、Linux 等操作系统上使用。

下面是环境搭建步骤：

（1）Processing 部分。进入网页 https://processing.org/download/ 下载 Processing。建议下载 2.2.x 版本或者 1.5.x 版本，这里使用 Processing 1.5.1。

（2）OpenNI 及 NITE。进入网页 https://code.google.com/archive/p/simple-openni/downloads，下载 OpenNI、NITE 的 Driver 以及将要存储到 Processing 中的 Library。分别为 OpenNI_NITE_INSTALLER_（Driver）、SimpleOpenNI-0.27（Library，以最新版本为准）。

安装顺序如下：

（1）打开 OpenNI_NITE_INSTALLER 文件夹安装 openni-win64-1.5.2.23-dev，安装 nite-win64-1.5.2.21-dev，安装 SensorKinect（如果所用摄像头为 Xiton，则安装 Sensor，不要两者同时安装）。

（2）重新启动计算机。

（3）解压 SimpleOpeNI-0.27，将整个文件夹复制到目录 C:\Users\你的名字\Documents\

Processing\libraries 中。如果修改过默认的环境变量,则以修改过的为准。

（4）验证安装。连接 Kinect,单击"开始"→"计算机",从右击弹出的快捷菜单中选择"设备管理器"命令。

如果出现 PrimeSense,包含 Kinect Audio、Kinect Motor、Kinect Camera 三个设备（Camera 必备、Motor 与 Audio 中有一个即可）。

验证 OpenNI 工作,打开 C:\Program Files\OpenNI\Samples\Bin\Release\NiVie 可以看到摄像头是否工作。

2. 相关代码

Processing 中实现的代码是调用 Kinect 采集的数据,生成深度图后由数据构建人体骨骼框架,在检测到既定的初始动作后开始计算骨骼动作的角度值变化,再将对应关节的角度值以字符形式传到 Arduino 开发板的串口。

```
import SimpleOpenNI.*;                      //引入 OpenNI 库文件,启动 Kinect
import processing.serial.*;                  //引入串口控制库文件
simpleOpenNI kinect                          //设定 simpleOpenNI 对象
Serial myPort;                               //设定串口对象
float pi = 3.14;                             //设定圆周率 pi
//设定各个部位的三维向量
PVector lHand = new PVector();
PVector lElbow = new PVector();
PVector lShoulder = new PVector();
//左腿向量
PVector lFoot = new PVector();
PVector lKnee = new PVector();
PVector lHip = new PVector();
//右手向量
PVector rHand = new PVector();
PVector rElbow = new PVector();
PVector rShoulder = new PVector();
//右腿向量
PVector rFoot = new PVector();
PVector rKnee = new PVector();
PVector rHip = new PVector();
PVector rHandz = new PVector();
PVector rElbowz = new PVector();
PVector rShoulderz = new PVector();
//存储各个舵机的转动角度
float[] angles = new float[9];
/* angles [0] Rotation of the body
   angles [1] Left elbow
```

```
        angles[2] Left shoulder
        angles[3] Left knee
        angles[4] Left Hip
        angles[5] Right elbow
        angles[6] Right grasp
        angles[7] Right shoudler
        angles[8] Right shoulder_Z           */
    for(int i = 0;i<=9;i++)                          //初始化各个角度为0
        angles[i] == 0.0;
public void setup()
{
    //初始化Kinect
    kinect = new SimpleOpenNI(this);
    kinect.setMirror(true);
    kinect.enableDepth();
    kinect.enableUser(SimpleOpenNI.SKEL_PROFILE_ALL);
    //设定画布大小
    size(kinect.depthWidth(),kinect.depthHeight());
    //初始化串口,设定参数波特率
    String portName = Serial.list()[0];
    myPort = new Serial(this,portName,9600);
}
public void draw()
{
    kinect.update();                                 //kinect数据刷新
    image(kinect.depthImage(),0,0);                  //绘制深度图像
    if (kinect.isTrackingSkeleton(1))                //判明人体骨架
    {
    drawSkeleton(1);                                 //绘制人体骨架
    updateAngles();                                  //计算各个舵机角度
    if(zflag() == false)                             //判明手臂是否在Z轴运动
    {
    updateAngles();                                  //计算各个舵机角度
    println(angles[5]);                              //返回各个舵机角度
    println(angles[6]);
    println(angles[7]);
    println(angles[8]);
    myPort.write('S');
    myPort.write(int(angles[5]) + 92);               //修正各舵机角度并发送
    myPort.write(int(angles[6]));
    myPort.write(int(angles[7]) + 92);
    myPort.write(int(angles[8]) + 92);
```

```
        }
        else
        {
            updateAngles();                        //计算各个舵机角度
            println(angles[5]);                    //返回各个舵机角度
            println(angles[6]);
            println(angles[7]);
            println(angles[8]);
            myPort.write('S');
            myPort.write(int(angles[5]) + 92);     //修正各舵机角度并发送
            myPort.write(int(angles[6]));
            myPort.write(int(angles[7]) + 92)
            myPort.write(int(angles[8]) + 92)
        }
        drawSkeleton(1);                           //重新绘制人体骨架
    }
}
//辅助函数部分
void drawSkeleton(int userId)                      //绘制人体骨架
{
    pushStyle();
    stroke(255,0,0);                               //设定线条颜色与粗细
    strokeWeight(3);
    kinect.drawLimb(userId, SimpleOpenNI.SKEL_HEAD, SimpleOpenNI.SKEL_NECK);
    //绘制上半身骨架识别图像
    kinect.drawLimb(userId, SimpleOpenNI.SKEL_NECK,SimpleOpenNI.SKEL_LEFT_SHOULDER);
    kinect.drawLimb(userId, SimpleOpenNI.SKEL_LEFT_SHOULDER,SimpleOpenNI.SKEL_LEFT_ELBOW);
    kinect.drawLimb(userId, SimpleOpenNI.SKEL_LEFT_ELBOW,SimpleOpenNI.SKEL_LEFT_HAND);
    kinect.drawLimb(userId, SimpleOpenNI.SKEL_NECK,SimpleOpenNI.SKEL_RIGHT_SHOULDER);
    kinect.drawLimb(userId, SimpleOpenNI.SKEL_RIGHT_SHOULDER, SimpleOpenNI.SKEL_RIGHT_ELBOW);
    kinect.drawLimb(userId, SimpleOpenNI.SKEL_RIGHT_ELBOW,SimpleOpenNI.SKEL_RIGHT_HAND);
    kinect.drawLimb(userId, SimpleOpenNI.SKEL_RIGHT_SHOULDER,SimpleOpenNI.SKEL_TORSO);
    popStyle();
}
float zdruation(PVector a,PVector b)               //测定两向量z轴的距离
{
    return abs(a.z - b.z);
}
boolean zflag()                                    //标志两向量的z轴是否变化
{
    if(zdruation(rHandz,rShoulderz)<= 10)          //若z轴的变化程度判断为手臂抖动或禁止
                                                   //则为false
        return false;
```

```
        else
            return true;
    }
    float angleZ(PVector a,PVector b)              //测定两向量在z、y方向上投影的夹角
    {
        float ang = atan2(a.z - b.z,a.y - b.y);
        if(zflag() == true)                        //若z轴方向上发生变化则传输新的舵机转
                                                   //动角度,否则保持原值
            return (ang * 180/pi);
        else
            return angles[8];
    }
    float angleElbow2(PVector a,PVector b)         //测定两向量在z、x方向上投影的夹角
    {
        float ang = atan2(a.z - b.z,a.x - b.x);
        return ang * 180/pi;
    }
    float angleElbow(PVector a,PVector b)          //测定两向量在y、x方向上投影的夹角
    {
        float ang = atan2(a.y - b.y, a.x - b.x);
        if((ang * 180/pi)< = - 90.0) return - 90.0;
        return ang * 180/pi;
    }
    float anglegrasp(PVector a,PVector b)          //控制抓取动作的夹角
    {
        float ang = atan2(a.y - b.y, a.x - b.x) * 180/pi;
        if(ang > = - 90) return 160.0;
        else return 180.0;
    }
    void updateAngles()                            //上传各个角度的值
    {
//获取各个节点的三维向量
kinect.getJointPositionSkeleton(1, SimpleOpenNI.SKEL_LEFT_HAND, lHand);
kinect.getJointPositionSkeleton(1, SimpleOpenNI.SKEL_LEFT_ELBOW, lElbow);
kinect.getJointPositionSkeleton(1, SimpleOpenNI.SKEL_LEFT_SHOULDER, lShoulder);
kinect.getJointPositionSkeleton(1, SimpleOpenNI.SKEL_LEFT_FOOT, lFoot);
kinect.getJointPositionSkeleton(1, SimpleOpenNI.SKEL_LEFT_KNEE, lKnee);
kinect.getJointPositionSkeleton(1, SimpleOpenNI.SKEL_LEFT_HIP, lHip);
kinect.getJointPositionSkeleton(1, SimpleOpenNI.SKEL_RIGHT_HAND, rHand);
kinect.getJointPositionSkeleton(1, SimpleOpenNI.SKEL_RIGHT_ELBOW, rElbow);
kinect.getJointPositionSkeleton(1, SimpleOpenNI.SKEL_RIGHT_SHOULDER, rShoulder);
kinect.getJointPositionSkeleton(1, SimpleOpenNI.SKEL_RIGHT_FOOT, rFoot);
kinect.getJointPositionSkeleton(1, SimpleOpenNI.SKEL_RIGHT_KNEE, rKnee);
kinect.getJointPositionSkeleton(1, SimpleOpenNI.SKEL_RIGHT_HIP, rHip);
//计算身体旋转角度
```

```
angles[0] = atan2(PVector.sub(rShoulder, lShoulder).z, PVector.sub(rShoulder, lShoulder).x);
//保留部分参数
kinect.getJointPositionSkeleton(1, SimpleOpenNI.SKEL_RIGHT_HAND, rHandz);
kinect.getJointPositionSkeleton(1, SimpleOpenNI.SKEL_RIGHT_ELBOW, rElbowz);
kinect.getJointPositionSkeleton(1, SimpleOpenNI.SKEL_RIGHT_SHOULDER, rShoulderz);
//将三维在x、y轴投影至二维向量
kinect.convertRealWorldToProjective(rFoot, rFoot);
kinect.convertRealWorldToProjective(rKnee, rKnee);
kinect.convertRealWorldToProjective(rHip, rHip);
kinect.convertRealWorldToProjective(lFoot, lFoot);
kinect.convertRealWorldToProjective(lKnee, lKnee);
kinect.convertRealWorldToProjective(lHip, lHip);
kinect.convertRealWorldToProjective(lHand, lHand);
kinect.convertRealWorldToProjective(lElbow, lElbow);
kinect.convertRealWorldToProjective(lShoulder, lShoulder);
kinect.convertRealWorldToProjective(rHand, rHand);
kinect.convertRealWorldToProjective(rElbow, rElbow);
kinect.convertRealWorldToProjective(rShoulder, rShoulder);
//根据不同情况上传不同角度值
if(zflag() == false)
    {
    angles[5] = angleElbow(rHand, rElbow);
    angles[6] = anglegrasp(lHand, lElbow);
    angles[7] = angleElbow(rElbow, rShoulder);
    angles[8] = angleZ(rHandz, rShoulderz);
    }
else
    {
    angles[5] = angleElbow2(rHand, rElbow);
    angles[6] = anglegrasp(lHand, lElbow);
    angles[7] = angleElbow2(rElbowz, rShoulderz);
    angles[8] = angleZ(rHandz, rShoulderz);
    }
}
//NITE 机制的 CallBack 函数
public void onNewUser(int userId)                //检测 kinect 扫描到的用户个数
println("onNewUser - userId: " + userId);
if (kinect.isTrackingSkeleton(1)) return;
println(" start pose detection");
kinect.startPoseDetection("Psi", userId);
}
public void onLostUser(int userId)                //当检测用户丢失时启动
```

```
{
println("onLostUser - userId: " + userId);
}
public void onStartPose(String pose, int userId)    //开启启动姿势识别
{
  println("onStartPose - userId: " + userId + ", pose: " + pose);
  println(" stop pose detection");
  kinect.stopPoseDetection(userId);
  kinect.requestCalibrationSkeleton(userId, true);
}
public void onEndPose(String pose, int userId)    //开启关闭姿势识别
{
  println("onEndPose - userId: " + userId + ", pose: " + pose);
}
public void onStartCalibration(int userId)    //开启骨架识别
{
  println("onStartCalibration - userId: " + userId);
}
public void onEndCalibration(int userId, boolean successfull)
                                    //返回骨架识别结果
{
  println("onEndCalibration - userId: " + userId + ", successfull: " + successfull);
  if (successfull)
  {
  println(" User calibrated!!!");
  kinect.startTrackingSkeleton(userId);
  }
  else
  {
  println(" Failed to calibrate user!!!");
  println(" Start pose detection");
  kinect.startPoseDetection("Psi", userId);
  }
}
```

14.2.3 输出模块

本节包括输出模块中 Arduino 开发板内的程序以及机械臂的使用。

1. 功能介绍

输出模块功能是执行机械臂的运动。其中 Arduino 开发板通过串口通信得到骨骼运动对应的角度值字符串,确认为有效状态后,连接在各个机械臂舵机将按一定的角度值执行转动,最终完成模拟人类手臂动作。元件包括机械臂主体结构、4 个舵机、Arduino 开发板、扩展板和导线若干,电路如图 14-6 所示。

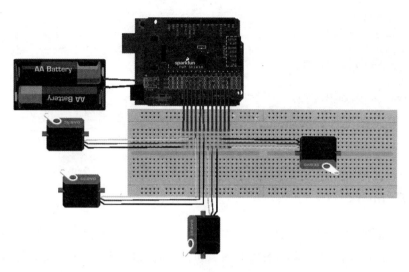

图 14-6　输出模块电路

2．相关代码

```
#include <Servo.h>                    //Arduino 舵机函数库文件
int val;
Servo servo1;                         //负责控制 right elbow
Servo servo2;                         //负责控制 right grasp
Servo servo3;                         //负责控制 right shoulder
Servo servo4;                         //负责控制 right shoudler_z
void setup()
{
  Serial.begin(9600);                 //设置串口波特率
  servo1.attach(5);                   //right elbow 引脚
  servo2.attach(6);                   //right grasp 引脚
  servo1.attach(7);                   //right shoulder 引脚
  servo2.attach(8);                   //right shoudler_z 引脚
}
void loop()
{
  int angle_01,angle_02,angle_03,angle_04;   //获取读值
  if(Serial.available()>3)
  {
    val = Serial.read();              //串口通信协议
    if(val == 'S')                    //检测到'S'开启串口通信
    {
      angle_01 = Serial.read();       //从串口读值
      angle_02 = Serial.read();
      angle_03 = Serial.read();
      angle_04 = Serial.read();
      servo1.write(angle_01);         //控制舵机转动角度
```

```
        delay(15);
    servo2.write(angle_02);
        delay(15);
    servo3.write(angle_03);
        delay(15);
    servo3.write(angle_04);
    }
  }
}
```

14.3 产品展示

整体外观如图 14-7 所示，右上方为 Kinect 摄像头，通过适配器连接到 PC；左上方为机械臂驱动电池，其右侧为 Arduino 开发板及其扩展板，通过 USB 线连接在 PC；下方为机械臂，其关节部位对应 6 个舵机，本项目使用了其中 4 个舵机。Kinect 深度如图 14-8 所示，Kinect 骨架识别匹配追踪过程如图 14-9 所示。

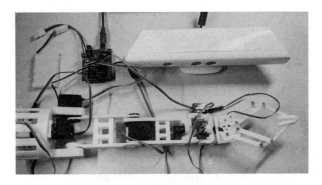

图 14-7　整体外观

图 14-8　Kinect 深度

图 14-9　Kinect 骨架识别匹配追踪过程

14.4　元件清单

完成本项目所用到的元件及数量如表 14-2 所示。

表 14-2　元件清单

元件/测试仪表	数　量	元件/测试仪表	数　量
Kinect 摄像头	1 个	Arduino 开发板	1 个
Windows—Kinect 适配器	1 个	Arduino 扩展板	1 个
PC	1 个	导线	若干
Processing	1 个	面包板	1 个
OpenNI 及 NITE	1 个	电池	1 个
舵机	4 个		

第 15 章 计步神器项目设计

本项目基于 Arduino 开发平台,利用 SEN0140 获得三个维度的加速度,传输到 ESP32 开发板上,设计以两种形式显示当前时间的工具,实现更准确的计步功能。

15.1 功能及总体设计

本项目通过统计行走时腰间的加速度值,对任意一种佩戴角度实现准确计步,可以选择通过 OLED 屏幕显示所计步数,或者 Blynk 查看当日累计步数。条件允许的情况下,可以将每日数据统计,生成折线图显示,利于实现更健康的生活方式。

要实现上述功能需将作品分成四部分进行设计,即输入部分、处理部分、传输部分和输出部分。输入部分选用了广泛使用的 SEN0140 模块,固定在腰间;处理部分通过 Arduino 开发板程序实现;传输部分选用 ESP32 开发板实现;输出部分使用 Blynk 和 OLED 屏幕作为两种输出方式。

1. 整体框架

整体框架如图 15-1 所示。

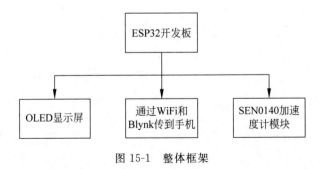

图 15-1 整体框架

2. 系统流程

系统流程如图 15-2 所示。

本章根据沈卓瑶、林卓项目设计整理而成。

第15章 计步神器项目设计

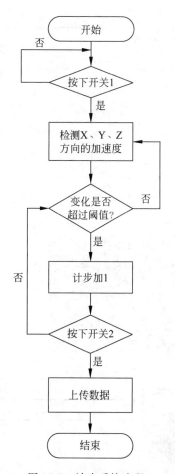

图 15-2 计步系统流程

通过 SEN0140 加速度计模块检测 X、Y、Z 各轴上的加速度变化,进而判定是否发生移动,若符合计步条件,则加 1,若检测不到则结束计步。计步结果通过与 OLED 屏连接进行显示和输出。再次按下开关后通过 OLED 显示"upload data…"界面,对数据进行上传,用手机软件 Blynk 可查看数据。

3. 总电路

系统总电路如图 15-3 所示,引脚连线如表 15-1 所示。

表 15-1 引脚连线

元件及引脚名		ESP32 开发板引脚
OLED 显示屏	VCC	3.3V
	GND	GND
	SCL	SCL
	SDA	SDA

续表

元件及引脚名		ESP32 开发板引脚
SEN0140 加速度计	VCC	3.3V
	GND	GND
	SCL	SCL
	SDA	SDA
按键	按键1	2
	按键2	3
	按键3	4
	按键	均通过 51kΩ 电阻接 GND

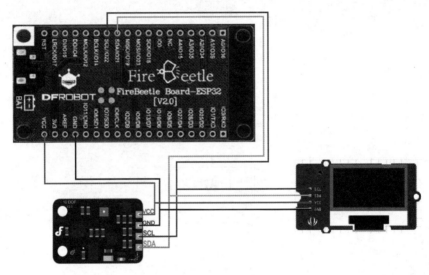

图 15-3 总电路

15.2 模块介绍

本节主要包括显示模块、连接模块和计步模块。下面分别给出各模块的功能介绍及相关代码。

15.2.1 显示模块

本节包括显示模块的功能介绍及相关代码。

1. 功能介绍

显示模块是通过 OLED 实现步数的输出及完成时间的显示。按下电源开关后显示的主画面及图标用点阵的方式在 OLED 显示。按下第二个开关后显示时间,可实现电子及表针的转换,通过计算后分别定义时针、分针、秒针的角度变化关系。计步数字通过传输后显示,传输数据时显示"upload data…"字样。电路连接如图 15-4 所示。

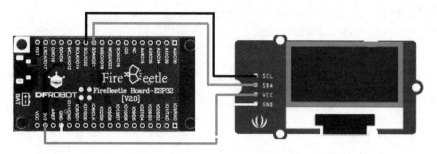

图 15-4　显示模块连接

2. 相关代码

```
#include <SPI.h>
#include <Wire.h>
#include <Adafruit_GFX.h>
#include <Adafruit_SSD1306.h>
#define OLED_RESET 4
Adafruit_SSD1306 display(OLED_RESET);
#define NUMFLAKES 10
#define XPOS 0
#define YPOS 1
#define DELTAY 2
#define LOGO16_GLCD_HEIGHT 16
#define LOGO16_GLCD_WIDTH  16
static const unsigned char PROGMEM logo16_glcd_bmp[] =
{ B00000000, B11000000,
  B00000001, B11000000,
  B00000001, B11000000,
  B00000011, B11100000,
  B11110011, B11100000,
  B11111110, B11111000,
  B01111110, B11111111,
  B00110011, B10011111,
  B00011111, B11111100,
  B00001101, B01110000,
  B00011011, B10100000,
  B00111111, B11100000,
  B00111111, B11110000,
  B01111100, B11110000,
  B01110000, B01110000,
  B00000000, B00110000 };
```

```cpp
#if (SSD1306_LCDHEIGHT!= 64)
#error("Height incorrect, please fix Adafruit_SSD1306.h!");
#endif
void setup()   {
  Serial.begin(9600);
  display.begin(SSD1306_SWITCHCAPVCC, 0x3D);
  display.display();
  delay(2000);
  display.clearDisplay();
  display.drawPixel(10, 10, WHITE);
  display.display();
  delay(2000);
  display.clearDisplay();
  testdrawline();
  display.display();
  delay(2000);
  display.clearDisplay();
  testdrawrect();
  display.display();
  delay(2000);
  display.clearDisplay();
  testfillrect();
  display.display();
  delay(2000);
  display.clearDisplay();
  testdrawcircle();
  display.display();
  delay(2000);
  display.clearDisplay();
  display.fillCircle(display.width()/2, display.height()/2, 10, WHITE);
  display.display();
  delay(2000);
  display.clearDisplay();
  testdrawroundrect();
  delay(2000);
  display.clearDisplay();
  testfillroundrect();
  delay(2000);
  display.clearDisplay();
  testdrawtriangle();
  delay(2000);
  display.clearDisplay();
```

```
    testfilltriangle();
    delay(2000);
    display.clearDisplay();
    testdrawchar();
    display.display();
    delay(2000);
    display.clearDisplay();
    testscrolltext();
    delay(2000);
    display.clearDisplay();
    display.setTextSize(1);
    display.setTextColor(WHITE);
    display.setCursor(0,0);
    display.println("Hello, world!");
    display.setTextColor(BLACK, WHITE);
    display.println(3.141592);
    display.setTextSize(2);
    display.setTextColor(WHITE);
    display.print("0x");
    display.println(0xDEADBEEF, HEX);
    display.display();
    delay(2000);
    display.clearDisplay();
    display.drawBitmap(30, 16,  logo16_glcd_bmp, 16, 16, 1);
    display.display();
    delay(1);
    display.invertDisplay(true);
    delay(1000);
    display.invertDisplay(false);
    delay(1000);
    display.clearDisplay();
    testdrawbitmap(logo16_glcd_bmp, LOGO16_GLCD_HEIGHT, LOGO16_GLCD_WIDTH);
}
void loop() {
}
void testdrawbitmap(const uint8_t * bitmap, uint8_t w, uint8_t h) {
    uint8_t icons[NUMFLAKES][3];
    for (uint8_t f = 0; f < NUMFLAKES; f++) {
    icons[f][XPOS] = random(display.width());
    icons[f][YPOS] = 0;
    icons[f][DELTAY] = random(5) + 1;
    Serial.print("x: ");
```

```cpp
      Serial.print(icons[f][XPOS], DEC);
      Serial.print(" y: ");
      Serial.print(icons[f][YPOS], DEC);
      Serial.print(" dy: ");
      Serial.println(icons[f][DELTAY], DEC);
  }
  while (1) {
    for (uint8_t f = 0; f < NUMFLAKES; f++) {
      display.drawBitmap(icons[f][XPOS], icons[f][YPOS], bitmap, w, h, WHITE);
    }
    display.display();
    delay(200);
    for (uint8_t f = 0; f < NUMFLAKES; f++) {
      display.drawBitmap(icons[f][XPOS], icons[f][YPOS], bitmap, w, h, BLACK);
      icons[f][YPOS] += icons[f][DELTAY];
      if (icons[f][YPOS] > display.height()) {
        icons[f][XPOS] = random(display.width());
        icons[f][YPOS] = 0;
        icons[f][DELTAY] = random(5) + 1;
      }
    }
  }
}
void testdrawchar(void) {
  display.setTextSize(1);
  display.setTextColor(WHITE);
  display.setCursor(0,0);
  for (uint8_t i = 0; i < 168; i++) {
    if (i == '\n') continue;
    display.write(i);
    if ((i > 0) && (i % 21 == 0))
      display.println();
  }
  display.display();
  delay(1);
}
void testdrawcircle(void) {
  for (int16_t i = 0; i < display.height(); i += 2) {
    display.drawCircle(display.width()/2, display.height()/2, i, WHITE);
    display.display();
    delay(1);
  }
```

```
}
void testfillrect(void) {
  uint8_t color = 1;
  for (int16_t i = 0; i < display.height()/2; i += 3) {
    display.fillRect(i, i, display.width() - i * 2, display.height() - i * 2, color % 2);
    display.display();
    delay(1);
    color++;
  }
}
void testdrawtriangle(void) {
  for (int16_t i = 0; i < min(display.width(),display.height())/2; i += 5) {
    display.drawTriangle(display.width()/2, display.height()/2 - i,
                         display.width()/2 - i, display.height()/2 + i,
                         display.width()/2 + i, display.height()/2 + i, WHITE);
    display.display();
    delay(1);
  }
}
void testfilltriangle(void) {
  uint8_t color = WHITE;
  for (int16_t i = min(display.width(),display.height())/2; i > 0; i -= 5) {
    display.fillTriangle(display.width()/2, display.height()/2 - i,
                         display.width()/2 - i, display.height()/2 + i,
                         display.width()/2 + i, display.height()/2 + i, WHITE);
    if (color == WHITE) color = BLACK;
    else color = WHITE;
    display.display();
    delay(1);
  }
}
void testdrawroundrect(void) {
  for (int16_t i = 0; i < display.height()/2 - 2; i += 2) {
    display.drawRoundRect(i, i, display.width() - 2 * i, display.height() - 2 * i, display.height()/4, WHITE);
    display.display();
    delay(1);
  }
}
void testfillroundrect(void) {
  uint8_t color = WHITE;
  for (int16_t i = 0; i < display.height()/2 - 2; i += 2) {
```

```cpp
      display.fillRoundRect(i, i, display.width() - 2 * i, display.height() - 2 * i, display.height()/4, color);
      if (color == WHITE) color = BLACK;
      else color = WHITE;
      display.display();
      delay(1);
   }
}
void testdrawrect(void) {
   for (int16_t i = 0; i < display.height()/2; i += 2) {
      display.drawRect(i, i, display.width() - 2 * i, display.height() - 2 * i, WHITE);
      display.display();
      delay(1);
   }
}
void testdrawline() {
   for (int16_t i = 0; i < display.width(); i += 4) {
      display.drawLine(0, 0, i, display.height() - 1, WHITE);
      display.display();
      delay(1);
   }
   for (int16_t i = 0; i < display.height(); i += 4) {
      display.drawLine(0, 0, display.width() - 1, i, WHITE);
      display.display();
      delay(1);
   }
   delay(250);
   display.clearDisplay();
   for (int16_t i = 0; i < display.width(); i += 4) {
      display.drawLine(0, display.height() - 1, i, 0, WHITE);
      display.display();
      delay(1);
   }
   for (int16_t i = display.height() - 1; i >= 0; i -= 4) {
      display.drawLine(0, display.height() - 1, display.width() - 1, i, WHITE);
      display.display();
      delay(1);
   }
   delay(250);

   display.clearDisplay();
   for (int16_t i = display.width() - 1; i >= 0; i -= 4) {
```

```cpp
    display.drawLine(display.width() - 1, display.height() - 1, i, 0, WHITE);
    display.display();
    delay(1);
  }
  for (int16_t i = display.height() - 1; i >= 0; i -= 4) {
    display.drawLine(display.width() - 1, display.height() - 1, 0, i, WHITE);
    display.display();
    delay(1);
  }
  delay(250);
  display.clearDisplay();
  for (int16_t i = 0; i < display.height(); i += 4) {
    display.drawLine(display.width() - 1, 0, 0, i, WHITE);
    display.display();
    delay(1);
  }
  for (int16_t i = 0; i < display.width(); i += 4) {
    display.drawLine(display.width() - 1, 0, i, display.height() - 1, WHITE);
    display.display();
    delay(1);
  }
  delay(250);
}
void testscrolltext(void) {
  display.setTextSize(2);
  display.setTextColor(WHITE);
  display.setCursor(10,0);
  display.clearDisplay();
  display.println("scroll");
  display.display();
  delay(1);
  display.startscrollright(0x00, 0x0F);
  delay(2000);
  display.stopscroll();
  delay(1000);
  display.startscrollleft(0x00, 0x0F);
  delay(2000);
  display.stopscroll();
  delay(1000);
  display.startscrolldiagright(0x00, 0x07);
  delay(2000);
  display.startscrolldiagleft(0x00, 0x07);
  delay(2000);
  display.stopscroll();
}
```

15.2.2 连接模块

本节包含连接模块的功能介绍及相关代码。

1. 功能介绍

通过 WiFi 连接,使用手机软件 Blynk 记录数据。在代码中修改 WiFi 和密码,将令牌复制到 YourAuthToken 中,代码修改完成后,下载到 ESP32 主板中。

手机端安装 Blynk 搭建平台。创建一个 Blynk 项目,添加 Value Display 和 Real-time clock 两个控件。其中,Real-time clock 控件的属性不需要任何设置,Value Display 控件名称设置成 steps,INPUT 引脚选择 V1,然后调整两个控件的布局,如图 15-5 所示。

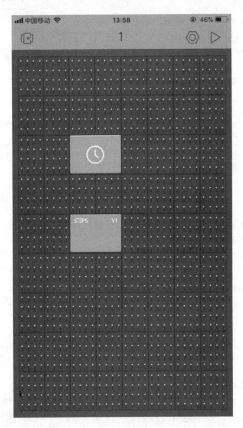

图 15-5 Blynk 平台搭建截图

2. 相关代码

```
#define BLYNK_PRINT Serial
#include <WiFi.h>
#include <WiFiClient.h>
#include <BlynkSimpleEsp32.h>
char auth[] = "99b815e48b1f4fdba31b66bfad4140a4";
```

```
char ssid[ ] = "HUAWEI P10";
char pass[ ] = "99999999";
void setup()
{
  Serial.begin(9600);
  Blynk.begin(auth, ssid, pass);
}
void loop()
{
  Blynk.run();
}
```

15.2.3 计步模块

本节包括计步模块的功能介绍及相关代码。

1. 功能介绍

通过 SEN0140 对空间三维的三个方向加速度的变化进行检测,当三个方向加速度变化值之和满足一定测量值的时候,计一步。电路连接如图 15-6 所示。

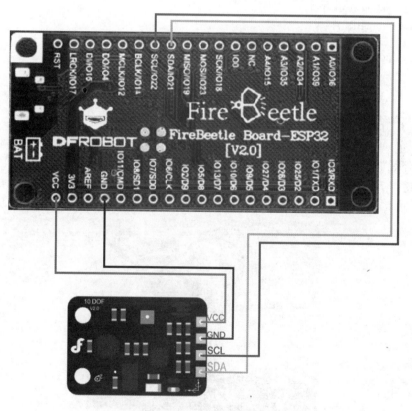

图 15-6 计步模块原理

2. 相关代码

```
#include <FreeSixIMU.h>
#include <FIMU_ADXL345.h>
#include <FIMU_ITG3200.h>
#include <Wire.h>
float angles[3];
FreeSixIMU sixDOF = FreeSixIMU();
void setup() {
  Serial.begin(9600);
  Wire.begin();
  delay(5);
  sixDOF.init();
  delay(5);
}
void loop() {
  sixDOF.getEuler(angles);
  Serial.print(angles[0]);
  Serial.print("|");
  Serial.print(angles[1]);
  Serial.print("|");
  Serial.println(angles[2]);
  delay(100);
}
```

15.3 产品展示

整体外观如图 15-7 所示。中间为输入部分 SEN0140 模块，右上角为 OLED 屏幕，左边为三个按键，第一个是电源按键，中间的是显示时间控制按键，右边的是上传到 Blynk 的控制按键，下面是 ESP32 开发板。

图 15-7　整体外观

15.4 元件清单

完成本项目所用到的元件及数量如表 15-2 所示。

表 15-2 元件清单

元件/测试仪表	数 量	元件/测试仪表	数 量
SEN0140	1 个	按键	3 个
ESP32 开发板	1 个	51kΩ 电阻	3 个
导线	若干	OLED 显示屏	1 个
手机 Blynk 搭建	1 个		

图书资源支持

感谢您一直以来对清华版图书的支持和爱护。为了配合本书的使用,本书提供配套的资源,有需求的读者请扫描下方的"清华电子"微信公众号二维码,在图书专区下载,也可以拨打电话或发送电子邮件咨询。

如果您在使用本书的过程中遇到了什么问题,或者有相关图书出版计划,也请您发邮件告诉我们,以便我们更好地为您服务。

我们的联系方式:

地　　址: 北京市海淀区双清路学研大厦 A 座 701

邮　　编: 100084

电　　话: 010-62770175-4608

资源下载: http://www.tup.com.cn

客服邮箱: tupjsj@vip.163.com

QQ: 2301891038(请写明您的单位和姓名)

用微信扫一扫右边的二维码,即可关注清华大学出版社公众号"清华电子"。

教学交流、课程交流

清华电子

扫一扫,获取最新目录